电源工程师研发笔记

开关电源工程化实用设计指南
——从研发到智造

文天祥　符致华　编著

U0186452

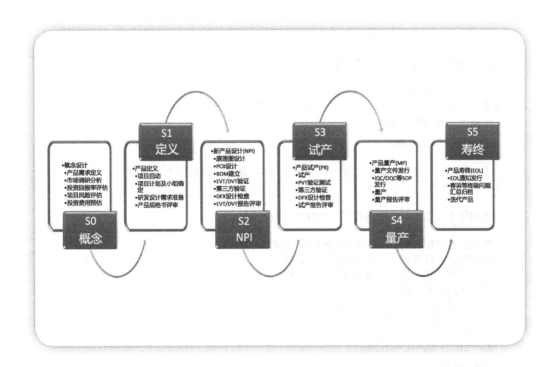

机械工业出版社
CHINA MACHINE PRESS

本书对消费性电源中的主流电源拓扑进行了实际案例设计和分析，逐步给出了完整的工程化产品从研发到制造的过程，并从产品生命周期的角度对消费性电源产品的设计、生产、维护等方面，给读者提供了足够的实例分析、标准解析、经验分享。作为一本以工程化实用性为导向的书籍，本书作者对当前电源的能效标准、安全标准、性能要求做了深刻解读，通过海量案例验证分析，给读者呈现了消费性电源产品从研发设计到生产，以及终端应用中的各种知识。

本书适合刚进入电源设计行业，以及长期工作在电源产品设计行业的一线工程技术人员使用参考，同时也适合各大院校电力电子、电子信息工程、自动化等专业的师生作为指导教材或实验课程教材。

图书在版编目（CIP）数据

开关电源工程化实用设计指南：从研发到智造 / 文天祥，符致华编著 . — 北京：机械工业出版社，2021.10（2024.1 重印）
　　（电源工程师研发笔记）
　　ISBN 978-7-111-68928-7

　　Ⅰ . ①开… 　Ⅱ . ①文… ②符… 　Ⅲ . ① 开关电源 – 设计 – 指南
Ⅳ . ① TN86-62

中国版本图书馆 CIP 数据核字（2021）第 162238 号

机械工业出版社（北京市百万庄大街 22 号　邮政编码 100037）
策划编辑：江婧婧　　责任编辑：江婧婧
责任校对：郑　婕　　封面设计：鞠　杨
责任印制：邓　博
北京盛通数码印刷有限公司印刷
2024 年 1 月第 1 版第 3 次印刷
169mm×239mm · 21.25 印张 · 449 千字
标准书号：ISBN 978-7-111-68928-7
定价：99.00 元

电话服务　　　　　　　网络服务
客服电话：010-88361066　机 工 官 网：www.cmpbook.com
　　　　　010-88379833　机 工 官 博：weibo.com/cmp1952
　　　　　010-68326294　金 书 网：www.golden-book.com
封底无防伪标均为盗版　机工教育服务网：www.cmpedu.com

序

——— PREFACE ———

中国正在从制造大国向智造大国迈进，消费性电子产品、智能化产品更新换代越来越快，电源的高效、高频、小体积化成为了消费者的要求，也是各大生产厂商追求的目标。工厂的智造化转型，面临着从零到无穷的产品量变，一线研发人员的作用不仅仅只是原型样机的制作，也面临着从研发到量产再到产品自动化生产的转型，如可制造性、可测试性、可靠性设计也成为一系列更复杂的课题。一线研发工程师在当今的海量知识面前，反而变得更为迷茫，如何从繁杂浩瀚的资料中整理、吸收并转化成自己的知识，更是初入门的电源工程师的一大困惑。本书以消费性电源产品为主线，站在巨人的肩膀上，通过系统追溯，对海量行业技术资料进行梳理，对当前消费性电源产品的能效标准、安全标准、性能要求做了深刻分析和扩充，希望能给工程技术人员提供一套消费性电源产品从研发到规模化生产的设计指导。

本书编排完全按照工程化设计为目标，前3章，以目前最流行的拓扑结构及产品为实例并进行扩充，分别从单级PFC电路设计、准谐振反激电源的工程化设计，到LLC谐振半桥变换器工程化设计，逐步深入；第4章以EMC与安规认证工程化设计为主题，通过实证举例给读者呈现足够真实的案例；第5章以大量经验误区和失效分析为主要内容，这部分内容弥补了目前同类书籍中实战内容的缺失。本书中所有的标准解读和分析以及引用均是当前最新版本，请读者注意标准内容的实时更新。

著作不易，特别是专业细分领域的科技图书写作，必须沉下心并咬牙坚持。本书的成稿特别感谢机械工业出版社电工电子分社的编辑江婧婧，是她全程跟进统筹协调整个出版进度，并认真校对编排，没有她的帮助及鞭策，难以完成本书的写作和出版工作。同时对电力电子领域的前辈、提供技术知识的同行，以及各大厂商技术资料的开源奉献一并致谢。

最后，特别感谢爱妻王牡丹女士十多年来的支持、包容和帮助，相濡以沫，给我足够的时间做自己感兴趣的事情，小儿也已从小夕宝变成了大夕胖了，开始懂得了爸爸工作的内容和意义，虽时常打断，但不失童趣，我也时常边写作边陪伴其成长，日复一日，得成此书。

本书的写作原则是努力为读者提供完整、严谨、易懂的知识体系，但无法避免写作的内容中存在瑕疵，请读者提出宝贵的意见和建议，可以通过邮箱 eric.wen.tx@gmail.com 或是微信公众号（Aladdin 阿拉丁）给予反馈，同时我也在公众号中给出了一些相关参考文献。希望本书的出版能给电力电子领域的一线工程师及相关从业者在消费性电源产品设计时提供有意义的指导。

文天祥

2021 年 5 月

作者简介

About author

文天祥（Eric Wen），IEEE 高级会员，中国电子学会物联网青年专业技术组通信委员，中国电源学会照明电源专业委员会委员，中国电源学会青年工作委员会委员，硕士毕业后十多年来一直专注于电力电子技术的研究和创新，对电力电子拓扑结构、电力电子器件、AIoT 的应用有深入的研究和独到的见解，擅长照明电子系统、电力电子、AIoT 智能电子硬件等的平台架构设计和开发。同时对于电力电子产品的可靠性设计、品质管控、产品验证、生命周期管理以及规模化生产有着丰富的实践经验。在长期从业历程中，注意技术创新，在电源设计及应用领域积累并获得了多项国际专利（已授权 10 项），并翻译和编写了电力电子、电源设计应用等方面的多部相关书籍，代表性著作如下：

1. 译著（唯一译者）：Ivo Barbi 写作的 *Soft Commutation Isolated DC-DC Converters*，中文版书名：《隔离式直流 - 直流变换器软开关技术》，2021 年 6 月出版，电子工业出版社。

2. 编著（文天祥 符致华）：《开关电源工程化设计与实战——从样机到量产》，2017 年 5 月出版，机械工业出版社。

3. 译著（唯一译者）：Robert A. Mammano 写作的 *Fundamentals of Power Supply Design*，中文版书名：《电源设计基础》，2018 年 10 月出版，辽宁科学技术出版社。

4. 译著（唯一译者）：Sanjaya Maniktala 写作的 *Intuitive Analog to Digital Control Loops in Switchers*，中文版书名：《开关变换器环路设计指南——从模拟到数字控制》，2017 年 5 月出版，机械工业出版社。

5. 译著（唯一译者）：Morgan Jones 写作的 *Building Valve Amplifier*，2nd edition，中文版书名：《电子管放大器搭建手册》（第 2 版），2016 年 9 月出版，人民邮电出版社。

符致华，IEEE 会员，中国电源学会高级会员，一直从事开关电源平台研发架构设计工作，在开关电源拓扑、半导体器件应用及消费性电子产品可靠性设计等方面有丰富的经验和独到的见解，熟悉 OEM/ODM/JDM 等产品研发模式。主要负责各类开关电源和 LED 照明产品的研发及应用，曾任高级研发工程师、研发经理等职位，负责产品从研发到量产的整个流程，对系统失效异常分析和 EMC 的评估有深入的研究，为公司带来了巨大的经济效益，已申请多项专利。现就职于欧普照明。

目　录

第1章

单级功率因数校正（PFC）电路工程化实用设计

1.1 功率因数（PF）的历史渊源

功率因数（Power Factor, PF）一词，是电源工程师非常熟悉的一个名词，基本上从接触电源伊始，就会接触到 PF 这个名词。与之相对应的是，PF 的概念及意义，却是众多工程师疑惑的问题，不管新手还是经验丰富的工程师，在此概念上都或多或少存在过困惑。本书希望正本清源，理清 PF 这一概念，同时希望纠正网络上流传的众多资料中错误的概念及表述。

本书的读者至少在如下一些描述中遇到过令他们头痛的问题，很多情况是在面试中被问到，它们看起来是那么理所当然，但实际作答时却无从下手：

问题 1：PF 会大于 1 吗？

问题 2：PF 有负数吗？

问题 3：PF 与电路负载有关系吗？

问题 4：直流电也存在 PF 的概念吗？

问题 5：PF 是表征用电设备还是表征输入电网的特性？

问题 6：PF 是政府与产品生产者/使用者之间的博弈吗？即 PF 代表谁的立场？或者说为什么对 PF 有要求？

问题 7：PF 与电源电路拓扑结构有关系吗？

问题 8：PF 与电源效率有关系吗？PF 高了，效率会提高或降低吗？

问题 9：PF 和总谐波失真（Total Harmonic Distortion, THD）成反比吗（这一点后面有一节会专门讨论）？

问题 10：为什么信息技术类设备在 75W 以上会要求"PF"，而目前照明类产品却一般在 25W 以上要求"PF"（注意：此处的 PF 都加了引号）？

问题 11：PF 和功率因数校正（Power Factor Correction, PFC）的关联是怎样的（众多资料混淆了二者的概念）？

面对上述这些表面看似简单的问题，我们还是一步步从源头出发，拿起我们曾经忘记过的课本（不需要很复杂的数学理论分析，也不需要很高深的电路分析理论，只需要最简单的电路学或是电工学基础即可），有些电源行业从业者并不一定系统地学过电路分析等专业课程，但是这不妨碍我们的理解，在这里我们试图以一种较为简洁的方式来说明 PF 这一参数的意义和价值，为后面电源电路设计提供一定的理论基础。注意，本书不刻意去强调理论的重要性，因为本书的宗旨即是一本工程化实用设计指南，如果过多着墨于理论分析，那有悖于本书出版的目的，因为大量的公式和理论分析会让 80% 以上的工程技术人员望而却步，从而造成的结果是，一本书总是翻在前几页，而永远不会看完。在海量知识包围的今天，工程技术人员受到"快餐式"研发流程的影响，让他们花大量的时间在阅读理论分析上有点不太现实，所以在本书里，我们只讲最关键最重要的公式，也会把公式讲透。

从图 1-1 中可以看到，功率因数包括两个部分，一个称之为位移因数（这里用 $\cos\varphi$ 表示），一个称之为畸变因数。用数学公式表达即为

$$\lambda = \cos\varphi \times \frac{1}{\sqrt{1+\mathrm{THD}^2}} \qquad (1\text{-}1)$$

注意，在抛出所有的问题之前，读者需要知道的是，PF 的符号是希腊字母 λ，而不是 $\cos\varphi$。

功率因数

=

位移因数   x   畸变因数

图 1-1　功率因数的两个部分

诚如之前所述，众多读者对公式不太敏感，故我们仍以图形化来表示。

为了便于理解，现假设对于从发电装置里出来的电压信号，我们默认将其作为基准，且其波形是标准正弦曲线。

在这里，我们先定义如下：

位移因数 $\cos\varphi$ 被定义为固定在某一参考点下，电压与电流之间的相位差，即电流与电压不同步，这是从时序上去看，从图 1-2 可知，它是有正负向之分的。

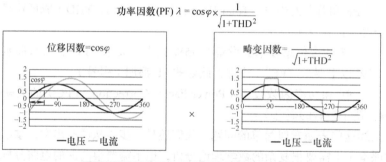

图 1-2　功率因数两个部分的图形化表示

畸变因数被定义为电流与电压的波形形状不同，因为如前面设定，电压为完美的正弦曲线，但电流由于接在电网上的负载不同，导致汲取的电流波形形状与电压波形不同，这是从波形角度来看。

基于式（1-1）我们可以看到，位移因数，其值范围为 $-1 \sim 1$。而畸变因数永远 $\leqslant 1$，所以我们可以知道 PF 的数值范围为 $-1 \sim 1$，不会超过 1，这即回答了问题 1。同时我们一般是从电网端去观察，所以 PF 同时也反映出设备接入电网后，电网受到的影响程度，所以 PF 是同时反映出用电设备和电网端的性能。

由于接入电网的负载有各种各样不同的形态，PF 会受到负载的不同影响进而不同，一般有如下三种情况：

1）纯阻性负载，即负载对位移没有影响，对畸变也不构成影响。典型负载如白炽灯泡、加热器等；

2）纯无功元件（电容或是电感）负载，这只对位移产生影响，对畸变不构成影响。此类典型负载有电机类负载；

3）非线性负载，1）与2）的组合，这样即为我们通常见到的情况，这类负载不仅影响了位移，还导致了畸变的产生。典型负载如各类电子产品，如节能灯、电源类产品等。

仍旧以图形化来表征上述三类情况（见图 1-3）。

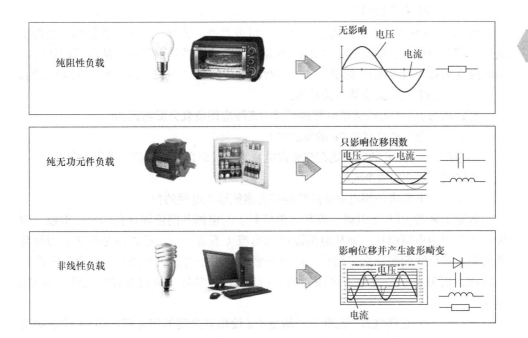

图 1-3 不同负载对 PF 的影响

不同负载下对应的 PF 结果如图 1-4 所示。

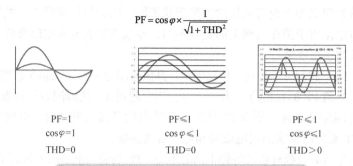

$$PF = \cos\varphi \times \frac{1}{\sqrt{1+THD^2}}$$

PF=1	PF≤1	PF≤1
$\cos\varphi$=1	$\cos\varphi$≤1	$\cos\varphi$≤1
THD=0	THD=0	THD>0

图 1-4　不同负载对 PF 的影响（图形化表示）

当读者看到这里的时候，应该可以回答上面提出的多个问题的其中几个了。

问题 1：PF 会大于 1 吗？

不会大于 1，从数值维度上看，PF 介于 0 到 1 之间，最大为 1，不会超过 1，测量出超过 1 的情况，一般是测试仪器出现了问题或测试方法有误，这里要说明的是，许多低端的 PF 测量仪器，由于受测试准确度和带宽的限制，测出来的 PF 出现超过 1 的情况，这对于输入电流为非标准正弦时，测试结果错误更为明显，所以要尽量选择高带宽（尽量涵盖更多次谐波检测的）仪器来进行 PF（以及 THD）测量。

问题 2：PF 有负数吗？

PF 是可以存在负数的，因为从公式中可以看到，位移这一项，电流如果超前于电压，即为负数，而畸变这一项永远不会为负，这里必须说明下，从本书涉及的产品的角度来看，只考虑 PF 的绝对值，即我们常说的 PF 为 0 或正值，处于 0 到 1 之间。

问题 3：PF 与电路负载有关系吗？

有，从图 1-4 中可以清楚地看到不同的实际应用负载会影响到 PF。

问题 4：直流电也存在 PF 的概念吗？

不存在，因为 PF 的定义是在交流供电系统中，而且是以正弦信号作为参考。

再回到更复杂的两个问题：

问题 5：PF 是表征用电设备的特性还是表征输入电网的？

从定义来看，PF 是电源（或是其他负载）与电网共同依赖存在的一个参数，因为参考量即为电网电压，而从电网汲取的电流（不管大小、相位还是形状）却与负载相关。只是我们现在众多场合，以及众多教科书中将其表达简化了，默认电网特性固定，而负载总是变化不可预知的，所以 PF 更多时候是用来表征电源（负载）本身。

问题 6：PF 是供电方 / 政府与产品生产 / 使用者之间的博弈吗？即 PF 代表谁的立场？或者说为什么对 PF 有要求？

这是一个很有意思的问题，当各种标准法规条例出来后，政府（或者说是供电方）对消费者使用的产品 PF 值提出了要求，后面会详细分析当今全球主流市场 / 国家对 PF 的要求。为什么会出现这样的情况，这还仍然需要我们从 PF 的定义源头上去看。

1.1.1 有功功率、无功功率及其他概念

有功功率：又叫平均功率，因为交流电的瞬时功率不是一个恒定值，功率在一个周期内的平均值称之为有功功率，它是指在电路中电阻部分所消耗的功率，对电动机来说是指它的出力大小，以字母 P 表示，单位为瓦（W）。

无功功率：在具有电感（或电容）的电路中，电感（或电容）在半个周期的时间里把电源的能量变成磁场（或电场）的能量贮存起来，在另外半个周期的时间里又把贮存的磁场（或电场）能量送还给电源。它们的存在，只是与电源进行能量交换，并没有真正消耗能量。我们把与电源交换能量的振幅值叫作无功功率，以字母 Q 表示，单位为乏（var）。

视在功率：在具有电阻和电抗的电路里，电压与电流的直接乘积叫作视在功率，以字母 S 表示，单位为伏安（VA）。

能够真正用于做功（消耗）的功率我们用有功功率来表示。所以我们经常看到的电厂的总装机容量用的是有功功率来表征，也即向使用者收费的那部分功率（这里简化概念，仅对民用家庭用电的计费来进行理解），但下面会引出了另一个问题：

$$产生的功率 = \frac{消耗的功率}{功率因数} \qquad (1\text{-}2)$$

$$PF = \frac{P}{S} \qquad (1\text{-}3)$$

从式（1-2）或式（1-3）可以看到，如果 PF 越低，需要供电方提供的功率就越多，即供电方需要的成本也相应要升高，但是消费者是以进线电表的功率形式（即为有功功率）来支付电费，那问题就来了，低的 PF 导致的无功功率谁来承担。举例说明，一个用电设备为 400W，由于负载 PF 只有 0.8，那么供电局需要提供的功率为400W/0.8=500VA，用户只为 400W 的负载交纳电费，而供电方需要提供 500VA 的功率，那多出来的 100VA 谁来承担？这样即出现了供电方 / 发电公司（一般也是政府）会要求使用者的产品 PF 值尽量要高，以尽可能地减少无功功率的产生。

外文资料对于功率因数（有功功率、无功功率）有一个类比，将功率三角形（有功功率、无功功率、视在功率）和一杯啤酒进行类比，这个类比极为恰当，如图 1-5 所示。

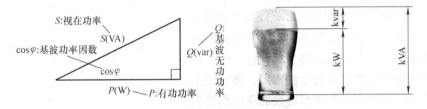

图 1-5　功率三角形与啤酒的类比图

而对应于不同功率因数下的情况如图 1-6 和图 1-7 所示。

图 1-6　不同功率因数下对应的啤酒类比

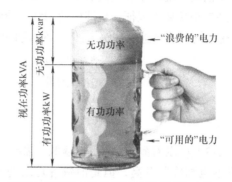

图 1-7　可用 / 浪费的电力与啤酒的类比

"浪费"的电力（无功功率部分）即为这杯啤酒产生的"泡沫"。

当然，电费问题（关系到供电方的设备容量问题）只是这个博弈之间的一部分，如果大量的低 PF 用电负载加在电网上面，其危害还体现在另一个方面，它增加了传输线路的损耗。这里传输线路，包括从发电机经过输送线缆、配变电站变压器，到终端用户之间的所有线路，线路中消耗的功率如图 1-8 所示。

因为消耗的功率一定，V 即电网的端口输出电压一定，那么传输线上的电流和功率因数成反比，当 PF 降低的时候，那么线路上的电流增加，这是一个很恐怖的事情，因为电流的增加，意味着，整个传输线路上的线缆、绝缘材料、变压器都需要更大的电流额定，通俗地来说，即传输线路会因为功率因数的降低而要升级，那么同样增加了成本，而更为严重的是传输配电线路中的损耗，其关系见图 1-9。

$$P = V \quad I \quad \lambda$$

定值　　定值

图 1-8　线路中消耗的功率

图 1-9　传输配电线路中损耗的关系

在这里，P_{loss} 是指线路中的损耗；R_{loss} 为整个路径上的阻抗；I 为线路中的电流；V_{loss} 即为压降。

线缆和导线中总是存在电阻，这样在传输中的损耗如图 1-9 所示，可以看到，损耗与线路电流的二次方成正比，所以提高 PF，可以减少线路中的电流，也可以减少输电线路中的损耗。

在这里我们可以得到关于前文问题 5、6 更多的答案了：

- 低的 PF 用电设备，对供电系统及输电系统存在不利影响；

- PF 与消耗的实际有功功率无关，对终端用电用户不存在影响，因为终端客户只对有功功率付费，即产品消耗的实际功率。

再回到定义：

$$\mathrm{PF} = \cos\varphi \times \frac{1}{\sqrt{1+\mathrm{THD}^2}} \tag{1-4}$$

那么对供电系统及输电系统存在的不利影响是因为位移因数还是因为畸变因数，亦或是二者的综合影响呢？

1.1.2 位移因数和 THD 的各自影响

如图 1-10 所示，发电厂产生的高压，经过电力传输变压器，最终供给终端用户使用，其电压范围一般为 220 ~ 380V（绝大部分亚洲和欧洲地区）。

注意这里，用电设备产生的谐波 THD 及位移因数 $\cos\varphi$ 会呈现在 220 ~ 380V 的电网中，但是谐波却不能够通过电力隔离传输变压器返回到发电厂，而位移因数却可以。如果是从终端用户来看，二者对消费者都没有影响，即消费者感受不到一个设备是否是高或低功率因数的区别。

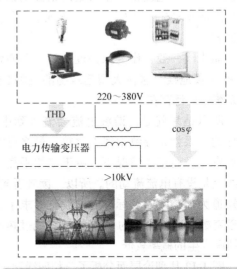

图 1-10　配电传送路径中谐波和位移的传输

所以这里的结论就很明显了：

1）PF 低只会降低输电以及配送的效率；

2）而电流谐波由于不能通过变压器网络，故对发电系统没有影响。

看起来所有的副作用只由位移因子 $\cos\varphi$ 产生，那么是不是电流畸变根本没有不利影响？答案是，有但仅存在于建筑物安装配线过程中。如图 1-11 所示是对简单影响的分析。

电流谐波因为不能通过 380V ~ 10kV 的传输变压器，对绝大多数家用的 220 ~ 240V 用电系统也不会产生影响，那么谐波的影响体现在 380V 系统中。

图 1-11   电流畸变对各个环节的影响

在大型商业建筑中，很多采用的是三相四线制供电系统，即低压配电系统中，这种三相四线制系统在工业供电、民用住宅以及城市供电等电力系统中普遍应用。三相四线供电电缆截面如图 1-12 所示。

谐波 THD 会影响三相四线制中的中线，具体来说，如果用电设备产生大量的谐波的话，只有奇数次谐波才有影响（如 3 次、5 次、9 次、15 次等谐波）。

而中线一般也作为保护性接地，即通常所说的 PEN 接地线，这在大型建筑物的三相 380V 供电系统中广泛存在。

所以结果就是，谐波电流会流入到中线上，这样的后果就是导致中线上过热，最终可能导致火灾发生。而正常情况下，由于三相平衡，接地中线上是没有电流流动的。所以，读者看到这里，就知道为什么政府及标准对谐波有要求了，即使由于奇数次谐波导致的 PEN 接地中线过热问题这种情况发生的概率较低。

图 1-12   三相四线供电电缆截面

图 1-13 从理论层面分析了三相四线制中谐波的影响。

可以看到，不为零的中线电流会导致中线或接地线过热。

然而畸变的电流可以用不同次数的谐波电流来量化表征，即 THD：

$$\text{THD} = \sqrt{\sum_{n=2}^{\infty}\left(\frac{i_n}{i_1}\right)^2} \tag{1-5}$$

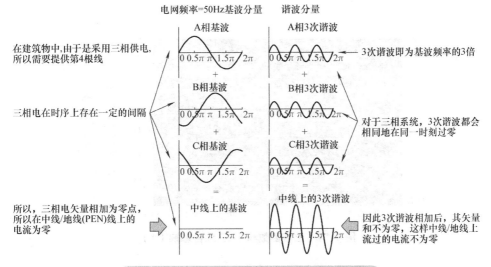

图 1-13　谐波在三相四线制电缆中的叠加效应

这里 i_n 即为第 n 次谐波的幅值。仔细分析上图，可以得到一个比较有意思的结论，即各次谐波的存在是非常有规律的，总的来说，可以分成三组：

1）奇数 3 次谐波，如 3 次、9 次、15 次等，如前所述，它们的矢量叠加对 380V 建筑物供电系统有影响，但不能通过变压器折回到发电厂。但是也可以看到，从 9 次谐波后，各次谐波的绝对值非常小以至于影响微乎其微。

2）奇数非 3 次谐波，如 5 次、7 次、11 次等，他们没有矢量相叠加的情况，而且一般来说其绝对值也很小。

3）偶数次谐波，从周期函数的傅里叶分解可以看到，它们是不存在的。

1.2　深度理解 PF 与 THD

这一小节我们来回答问题 9。

PF（有的也用 λ 表示）和 THD 的关系，我们重写公式如下：

$$\lambda = \cos\varphi \times \frac{1}{\sqrt{1 + \text{THD}^2}} \tag{1-6}$$

将此公式通过作图得到如图 1-14 所示（通过具体的实例取点可以得到），坐标轴为 THD 和位移因数，得到不同的条纹区间即为 PF 值的区域范围。

当 PF 为 $0.5 \sim 0.6$ 的时候，以及 PF 为 $0.9 \sim 1$ 的时候，两个区域为如图 1-15 所示，这两个区域即为目前中小功率用电设备的典型 PF 值。

再深入下去，我们取两个点，如在 PF=$0.5 \sim 0.6$ 的区间里选一个点，在 PF=$0.9 \sim 1$ 的区间里选一个点，如图 1-16 所示，可以得到

$\lambda = 0.55$，THD = 120%，$\cos\varphi = 0.86$

$\lambda = 0.90$，THD = 20%，$\cos\varphi = 0.92$

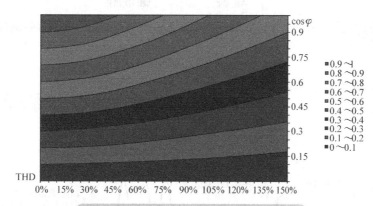

图 1-14　位移因数和 THD 综合影响（1）

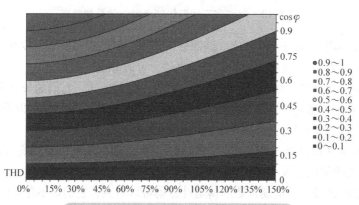

图 1-15　位移因数和 THD 综合影响（2）

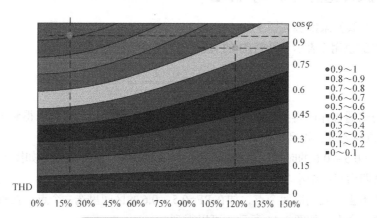

图 1-16　位移因数和 THD 综合影响（3）

有意思的问题来了，两个点的 PF 值相差很大，但其实位移因数并没有太多的差异。而影响 PF 的却是 THD，从 20% 变化到 120%。

同样，也可以用 Mathcad 工程计算软件来做出这一个关于 PF 和 THD 的三维关系图，如图 1-17 所示。

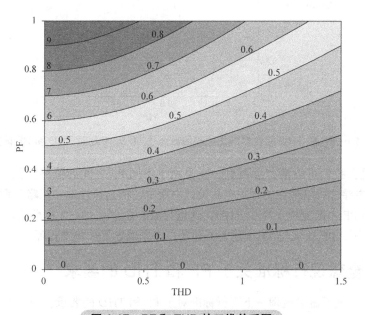

图 1-17　PF 和 THD 的三维关系图

如果固定位移因数，这个隐含项通常也被大家忽略掉了，同样我们可以得到 PF 与 THD 的关系如图 1-18 和图 1-19 所示。

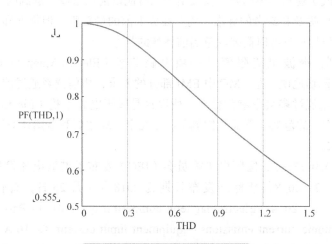

图 1-18　PF 和 THD 综合影响

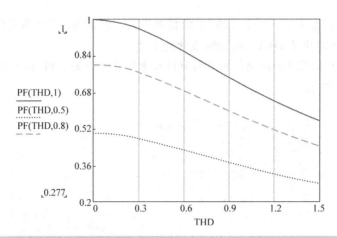

图 1-19　PF 和 THD 综合影响之位移因数为 1、0.5、0.8 时 THD 和 PF 的关系

到这里，我们可以清楚地看到，正是由于不同 PF 之间的位移因数差异化不大，而 THD 占主导，所以现在的开关电源设计书籍中，都选择性地"忽略"了位移因数这项，即提高 PF 一般变成了减少 THD，这也与 IEC 61000—3—2 标准的定义一致。所以很多场合下，PF 默认与 THD 划上了等号，这也误导了一些工程师。

1.3　全球现行标准关于 PF 和 THD 的要求

在这里，笔者需要梳理一下现行标准对于 PF 和 THD 的要求。由于本书的侧重的范围为中小功率等级，所以参考的法规也就是现行最为广泛采用的一项关于谐波电流的强制性标准，也就是 IEC 61000—3—2，随着时间的推移，此标准不断更新，全球各国（包括中国）也通过比照自身的国情，都或多或少在其上进行了修正，在这里我们不详述标准或法规的具体内容，仅突出大家可能以前从来没注意到的问题。

注：本书所提及和参考的标准，均是在成书前的最新版，但标准和法规在不断地更新，读者在设计和参考时需要注意当前标准的状态。

可以看到，谐波电流限值是一项电磁兼容（Electro Magnetic Compatibility，EMC）要求，确切地说，是 EMC 中 EMI 部分的要求，相信读者通过前面的论述，已经知道了谐波电流过多会影响到什么，所以这是属于电磁干扰（Electro Magnetic Interference，EMI）的范畴。下面我们侧重看看几个全球主要利益团体对照明产品的 PF 和 THD 的要求。

1. IEC 61000—3—2，国际电工委员会（IEC）发布了谐波电流发射第 5 版标准 IEC 61000—3—2：2018，新标准发布日期为 2018 年 1 月 26 日，替代现有第 4 版 IEC 61000—3—2：2014《Electromagnetic compatibility（EMC）- Part 3-2：Limits - Limits for harmonic current emissions（equipment input current ≤ 16 A per phase）》。IEC 61000—3—2 标准是专门用于考核单相交流电压在 220 ~ 240V、三相交流电压在 380 ~ 415V、相电流≤ 16A 的电子电气产品的电流谐波的国际规范。很多国家或地

区（比如欧盟、中国、南非等）会直接引用或等效引用该标准，作为电磁兼容认证中对电流谐波参数的考核要求。

　　新版标准的变化主要体现在对照明设备的要求有较大差异，主要是填补了目前≤25W 的照明产品，特别是 LED 产品的谐波要求，这部分对行业影响深远。因此照明产品相关的厂家需要关注该标准的最新变化，与 IEC 61000—3—2：2014 相比，照明设备部分的主要技术变化如下考虑到新型照明设备的谐波电流测试，IEC 61000—3—2：Edition 5.0（2018）更新了额定功率≤25W 的照明设备的限值要求。在 IEC 61000—3—2：Edition 4.0（2014）中对于功率≤25W 的照明设备只提到了气体放电灯的谐波电流限值要求，没有明确列出对 LED 灯等新型照明设备的谐波电流限值要求。因此，对于功率≤25W 的 LED 灯，一般都不做谐波电流测试。在 IEC 61000—3—2：Edition 5.0（2018）的第 7.4.3 节规定，5W ≤额定功率≤25W 的照明设备中，则不再提及气体放电照明设备的概念，统一归纳成照明设备的概念，并增加了一个可选限值，这样就明确地把低功率的 LED 灯等新型照明设备也包含了进来，从而对此类产品也提出了谐波电流的测试要求。

　　新版标准中 5W ≤额定功率≤25W 的新型照明设备（如 LED 控制装置及灯具等）需要增加测试，涉及产品类别非常广泛，例如一些小功率的 LED 照明产品，包括 LED 台灯、LED 灯泡、LED 灯管等都需要增加测试，虽然这些要求变得更为明确了，但由于某些定义测试条件只是在最大功率下进行，这也存在一定的规避空间。

　　下表 1-1 是两份标准中关于照明分类的主要区别。

表 1-1　IEC 61000—3—2 2018 版和 2014 版主要区别

主要内容	IEC 61000—3—2：2014	IEC 61000—3—2：2018
额定功率≤25W 的照明设备	对于≤25W 的照明设备，只设定了放电灯具的限值，对于其他类型的照明设备，并未设定限值，即可以不用测试	所有 5W ≤额定功率≤25W 照明设备，都要进行谐波测试
额定功率 <5W 的照明设备	除了放电灯具，其他类型的 <25W 的照明设备没有设定限值	所有额定功率在 5W 以下的照明设备，不设定限值
非白炽灯的调光器	白炽灯的调光器被归为 A 类，其他类型的调光器被归为 C 类	相位控制的独立调光器都被归为 A 类，其他类型的独立调光器，被归为 C 类
数字技术控制设备的负载端的照明类产品	没有特别条款	对于符合 IEC 62756—1 中定义的，用数字技术控制负载端灯光颜色或亮度的照明类产品，增加了测试条件：可以接电阻或照明类负载，在允许的最大功率条件下进行测试
包含一个控制模块，有效输入功率≤2W 的照明设备	没有特别条款	如果照明设备带有一个有效输入功率≤2W 的控制模块，该照明设备的谐波测试不符合本标准中 7.4.2 和 7.4.3 节的限值，那么这个控制模块对谐波电流的"贡献"可以不予考虑，如果可以的话，要把该控制模块和其余的功能分开测试

　　对于灯具类照明设备（除特殊产品之外）属于该标准中规定的 C 类设备，应用该

C 类限值。细分下来，按 25W 以内和 25W 以上两大类产品。

对于 5W ≤ 额定功率 ≤ 25W 的被测 LED 照明设备，具体要求为满足如下三个判据之一：

判据 1：满足表 1-2 中与功率相关的限值要求。

表 1-2　与功率相关的谐波限值

谐波次数 h	每瓦允许的最大谐波电流 /（mA/W）
2	3.4
3	1.9
5	1.0
7	0.5
9	0.35
11 ≤ h ≤ 39 仅奇次谐波	3.85

判据 2：满足以基波电流的百分比表示的限值，具体来说以基波电流百分比表示的 3 次谐波电流不得超过 86%，5 次谐波电流不得超过 61%。此外，输入电流的波形应确保其在 60° 之前或 60° 时达到 5% 的电流阈值，在 65° 之前或 65° 时具有峰值，并且在 90° 之前不低于 5% 的电流阈值（参考电源电压的任何过零点）。电流阈值是发生在测量窗口，相位角测量是在包括这个绝对峰值的周期上进行的（见图 1-20）。这个判据很复杂，不易操作，所以一直难以真正在测试中实施。

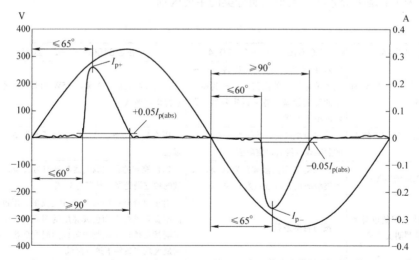

图 1-20　IEC 61000—3—2 2018 版中 7.4.3 节中关于相对相角和电流关系说明

判据 3：THD（总谐波失真或总谐波畸变率）不超过 70%，3 次谐波电流不超过基波电流的 35%，5 次谐波电流不超过 25%，7 次谐波电流不超过 30%，9 次和 11 次谐波电流不超过 20%，2 次谐波电流不超过 5%。上述判据 1 和 2 与 2014 版类似，2018

版适用产品面更广。判据 3 则为 2019 版新增加的部分，除考虑部分奇次谐波与基波的相对值外，还需要符合总谐波畸变率及 2 次谐波的相对值规定。

对于额定功率大于 25W 的被测 LED 照明设备，具体要求和 2014 版相同，谐波电流不得超过表 1-3 的相关限值。

表 1-3　C 类产品谐波限值

谐波次数 h	基波频率下输入电流百分数表示的最大允许谐波电流（%）
2	2
3	30λ
5	10
7	7
9	5
11 ≤ h ≤ 39 仅奇次谐波	3

注：1. 对于一些 C 类产品，会有其他一些限值要求。
　　2. λ 为线路的功率因数。

在 2020 年，IEC 又发布了 IEC 61000—3—2 标准的最新修订版 5.0 版 IEC 61000—3—2：2018+A1：2020，新标准的发布日期为 2020 年 7 月 14 日。对于照明大类产品，对上述判据 1 的限值进行了修正。

将 30λ 直接换成了 27，修正这个值的假设是因为现在的技术一般都能实现等于或高于 0.9 的功率因数，见表 1-4。

表 1-4　C 类产品谐波限值（IEC 61000—3—2：2018 修订版本）

谐波次数 h	基波频率下输入电流百分数表示的最大允许谐波电流（%）
2	2
3	27
5	10
7	7
9	5
11 ≤ h ≤ 39 仅奇次谐波	3

注：对于一些 C 类产品，会有其他一些限值要求。

我们以一个实例来看这个标准的影响。LED 灯的额定输入电压为 220V，频率为 50Hz，额定功率为 24W。若使用 2014 版谐波标准，无需测试，则认为符合谐波标准要求。若用 2018 版标准，则可用三种方法进行谐波判定，满足其中之一就可认为其符合标准要求，而结果如下：

（1）判据 1：用与额定功率相关的谐波发射值，在 LED 灯稳定工作状态下，测得 EUT 的谐波发射，见表 1-5，奇次谐波发射值均不符合标准要求。

表 1-5 与额定功率相关的谐波发射结果

谐波次数 h	测得谐波值 / (mA/W)	谐波限值 / (mA/W)	结果
3	4.08	3.4	F
5	3.47	1.9	F
7	2.69	1.0	F
9	1.88	0.5	F
11	1.25	0.35	F

（2）判据 2：用以基波电流百分比表示的谐波发射值，LED 灯在稳定工作状态且输入电流波形满足图 1-20 所示波形要求的情况下，测得基波电流为 1.1A，3 次和 5 次谐波与基波电流的比值见表 1-6，测试结果不符合标准的规定。

表 1-6 与额定功率相关的谐波发射结果

谐波次数 h	谐波与基波的比值（%）	谐波限值（%）	结果
3	88.9	86	F
5	75.7	61	F

（3）判据 3：总谐波畸变率（THD）≤ 70%，在 LED 灯稳定工作状态下，测得 THD = 145.7%，该值 >70%，2 ～ 11 次谐波的测试值见表 1-7，结果也不符合标准的要求。

表 1-7 2 ～ 11 次谐波与基波比值结果

谐波次数 h	谐波与基波的比值（%）	谐波限值（%）	结果
2	1.5	5	P
3	88.9	35	F
5	75.7	25	F
7	58.6	30	F
9	41.0	20	F
11	27.2	20	F

综上所述，用三种判据进行判断，此产品均不符合 2018 版标准的规定。针对此类样品，以往各版本谐波标准均无需进行谐波试验，则认为符合谐波限值。但是 2018 版标准对谐波测试的符合性判定有不同的结果。

另一方面，此 2018 版标准也加强了对调光情况下的管控，更新了含有调光、调色等控制方式的非白炽灯光源的照明设备的测试要求。在标准 7.4 节中写明，首先要求得到一个最大有功输入功率 P_{max}，以确定谐波限值，然后在下面两种情况下都要进行测试并且结果符合限值要求：

1）通过对控制装置的设置获得 P_{max}；

2）将控制装置设置到预期在有功输入功率范围内产生最大总谐波电流（THDi）的位置 [P_{min}，P_{max}]，P_{min} 具体定义如下：

$P_{\min} = 5\mathrm{W}$，如果 $P_{\max} \leqslant 50\mathrm{W}$；

$P_{\min} = P_{\max} \times 10\%$，如果 $50\mathrm{W} < P_{\max} \leqslant 250\mathrm{W}$；

$P_{\min} = 25\mathrm{W}$，如果 $P_{\max} > 250\mathrm{W}$。

IEC 61000—3—2（2014 版）中只提到了调光这一种控制方式，而 2018 版标准包括了调光、调色等所有的控制方式，测试要求也更容易操作。

同样，我们采用一个实例来解释说明。可调光 LED 灯的额定电压为 220V，频率为 50Hz，额定功率为 70W，通过控制器进行功率调节。在谐波测试前，将 LED 置于正常照明状态一段时间，以保证其工作在稳定状态。据前面所述，进行状态判定：

1）调节控制器的位置，测得最大有功功率 $P_{\max}$=68.9W 时，谐波（电流）发射的柱状图如图 1-21 所示，其谐波（电流）发射符合表 1-3 规定的限值。

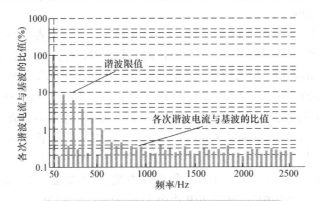

图 1-21　在最大有功功率时的各次谐波电流

2）调整照明设备控制器的位置，使有功输入功率在 6.7～68.9W 范围内可调，以获得最大 THDi 时的工作状态，此时的有功功率大约为 9.5W，谐波（电流）测试结果如图 1-22 所示。由表 1-3 可知，2 次谐波与基波比率应小于 2%，图 1-22 中很明显看出，2 次谐波发射值与基波的比率大于 10%，不符合表 1-3 的限值规定，所以，此调光照明设备不符合 2018 版标准的要求。

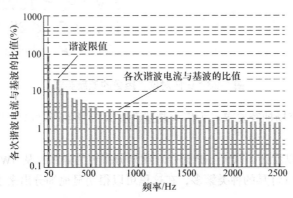

图 1-22　在 THDi 最大时的各次谐波电流结果

综上，此 LED 调光灯在 P_{max} 位置时，谐波测试结果合格，控制器在某个位置、有功功率约为 9.5W 时，谐波测试结果不合格。因此 LED 灯具的制造商，特别是亚洲、欧洲市场的生产制造商，IEC 标准的覆盖力度很强，更需要密切关注标准的变化，及时更新产品的技术性能，以适应变化。

而 D 类设备，由于目前消费性电子产品的电源效率越来越高，这几年快充技术的推广，充电器的功率还是以 20W/40W/65W 居多，75W 以上主要的还是大功率计算机适配器和一体机、电视机、计算机等电源产品。这些产品的标准清晰，技术路线也很明确，所以 75W 以下的设备也开始有意识往高 PF 值方向设计，但目前还没有看到正式法规有发布此类要求。不过，从长远来看，信息技术类电源的用量也很大，从常规计算机到手机充电器，再到家电类产品等，品类众多，能预计到此类设备对于功率因数的要求应该会加强。

读者还会问，为什么有两个界限，75W 和 25W，这个笔者查阅了大量的资料，并没有得到一个统一认同的说法，但从查证的资料来看，都指向一个事实就是接入电网中此类设备中的数量，输入功率 <75W 的设备不在此标准要求之内，是考虑到标准定义时，IEC 61000—3—2 第 1 版发布于 1995 年，由于当时电气设备的效率低下，可能存在用电设备普遍功率较高的情况，故 75W 是作为了一个分界点而提出来。

2. 欧盟 ErP（Energy-related Products）指令：欧盟委员会于 2019 年 10 月 1 日制定了光源和独立控制器的生态设计法规正式版（EU）2019/2020，于 2019 年 12 月 5 日正式发布，将于 2021 年 9 月 1 日进行强制并废除原法规（EC）244/2009、（EC）245/2009、（EU）1194/2012、实施 ErP 指令（Directive 2009/125/EC）。这项法规规定了特定的限制值，包括能效要求、功能要求及信息要求。对产品实际的功率、功率因数、有效光通量、空载及待机功耗、显色指数、频闪、色容差、光束角、控制器的效率、流明维持率、产品存活率、颜色饱和度、色温等实际测量结果与产品对应的标称值之间的偏差提出了新的规范要求。ErP 对位移因数的最新要求如图 1-23 所示。

P_{on} 下的位移因数(DF)(LED 和 OLED)	$P_{on} \leqslant 5W$：无要求 $5W < P_{on} \leqslant 10W$: DF≥0.5 $10W < P_{on} \leqslant 25W$: DF≥0.7 $25W < P_{on}$: DF≥0.9

图 1-23　ErP 对位移因数的最新要求

其也定义了市场抽查要求，为广大制造商在大批量生产时提供了一定的容差指导（见图 1-24）。

从图 1-24 可以看到，欧盟 ErP 指令对此划分得更为详细，从 5W 以上即开始要求 PF。正是由于 LED 灯具的种类繁多，在这里可以很明显地细分出来了。

❖ **市场抽查公差范围：**

法规中定义的验证公差仅允许在市场抽查中应用。制造商，进口商等不得以此公差作为产品合规允许的公差。

参数	抽样数量	抽查公差范围
满载开机功率 P_{on}/W		
$P_{on} \leqslant 2W$	10	实测值不能超过宣称值 0.2W
$2W < P_{on} \leqslant 5W$	10	实测值不能超过宣称值的10%
$5W < P_{on} \leqslant 25W$	10	实测值不能超过宣称值的5%
$25W < P_{on} \leqslant 100W$	10	实测值不能超过宣称值的5%
$100W < P_{on}$	10	实测值不能超过宣称值的 2.5%
位移因数 DF（0~1）	10	实测值不能低于宣称值 0.1
有用光通量 Φ_{use}/lm	10	实测值不能低于宣称值的10%
空载功率 P_{no} 待机功率 P_{sb} 联网待机功率 P_{net}/W	10	实测值不能高于宣称值 0.1W

图 1-24　ErP 要求中对位移因数的市场抽查要求

3. 能源之星：美国能源之星关于灯泡的 V2.1 版本，在截止本书写作完稿之时（2021 年 5 月），能源之星正式发布了灯泡的 V2.1 版本（发布时间为 2017 年 6 月）。这份资料是作为 LED 灯泡类（注：能源之星只覆盖部分 LED 照明产品，具体细节请读者查阅相关文件）生产厂家的产品进入美国地区的指导文件，但是这份报告远远没有包含所有的 LED 灯。

能源之星发布的灯泡 V2.1 版本于 2017 年 10 月 1 日正式取代之前的版本，其对于功率因数的要求可以看到，5W 以下的灯泡具有豁免权（见图 1-25），即不需要考虑功率因数，所以电路设计中可以使用成本很低的电路，这也是大家可以看到很多阻容降压的小功率产品大量在售卖的原因。

11.2 功率因数，所有灯 （输入额定功率≤5W 除外）			
灯类型	能源之星要求	测量方法/参考文档	补充测试指导
紧凑型荧光灯	每种型号的灯，其功率因数值需要 ≥0.5	ANSI C82.77-10-2014测试方法 或 DOE关于紧凑型荧光灯的测试流程	样本数量：每个型号10个灯，如果没有特别说明，5个灯底座向上，5个灯底座向下；
固态照明	输入功率 ≤10W 的定向灯，功率因数值≥0.6；其他功率值，功率因数值 ≥0.7	ANSI C82.77-10-2014测试方法 或 DOE关于紧凑型荧光灯的测试流程	测试需要在额定输入电压下进行； 报告值是测试值四舍五入取整后的平均值

图 1-25　能源之星灯泡 V2.1 版本中对于 PF 的要求

对于 5W 以下的灯仍不做要求，5 ~ 10W 的灯要求功率因数 ≥ 0.6，10W 以上是 ≥ 0.7。考虑到产品的偏差，PF 的值可以允许有 ± 5% 的波动。值得注意的一个细节就是，北美的电压范围是全电压 120 ~ 277V 输入（有时甚至到 347V 或 480V），表面上看来，在全电压下满足 PF 一定值有难度，但实际上灯泡类产品的输入电压一般相对固定，很多是 120V 输入，所以这个 PF 标准在能源之星中并不是太严格，所以一般都能够满足。另外，可以看到，能源之星灯泡 V2.1 版本中对于 LED 照明产品，没有细化条款，比如 THD 或是位移因数要求，正是由于这个原因，现在很多出美国的 LED 灯泡类产品采用的电路导致 THD 高达 40% ~ 50%，但仍然能满足能源之星的要求。

4. 美国灯具设计联盟（Design Lights Consortium，DLC），因为能源之星并没有包含全部的 LED 灯类别，其中很大的一类就是灯管类产品，用来代替原来的荧光灯管，包括 T5、T8、T10、T12 等，所以作为能源之星的补充，DLC 对灯具及其他能源之星未包含的产品进行认证，其对 PF 以及 THD 有明确的要求，如下图 1-26 所示是最新的要求（截止本书撰写完稿时，即 2021 年 5 月，DLC 已发布了 V5.1 版本的要求），其中明确提到 PF ≥ 0.9，THDi ≤ 20%，这也算是一个比较明确的要求。

功率因数及总谐波失真要求

DCL 认证的灯和灯具必须满足功率因数 ≥ 0.9，THDi ≤ 20%。此要求适应于 DLC V5.0/5.1 中列出所有类别的灯与灯具产品。符合认证的产品必须在最恶劣情况下仍然要满足此项要求。

图 1-26 DLC V5.0/5.1 对于 PF 和 THDi 的要求

而同样考虑到产品的容差，DLC 标准同时给出了误差的范围，其中对于 PF 可以允许最小为 0.87，而 THDi 最大可以到 25%，见表 1-8。

表 1-8 DLC V5.0/5.1 对于 PF 和 THDi 等的误差要求

性能参数	误差
光输出	+/−10%
灯具光效	−3%
CCT	由 ANSI C78.377—2105 规定
CRI	−2 点
功率因数	−3%
输入电流总谐波失真	5%

值得说明的是，DLC 对于功率因数和谐波失真的误差进行了说明：对于任何以百分比为测量单位的性能指标，相应的公差以百分比形式表现。例如，≥ 0.90（即 ≥ 90%）的功率因数有 −3% 的公差，也就是功率因数必须 ≥ 0.87（即 ≥ 87%），最终的范围要求见表 1-9。

表 1-9　DLC V5.0/5.1 对于 PF 和 THD 的市场抽查要求

公制	需求	公差	实际需求
功率因数	≥ 0.9（≥ 90%）	−0.03(−3%)	≥ 0.87（≥ 87%）
THD	≤ 20%	5%	≤ 25%

其实，DLC 从 V4.4 版本到 V5.1 版的发布过程中，在 DLC 固态照明技术要求 V5.0 的草案 V5.0 第 2 版，（发布日期为 2019 年 9 月 30 日），其中提到了想移除 PF 和 THD 的要求，其原因和具体要求如图 1-27 所示。总之 DLC 认为，取消这些要求是一个适当的折中，要求更多的测试围绕光的质量进行。这个观点笔者也比较认可，后续会提到。但实际上当 DLC V5.1 正式发布（2020 年 2 月 14 日）时并没有取消关于 THD 和 PF 的要求，而是一直保留了对于 THD 为 20% 和 PF 为 0.9 的要求。

DLC V5.0 第 2 版草案关于 THD 和 PF 的要求

为了平衡新的要求和 DLC 尽量减少测试负担，本草案建议删除 QPL 中列出的对总谐波失真（THD）和功率因数（PF）的要求。
从 2012 年首次收集这些指标以来收集的判定数据来看，SSL 产品的电能质量是相当一致而且可靠的。因此，DLC 认为，在围绕光的质量进行更多的测试时，取消这些要求是一种适当的权衡。

指标	DLC V4.4 要求	DLV V5.0 草案要求	评估方法
THD	≤ 20%	无	无
PF	≥ 0.9	无	无

图 1-27　DLC V5.0 第 2 版草案中对于 THD 和 PF 的要求

注意到，能源之星、DLC、ErP 对 PF 的要求都是针对灯（即集成了电源驱动的一体化设计），而不是驱动电源的要求，这样对于那些生产电源或是驱动的厂家而言，还只是有 25W 和 75W 的两个大的门槛要求。

5. IEC 60969—2016《普通照明用自镇流灯—性能要求》（2016 年 V2.0 版）：从本书前述章节可以看到，PF 总是与其两部分同时存在，现在的绝大多数标准都是笼统地给予 PF 一个具体数字化的要求，有没有同时对 PF 两个维度都给予要求的情况呢？答案是肯定的，笔者通过查阅资料，发现在标准 IEC 60969—2016 中分别提及位移因数和 THD 这一要求，并给出了推荐要求值，这是唯一一项对 PF 的两个维度都做出要求的一个标准（见表 1-10）。

表 1-10　标准 IEC 60969—2016 中对于位移因数的推荐性要求

计量标准	$P \leqslant 2W$	$2W < P \leqslant 5W$	$5W < P \leqslant 25W$	$P > 25W$
$K_{displacement}(\cos\varphi_1)$	无要求	≥ 0.4	≥ 0.7	≥ 0.9

注：此值仅为实际样品测量值，仅作为指导。

重写 PF 的公式及两个部分如图 1-28 所示。

$$\lambda = K_{displacement} \cdot K_{distortion}$$

$$K_{displacement} = \cos\varphi_1$$

$$K_{distortion} = \frac{1}{\sqrt{1+THD^2}}$$

$$\lambda = \frac{\cos\varphi_1}{\sqrt{1+THD^2}} \qquad THD = \sqrt{\sum_{n=2}^{40}\left(\frac{I_n}{I_1}\right)^2}$$

图 1-28　功率因数定义以及 IEC 61000—3—2 中 THD 的计算方法

从标准的表述来看，所有的值仅为实际测试值，仅是给出参考推荐值，所以实际产品可能仍然不会遵守此值，因为单纯地测试位移因数，需要一定的测试技巧，相角 φ 定义为输入电压和输入电流一次谐波（基波）之间的相位差。可见标准 IEC 60969—2016 和 ErP 指令还有点差别。

6. 美国加州要求：Title 20 和 Title 24。美国加利福尼亚州，其在经济、人口、教育、科技等领域独领风骚，作为一个高度发达富裕的州，如果把加州看作一个国家，其 GDP 可以排到全球第五，排在美国、中国、日本、德国之后，超过全球 95% 的国家，可谓富可敌国。其实加州的经济总量在 2018 年就已经超过英国，排名全球第五，并且它一个州的经济可以堪比非洲和澳洲两块大陆，也就南美洲能够稍稍超过它一些，并且真的是稍稍超过。所以从事消费电子行业的，非常熟悉加州，这个州的一些法规条款直接决定了整个出口美国的消费性电子产品的性能。如我们熟悉的 CEC 能效标准（将在本书第 2 章介绍）。

美国加州能源委员会（CEC）建议修订《电器效率法规》（Title 20，简称 T20），T20 对符合的照明产品要求 PF ≥ 0.7。美国加州家用及非家用的建筑能效要求（Title 24，简称 T24），T24 对符合的照明产品要求 PF ≥ 0.9，二者均无 THD 的要求，关于 T20 和 T24 的更多内容，读者可以进一步参考其他相关资料。

7. 国内情况：因为我国的标准基本是参考欧洲标准体系，且标准的实施进程缓慢，目前对于 PF 仍没有统一的要求，反而是存在大量参差不齐的地方标准和企业标准。中国质量认证中心 2014 年颁布了一份 CQC 3146—2014《LED 模块用交流电子控制装置节能认证技术规范》，这是目前国内一份驱动电源申请 CQC 认证的要求（见表 1-11），且于 2017 年 11 月更新到 CQC 3146—2017，CQC 还是非强制性的，所以仍有拿着低功率因数电源放在灯具里的产品存在，这个问题最直接的影响就是，对于灯具组装厂家而言，如果选择了比较低端的 LED 驱动电源来适配 LED 灯，然后成品出售时，面临着不合法规的风险。

表 1-11 CQC 中对于 LED 模块控制装置中 PF 以及效率的要求

控制装置类型	标称功率	节能评价值（%）	线路功率因数
非隔离式	$P \leqslant 5W$	84.5	
	$5W < P \leqslant 25W$	89.0	0.80
	$25W < P \leqslant 55W$	92.0	0.85
	$P > 55W$	92.0	0.95
隔离式	$P \leqslant 5W$	78.5	
	$5W < P \leqslant 25W$	84.0	0.80
	$25W < P \leqslant 55W$	88.0	0.85
	$P > 55W$	90.0	0.95

1.4 产品真的需要这么严格的 PF 和 THD 要求吗

由上面的分析可以知道，标准对照明类产品 PF 的要求越来越严格，如额定功率 2W 以上就要求，但是我们不禁要问，照明类产品真的需要这么严格的 PF 要求吗？标准制定者（一般是国家利益代表方）每提出一个标准要求，产品生产商就需要认真应对。但实际上我们分析电网以及用电负载的情况，可以得到一个非常有意思的结论。

因为，工业用电的场合，作为动力的负载很多是感性负载，导致电流相位滞后于电压相位而使得 PF 值低下，但很多时候一般会采用加入容性电抗器进行补偿以提高功率因数。而 LED 照明设备，如果不加 PFC 电路的话一般 PF 值在 0.5 左右，整流桥后存在大电容，电源呈容性（当然，对于一些单级 PFC 电路，也不存在大电解电容）。可以这样想象一下，如果感性负载场合采用低 PF 的 LED 灯，那么 LED 灯存在的固有容性刚刚好可以和电路上的感性相互抵消使得整体电路 PF 值得到提升，主要的原因是本身感性电路上电流波形相对滞后，之后又加入有容性的 LED 灯，使得电压波形也滞后，结果就是使电压相位和电流相位又接近一致，达到最佳的效果，这是一种阴差阳错的"互补"过程。

PF 的两个影响因子为位移因数和 THD，先看位移因数。

位移因数是一个矢量，所以感性和容性的低位移因数在一定程度上可以抵消，如图 1-29 所示。

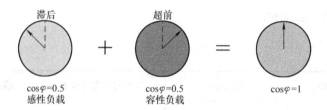

图 1-29　理想情况下，感性负载和容性负载的位移因数相抵消

而电网中基本上是呈感性，所以容性设备的存在一定程度上能够补偿 PF。实际负载情况是感性负载与容性负载的叠加，如图 1-30 所示。

图 1-30　实际负载情况是感性负载与容性负载的叠加

其实 THD 也是一个矢量，不同频次的谐波也在一定程度上会相互抵消掉。

所以本书给出的一个观点是：除非所在电网只有同一种负载使用，如电网此时的负载全是低 PF 的 LED 灯具产品或是其他低功率因数的产品，这时才对电网质量有影响，不然的话，电网中的混合性负载可能会"意外"地抵消掉位移因数和 THD 的不利影响。当然，如果在局域区间里，如一个学校或是一个办公室，这种密集使用照明设备的场合，而又没有其他感性负载时，这仍然会造成一定的问题，本书后续章节会介绍一个实例来说明这种情况。

其实，高 PF 的设备并不是都代表着高质量和高可靠性，这是因为一些高 PF 产品需要更复杂的电路设计，更多的电子元器件，而更多的元器件则可能会导致可靠性降低，产品成本升高，寿终时产生更多的电子废弃物，从这一点来说，与大家常知的概念有点矛盾。但大家可以释然的是，因为工程师面对的是产品设计，仍然是以技术为导向，复杂的电路设计能够有助于工程师了解更多的技术知识，然后再是系统层面的考虑。

另一个层面，前述的一些要求，均是在满载情况，以我们最常用的充电器适配器为例，即使是 100W 这种的笔记本适配器，在峰值功率下的应用场景反而不多，一般工作在非满载情况，这样的话，只在满载情况下的 PF 和 THD 要求，变得在实际场合上没有太多的意义。再来看照明产品，目前 LED 照明已全面应用，智能照明也在蓬勃发展，节能这个主题变得更加容易实现，正因为如此，市场上开始出现了一种情况，即 30%～100% 宽负载全电压（有时也要求 50%～100%）情况下要求 PF 和 THD，这样貌似真正解决了法规上的空白，但为电路设计提出了更大的挑战。目前照明行业，许多芯片设计厂家开始在这方面提供了大量的解决思路，但截至目前，并没有太好的实际应用方案，关于电路层面，本书后续章节会给予详细说明。

1.5 PF 与 THD 优化的工程化方法

在具体介绍解决方案前这里还是先理清概念，功率因数校正（Power Factor Correction，PFC）是一种方法，或者说是一种途径来提升 PF，改善 THD。它与 PF 是不同的概念。把 PFC 说成是 PF，或是反过来都是不对的，实际上现在许多设计资料和网站内容介绍等都在混用这两个概念（问题 11）。

LED 照明驱动电源以及适配器类电源的广泛推广和使用，在其不断演进过程中涌现了许多提高 PF 的方法，来满足不同的标准规范。其实，荧光灯，特别是紧凑型自镇流荧光灯（CFL）已经使用了有几十年之久，其电路中有一些简单的 PFC 电路已经得到广泛使用，如表 1-12 是小功率 CFL 中用得最多的几种电路。而对于 LED 照明发展的前期，在许多低成本电路中也得到了广泛使用。注意，这里采用的 PFC 电路均为无源校正方式，随着 LED 照明专用芯片（ASIC）的广泛发展，芯片成本也日益下降，所以目前主流 LED 灯具已开始采用 ASIC 来实现有源 PFC。但为了信息资料的完整性以及电路的历史溯源，这里仍就照明中常用的无源 PFC 做一简单的分析（问题 7）。

表 1-12　常用无源 PFC 方法一览

比较	低 PF	高 PF	高 PF	高 PF
	整流电路	填谷电路	电荷泵	填谷 + 电荷泵
PF (λ)	0.55 ~ 0.60	0.85 ~ 0.92	0.90 ~ 0.95	0.90 ~ 0.98
THD	≥ 120%	≥ 40%	25% ~ 30%	18% ~ 25%
位移因数 $\cos\varphi$	≈ 0.86	≈ 0.90	≈ 0.90	≈ 0.92
成本上升		10% ~ 15 %	15% ~ 20%	20% ~ 25%
总结		最便宜，THD 高，PF 也难达到 0.9	PF 值和 THD 都能满足标准，但电路可靠性差，且不能满足大功率的电源要求	最佳，但成本最高，设计复杂

可以看到，填谷式高 PF 电路，简单的方式可以实现高于 0.85 以上的功率因数，而 THD 却高达 40%，不难发现，这个正可以满足前面 1.3 节所示能源之星灯泡中的要求，这也是在 2010 年左右，大量 LED 球泡灯、荧光灯等小功率产品广泛采用填谷式 PFC 电路的原因。

传统桥式整流与大容量电解电容滤波电路如图 1-31a 所示。由于只有在 AC 线路电压值高于电容（C1）上的电压时才会有电流通过，致使 AC 侧的输入电流 I_{AC} 发生严重失真，电流导通角仅约 60°（这取决于输出负载等因素），如图 1-31b 所示，从 60° 到 120°，从 240° 到 300°。这样的结果就是：输入电流发生严重畸变，导致线路功率因数很低，为 0.4 ~ 0.6，同时谐波电流值很大，如 3 次谐波达 70% ~ 80%，总谐波失真（THD）达 120% 以上。这种电路在目前的手机充电器等小功率（5W、10W 样的手机充电器），以及 75W 以下充电器、电源适配器中大量存在。从图 1-31 可以看到，尖窄的导通角会导致较大的 THD，所以自然地就会想到让电流导通角增大，这样就有了填谷式（也称之为逐流电路）的提出。具体分析请参考《开关电源工程化设计与实战——从样机到量产》一书中的相关章节介绍。

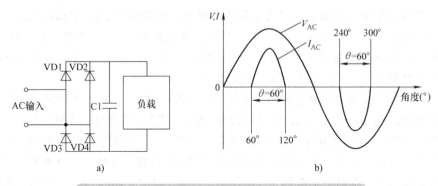

图 1-31   桥式整流滤波电路及其输入电压与电流波形

随着最近几年快充类充电器的迅速爆发，以及 GaN 等新型半导体器件的广泛应用，将手机等 3C 数码类快充推向了一个新的高度，从最开始的 5W 这种水平现在直接升到 45W、65W、100W、120W 水平，这样按照 IEC 的标准，THD 的要求也要满足，在更小的空间里实现较高的功率密度，同时符合安规 /EMC 性能，这给整个行业产业链带来了很大的影响，本书稍后会具体探讨快充中的设计问题。目前 65W 以下（有些是 75W）的快充充电器，由于不在法规的要求之内，所以都没有加入 PF 和 THD 优化电路，电路形式为平常的桥式整流电路后面直接加上较大的母线电解电容，这样输出电流波形呈现出严格的尖三角形，这对普通电网是一个严峻的考验，非正弦的输入电流对电网的供能能力是一个极大的挑战，特别现在储能逆变器产品越来越多，便携式的储能产品难以对这种尖峰电流进行很好的匹配。

常规的功率因数校正电路的设计已经非常成熟，在行业内也已经沿用很多年，具体请参考《开关电源工程化设计与实战——从样机到量产》一书中的相关章节介绍。

1.5.1   单级反激式 APFC 电路和双级 APFC 电路

为了融合 PFC 电路以及实现输出控制，在 Boost APFC 的基础上，逐渐演化出来了一种单级反激式 APFC 电路结构。这中间又有许多变种，本书仅分析最为常用的一种。单级反激式 APFC 作为一种因为 LED 驱动电源而衍生出来的功率因数校正电路，由于其性价比超高的这一优势，故从出现之初，就受到了 LED 电源产业界的喜爱。单级反激式 APFC 变换器中的 PFC 级和 DC-DC 级共用一个开关器件，并采用 PWM 方式的同一套控制电路，同时实现功率因数校正和对输出电压的调节，这几年在 LED 驱动电源以及中小功率电源适配器（<150W）中得到广泛使用。双级 APFC 变换器使用两个开关器件（通常为 MOSFET）和两个控制器，即一个功率因数控制器和一个 PWM 控制器。只有在采用 PFC/PWM 组合控制器芯片时，才能使用一个控制器，但

仍需用两个开关器件。两级式 APFC 电路在技术上十分成熟，早已获得广泛应用，该方案虽然存在电路拓扑复杂和成本较高的缺点，但同时也拥有一些特殊的优点，如抗浪涌、保持时间长、输出纹波小等。

　　PWM 电路这么多年已日趋走向成熟，芯片内部集成了过电流保护（OCP）、过电压保护（OVP）、过功率保护（OPP）等各种保护功能，国内外适配器电源厂家、LED 驱动电源厂家也在广泛地使用，单级反激式 APFC 电路目前是解决 10 ~ 80W 最具性价比的隔离方案选择。

1.5.2　单级反激式 APFC 电路应用中的问题

　　单级反激式 APFC 变换器电路简单，但功率因数校正后的结果和对输入电流谐波抑制的效果不如双级 APFC 变换器。单级反激式 APFC 目前作为 LED 驱动电源比较成熟的一个应用，无论从方案选择还是成本、设计、效率等各方面（问题 8），工程师都有必要了解其潜在的问题。一个典型的单级功率因数校正电路图（部分截图）如图 1-32 所示（注：为了简化描述，本书中的单级反激式 APFC 电路，以下简称为单级 PFC）。

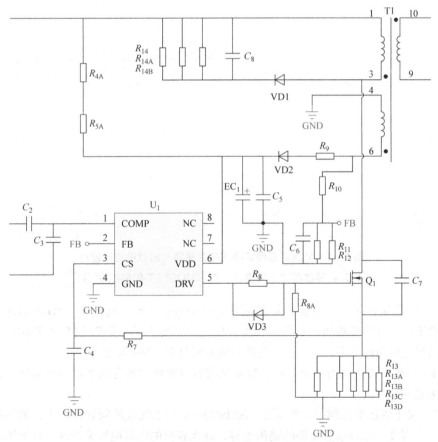

图 1-32　单级功率因数校正电路图（部分截图）

1）双级 PFC 电路的 THD 很容易做到 10% 左右，而单级 PFC 电路大多数只能做到 20% 左右，这是因芯片在有限的引脚分布中要实现 PFC+PWM 双重功能，不得不牺牲一些特性（如调整率、启动特性、THD 等）。

2）雷击浪涌安规问题：前级 PFC 后有大电容吸收能量，而单级 PFC 一次侧却赤裸裸地暴露在电网中，对浪涌需要更严苛的防护，一般做到共模浪涌 2kV 至少需要两级压敏电阻，由于标准缺失，目前很多这种电源以 1kV 甚至更低的标准进行测试，所以经常会使用 800V 或是以上级别的 MOSFET，以防止浪涌时损坏。而大规模使用的 MOSFET 一般等级为 600～650V，但在这种电源架构下显得裕量不足。

我们对电源进行浪涌测试，大小为差模浪涌 1kV，分别测试前压敏电阻 ZNR2 和桥后 MOSFET（2）上的电压，得到波形如图 1-33 所示，可以看到，浪涌产生的时候，虽然压敏电阻起到作用，但残压的存在还是在 MOSFET 上产生了尖峰，其值可达 670V，对于 650V 等级的 MOSFET 来说是一个危险的情况。

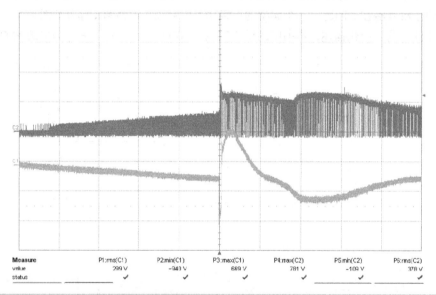

Measure	P1:rms(C1)	P2:min(C1)	P3:max(C1)	P4:max(C2)	P5:min(C2)	P6:rms(C2)
value	299 V	-948 V	669 V	781 V	-109 V	378 V
status		✓	✓	✓	✓	

图 1-33　单级功率因数校正电路浪涌时的对应电压波形
（C_1：压敏电阻上的电压，C_2：MOSFET 的电压 V_{ds}）

3）电源保护问题：单级 PFC 的芯片是一个解决电流失真调制 THD 的电路，不可能全部内置好这些功能，专用的单级 PFC 芯片一般是倾向于实现 PF 和 THD，而在保护特性上所做的不多，特别在一些单一故障情况下，保护略显不足。

4）空载下待机成为一个难点，特别是随着智能照明场合的要求不断增多，待机的要求也越显突出。

5）关于纹波电压问题，特别是 100Hz/120Hz 的工频纹波问题很严重，如果想消除到一定程度，必须依靠足够的输出电容，即大容量的电解电容来处理，这无形增加了产品的体积和成本，但是工频纹波问题是 LED 驱动电源的一个痛点，后面我们有专门的章节来讲解怎么处理。

6）大量的电解电容的使用，大尺寸的磁性元件的应用，使得小体积也难以实现。

7）单级 PFC 工作频率高，而且属于调频方式，工作在 50～150kHz 间，EMI 问题难解决，再加上如果是全电压范围的电源，高低压下的频率变化比较大，所以 EMI 测试及整改也变得复杂化，这是很多工程师报怨单级 PFC 的 EMI 比较难解决的原因。

8）全电压宽范围负载下的 PF 和 THD 要求，单级 PFC 电路由于一般采用临界工作模式，缺少对输入电压的采样，从而不能很好地在轻负载下满足要求。

1.6　单级 PFC LED 驱动电源工程研发实例

图 1-34 即为常见的一款典型的一次侧恒流控制的高功率因数 LED 驱动原理图，特点如下：

- 标准的单级 PFC 构架
- 无光耦合器，一次侧控制（PSR）

如之前所说，这两个特点成为了现在 LED 中小功率（100W 以下）的标准配置方案。

1.6.1　元器件工程化设计指南——降额设计

既然是工程化设计，下面笔者会从关键元器件的选型开始，讲解本例中各个元器件的计算和经验选型，注意，本章所述的一些基本理念和设计技巧对于全书的其他章节均有指导意义，可以相应的进行参考。请参考《开关电源工程化设计与实战——从样机到量产》一书中的详细计算说明，它包括如下器件的详细理论计算和工程化实际选型指导。

- 熔断器
- 压敏电阻
- X 电容
- 共模电感
- 整流桥
- 薄膜电容
- 电解电容
- 变压器及相关功率磁性器件
- 半导体器件等

在进行上述元器件的计算并选型之前，大家其实已经或多或少对裕量这个概念（有的也称之为降额、余量）有了一定的了解，时至今日，网络上流传着各种各样的降额设计指南，基本情况即是几张表格打天下，实际上关于降额设计，国外（如美国等）起源比较早，美国军标和一些航空航天的指导规范已经定义了降额设计要求，而国内的起步较晚，最开始也是应用于军用产品，即遵循军用标准，后续才被一些大公司引入作为一些行业规范指导，一直流传沿用至今。关于国内的降额设计历史由来及

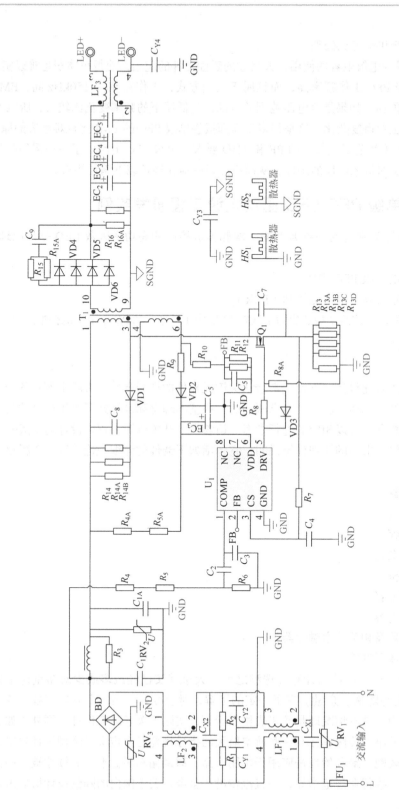

图 1-34 一次侧恒流控制的高功率因数 LED 驱动原理图

发展，可以参考国防工业出版社的《可靠性·维修性·保障性丛书》以及这方面的国外优秀译著，在这里不详述，本书只是给出消费性电子产品一般的降额设计指导，并通过几个具体的实例来说明如何用降额规格来设计我们的电源。具体执行标准，国内基本上是参考军标：GJB/Z 35—93《元器件降额准则》，这是一份很老的标准，其截图如图1-35所示，现行许多企业也依据此标准进行设计。

中 华 人 民 共 和 国 国 家 军 用 标 准

元器件降额准则　　　　　　　　　GJB/Z 35-93
Derating criteria for electrical, electronic
and electromechanical parts

中 华 人 民 共 和 国 国 家 军 用 标 准
元器件降额准则

GJB/Z 35-93

图 1-35　军标 GJB/Z 35—93 截图

如果元器件的工作状态不超过供应商提供的规格书上的参数指标，那么可以实现全寿命工作。降额使用可以提高产品的可靠性。实际寿命达不到额定寿命的重要因素，是元器件的工作情况处于最差状况。最差状况，就是产品在各种正常或异常工作条件下（包括工作在高温、低温环境，输入最低、最高工作电压，在开机、关机，输出各种负载、短路等）承受着最大应力的工作状况。

先看下产品在寿命周期内的典型失效历程，一般用图1-36所示的浴盆曲线来描述。

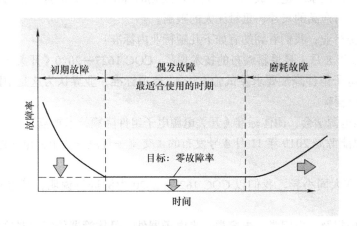

图 1-36　失效历程的浴盆曲线

　　产品随着时间变化，分为初期故障、偶发故障、磨耗故障 3 个阶段，其相应的故障产生原因也各不相同。

　　初期故障：产品在使用早期发生的故障，随着时间的推移，故障率逐渐减少。其主因可能是由于潜在的缺陷，需要通过完善设计、甄选工程，以及零件筛选等措施预防故障发生。

　　偶发故障：初期故障稳定后，会进入偶发故障阶段。主要是由于雷电、产品跌落等突发事件引起的，与时间推移无关，基本可以维持一定的故障率。我们的目标是通过预防生产过程中的偶发性缺陷，以及控制使用环境的过度波动，使故障率接近于零。

　　磨耗故障：偶发故障阶段后，随着时间的推移，故障率又会增加。此时的主要原因是由于产品磨耗、损耗引起的，也可视为产品使用寿命已接近尾声。

　　根据产品的可靠性要求、设计的成熟性、成本要求、维修费用、难易程度、安全性要求来综合确定其降额等级。军标 GBJ/Z 35—93 推荐以下三种降额等级：

　　等级Ⅰ：是最大的降额，对元器件使用可靠性的改善作用最大。适用于下述情况：产品的失效会给人员带来安全性危险或给应用系统带来严重的破坏；对产品有高可靠性要求，且采用新技术、新工艺的设计；由于费用和技术原因，产品失效后无法或不宜维修；应用系统对产品的尺寸、重量有苛刻的限制。

　　等级Ⅱ：是中等降额，对元器件使用可靠性有明显改善。适用于下述情况：产品的失效将可能引起应用系统的损坏；有高可靠性要求，且采用了某些专门的设计；需支付较高的维修费用。

　　等级Ⅲ：是最小的降额，对元器件使用可靠性改善的相对效益最大，但可靠性改善的绝对效果不如等级Ⅰ和等级Ⅱ。适用于下述情况：产品的失效不会给人员带来安全性危险或对应用系统造成破坏；产品采用成熟的标准设计；故障产品可迅速、经济地加以修复；对产品的尺寸、重量无大的限制。

　　现在电源行业，我们看到的有如下几项行业内标准：

　　1）2020 年 8 月 1 日最新颁布的技术规范：CQC 1627—2020《开关电源　性能 第 2 部分：电子组件降额要求及试验方法》。这项标准，业界认为这是中国电源认证标准上一个里程碑。

　　2）中国电源学会，团体标准《开关电源电子组件降额技术规范》。

　　3）国家能源局 2019 年 11 月 4 号发布的《交流—直流开关电源电子组件降额 技术规范》。

　　几份标准大同小异，我们以 CQC 1627—2020 为例进行说明，其首页截图如图 1-37 所示。

　　此标准中提及，电阻类、电容类、光电子器件、晶体管器件等元器件的降额等级见表 1-13 ~ 表 1-16。

中国质量认证中心认证技术规范

CQC1627-2020

开关电源　性能
第2部分：电子组件降额要求及试验方法

Switch power supply performance
Part 2: Electronic assembly derating requirements and test methods

图 1-37　CQC 1627—2020 的首页截图

表 1-13　CQC 1627—2020 的降额标准：电阻类器件降额等级

类型	参数	等级		
		I	II	III
碳膜/金属膜电阻器	电压	<75%	<85%	<90%
	功率消耗	<70%	<75%	<80%
	温度低于额定值	>30℃	>25℃	>20℃
金属氧化膜电阻器	电压	<75%	<80%	<90%
	功率消耗	<70%	<75%	<80%
	温度低于额定值	>35℃	>30℃	>25℃
线绕电阻器	电压	<75%	<80%	<90%
	功率消耗	<70%	<75%	<80%
	温度低于额定值	>20℃	>15℃	>10℃
表面贴装电阻器	电压	<75%	<85%	<90%
	功率消耗	<70%	<75%	<80%
	温度低于 PCB 额定值	>10℃	>5℃	>5℃
热敏电阻器	功率消耗	<70%	<80%	<90%
	温度低于额定值	>20℃	>15℃	>10℃

注：如果元件为卧式，即平贴在 PCB 上，那么温度降额为低于 PCB 额定温度 10℃。

表 1-14　CQC 1627—2020 的降额标准：电容类器件降额等级

类型	参数	等级		
		I	II	III
陶瓷电容器	直流电压 温度低于额定值	<75% >10℃	<80% >7℃	<85% >5℃
塑胶膜电容器	直流电压 温度低于额定值	<80% >10℃	<85% >7℃	<90% >5℃
铝电解电容器	直流电压 　测定电压 <200V 　额定电压≥ 200V 直流电压（冲击） 温度低于额定值	<90% <95% <100% >10℃	<93% <98% <100% >7℃	<95% <100% <100% >5℃
固体电解质铝电容器	直流电压 直流电压（冲击） 温度低于额定值	<90% <95% >10℃	<93% <98% >7℃	<95% <100% >5℃
固体钽电容器	直流电压 纹波电流 反向电压（峰值） 温度低于额定值	<50% <70% <2% >15℃	<60% <80% <2% >13℃	<70% <100% <2% >10℃

表 1-15　CQC 1627—2020 的降额标准：光电子器件降额等级

类型	参数	等级		
		I	II	III
光电耦合器	输入 　正向导通电流 　反向电压 输出 　电压 　集电极电流 温度低于额定值 　（带风扇散热产品） 　（无风扇散热产品）	<75% <75% <80% <80% >20% >15%	<80% <80% <85% <85% >15% >10%	<85% <85% <90% <90% >10% >5%
发光二极管	正向导通电流 温度低于额定值	<75% >10℃	<80% >8℃	<85% >6℃

表 1-16　CQC 1627—2020 的降额标准：晶体管器件降额等级

类型	参数	等级		
		I	II	III
晶体管	集电极 - 发射极电压			
	工作中	<85%	<90%	<95%
	瞬态	<95%	<98%	<100%
	发射极 - 基极电压			
	工作中	<85%	<90%	<95%
	瞬态	<95%	<98%	<100%
	集电极电流	<80%	<80%	<80%
	温度低于额定值	>35℃	>30℃	>25℃
金属 - 氧化物 - 半导体场效应晶体管	漏极 - 源极电压			
	工作中	<95%	<98%	<100%
	瞬态	<98%	<100%	<100%
	栅极 - 源极电压			
	工作中	<80%	<85%	<90%
	瞬态	<90%	<95%	<100%
	漏极电流	<80%	<85%	<90%
	漏极电流脉冲	<90%	<95%	<100%
	温度低于额定值	>20℃	>18℃	>15℃

注：如果器件为卧式，即平贴在 PCB 上，那么温度降额为低于 PCB 额定温度 10℃。

综上，我们可以简单点来说，抛开复杂的可靠性理论，降额在应用过程中就变成只有电压、电流、温度三个维度的考虑。为简单告诉大家怎么使用，我们用几个常用的元器件实例来说明。

实例 1：SMT 贴片电阻的降额设计，以我们常用的采样电阻为例，假设电阻为 10Ω、1% 精度的 1206 封装电阻，其额定功率为 0.25W，额定电压为 200V（这取决于电阻元件的质量和厂家设计），实际测得电阻上的电压为 1V，功率为 0.15W，环境温度 45 ~ 90℃。我们遵循上述降额等级 I 的要求，即功率降额 70%，电压降额 75%，环境温度最高为 90℃。对于采样电阻两端电压的测量方法尤其需要注意，为保证数据的准确性，必须采用高带宽的示波器进行测试。关于示波器测试技巧，请参考本书后续章节。现在来看功率和温度的降额（见图 1-38），在环境 70℃温度以内，功率降额 0.25W × 0.7=0.189W；而当环境温度为 90℃时，根据曲线斜率折算 $P = (70-0.7 \times T_a)/30$，其中 P 为功耗，T_a 代表温度，其范围为 70 ~ 100℃，然后再进行降额可得 $P = 0.25W \times 0.7 \times (70-0.7 \times 90)/30=0.0408W$，可见在较高温度下，产品的功率承受能力大打折扣，从此例来看，环境温度高于 70℃时，按 CQC 降额要求，此电阻不满足降额要求，需要换大功率电阻或是采取多个电阻并联均摊。

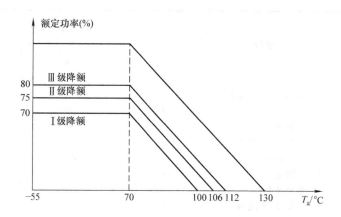

图1-38　电阻功率随环境温度的降额曲线

实例2：压敏电阻（MOV）的降额设计，从压敏电阻的产品规格书中可知，额定特性包括最大连续工作电压、最大脉冲电流、最大耐受能量及额定功率等，降幅为2.5%/℃，如图1-39所示。以我们最常用的来举例说明，当一个压敏电阻器（07D471K）使用于环境温度为95℃时（压敏电阻很多时候是被其他器件烤热），其超出规定的使用温度10℃，此时性能变为如图1-40所示。压敏电阻适用范例如图1-41所示。

但实际中，因为此器件的特殊性，我们仍然还需要考虑其正常使用时的降额情况，一般要求为：额定电压≥系统电压×1.1/0.7。

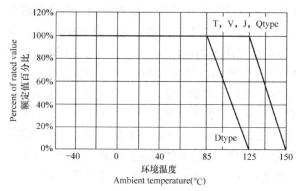

图1-39　压敏电阻温度降额曲线（资料来源：Dersonics压敏电阻产品规格书截图）

项次 Item	特性 Characteristic	工作温度范围内性能 Performance within operating temperature range	95℃时性能 Performance within 95℃
1	最大连续工作电压 Max continuous operating voltage	AC300Vrms DC385V	AC225Vrms (75%×AC300Vrms) DC289V (75%×DC385V)
2	最大脉冲电流 Max pulse current	1200A(1 time)	900A (75%×1200A)
3	重复脉冲电流 Repetitive pulse current	400A(10 times)	300A (75%×400A)
4	方波电流 Square wave current	12.5A (2ms) 25A (10/1000μs)	2ms: 9.38A (75%×12.5A) 10/1000μs: 18.75A (75%×25A)
5	最大耐受能量 Maximum energy	29J	21.8J (75%×29J)
6	额定功率 Rated power	0.25W	0.19W (75%×0.25W)

图 1-40 压敏电阻温度降额要求（资料来源：Dersonics 压敏电阻产品规格书截图）

压敏电阻器的适用范例
example of varistor application

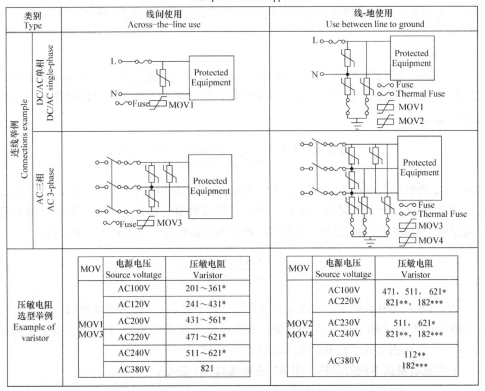

图 1-41 压敏电阻适用范例（资料来源：Dersonics 压敏电阻产品规格书截图）

1.6.2　LED 驱动电源一般性能指标要求

这是此类电源的一般性能指标要求，这些也是 LED 室内外驱动电源的常见要求：

- 额定输入电压：全电压 AC 90 ~ 264V/50 ~ 60Hz，可工作范围：AC 85 ~ 305V；
- 额定输出电压：DC 25 ~ 36V；
- 输出电流 1.5A（1 ± 5%），恒流准确度的要求；
- $\eta > 88\%$，满载，输入为额定 AC 230V 条件；
- PF > 0.9，满载，输入为额定 AC 230V 条件；
- 满载时谐波满足 IEC 61000—3—2 C 类谐波要求；
- 防水等级：IP67；
- 雷击浪涌要求：差模浪涌电压 4kV，共模浪涌电压 4kV。

1.6.3　单级 PFC 的变压器选型

磁心选择的一般方法，对于小白来说，或者说经验不太丰富的电源设计人员来说，是极为困惑的一个问题。时至今日，大家获取知识的途径很多，资料也十分丰富，对于变压器的选型，大家一般要么参考前人经验，要么受限只能用现成的物料，需要自己再去计算并精确选择变压器的场合已不是太多。下面我们给出两个常用的设计思路。

1. AP 法

这也是广为流传的方法，也是对陌生项目开展时选取磁心的一个基本参考（基于 AP 法选择高频变压器磁心的公式推导及验证可以参考沙占友和马洪涛写作的《开关电源优化设计》）。

$$AP = AE \cdot AW = \frac{(1+\eta)P_{\text{out}}}{4\eta K_{\text{W}} k_{\text{f}} J B_{\text{AC}} f_{\text{SW}}} \times 10^4 (\text{cm}^4) \qquad (1\text{-}7)$$

式中，K_{W} 为窗口利用系数，一般取 0.3 ~ 0.4；k_{f} 为波形因数；J 为电流密度；B_{AC} 为交流磁通密度；f_{SW} 为工作频率。表 1-17 为常见的几种电源波形，对于一般常用的参考已是足够。但是以上的公式中，k_{f} 和 B_{AC} 都是难以估计的，所以有了如下公式：

$$AP = AE \cdot AW = \frac{0.433(1+\eta)P_{\text{out}}}{\eta K_{\text{W}} D J B_{\text{M}} K_{\text{RP}} f_{\text{SW}}} \times 10^4 (\text{cm}^4) \qquad (1\text{-}8)$$

式（1-8）适用于单级正激或反激的变压器磁心选取。K_{RP} 为脉动系数，它等于一次侧脉动电流 I_{R} 和峰值电流 I_{P} 的比值，在连续电流模式时 $K_{\text{RP}} < 1$；不连续电流模式时 $K_{\text{RP}}=1$；D 为占空比，按 0.5 取；B_{M} 取 0.2 ~ 0.3T。

下面我们根据本例的条件，用 AP 法来选取一个磁心：

$$AP = AE \cdot AW = \frac{0.433 \times (1+0.88) \times 36 \times 1.5 \times 1.05}{0.88 \times 0.35 \times 0.5 \times 600 \times 0.25 \times 1 \times 50 \times 10^3} \times 10^4 = 0.40\text{cm}^4 \qquad (1\text{-}9)$$

表 1-17　常用波形平均值、有效值、波形因数对照表

序号	名称	波形	峰值 U_p	有效值 U	平均值 U_{AV}	波形因数 $k_f=U/U_{AV}$	波峰因数 $k_P=U_p/U$
1	正弦波		A	$\dfrac{A}{\sqrt{2}}$	$\dfrac{2A}{\pi}$	$\dfrac{\pi}{2\sqrt{2}}$	$\sqrt{2}$
2	半波整流正弦波		A	$\dfrac{A}{2}$	$\dfrac{A}{\pi}$	$\dfrac{\pi}{2}$	2
3	全波整流正弦波		A	$\dfrac{A}{\sqrt{2}}$	$\dfrac{2A}{\pi}$	$\dfrac{\pi}{2\sqrt{2}}$	$\sqrt{2}$
4	锯齿波		A	$\dfrac{A}{\sqrt{3}}$	$\dfrac{A}{2}$	$\dfrac{2}{\sqrt{3}}$	$\sqrt{3}$
5	方波		A	A	A	1	1

　　一般磁心，习惯性大家以 TDK 的数据作为标杆，查阅 TDK 官网数据，再对照自己公司内部常用磁心参数得到，EE28 的 AP 值为 0.6cm^4；PQ2020 的 AP 值为 0.41cm^4；PQ2620 的 AP 值为 0.72cm^4。以上 3 个磁心都能满足计算上的要求，但在实际工程中，都会选择比 AP 法计算出来的大才能够用。本例最少需要选择 EE28 的磁心才能满足例子要求，但是由于 EE28 的 EMI 特性比较差，加上不能兼容更大功率，所以综合考虑，最后选择了 PQ2620。

　　2. 有效体积法

$$V_e = \frac{P_{out} \times 10^3}{4\eta B_M^2 f_{SW}} (\text{mm}^3) = \frac{36 \times 1.5 \times 1.05 \times 10^3}{4 \times 0.88 \times 0.25^2 \times 50} = 5154.5\text{mm}^3 \qquad (1-10)$$

　　再次查阅 TDK 官网数据，再对照公司内部常用磁心参数得到，EE28 的 V_e 值为 4150mm^3；PQ2620 的 V_e 值为 5490mm^3。

总结：看到这里两种选型的计算方法竟然差别这么大，对于 EE28 磁心来说，在用 AP 法计算的时候有余量，而用有效体积法计算的时候居然不满足需求了。很多读者估计要纳闷了，那怎么取才是相对来说合适的呢？各位不妨想想，选取的磁心最终方向是什么，不外乎是相对应的骨架能"绕进去"，在满足温升和安规的情况下，选取的骨架在使用适当的线径中能绕进去。参考以上两种磁心的选型方法，然后根据"绕进去"原则，最终可确定磁心的选型是否正确。

注意：

1）在实际生产中，要考虑到变压器供应商的制造能力，以及自动化绕线等因素，这可以和变压器厂商沟通得到比较好的结果。如，带铜箔屏蔽的就会严重降低变压器的生产效率，同时增加成本。

2）电感量的容差，一般变压器供应商可以做到主电感量控制在 5% ~ 10%，而且对于越小的变压器骨架（如 EE13、EE10），电感量误差越不容易控制，所以对于一些芯片，如果对电感量敏感的话，则需要严格控制主变压器电感量的容差。

3）漏感的控制，因为漏感对于电压尖峰、效率、EMC 等均有较大的影响，所以批量生产时的漏感的管控也是一个重点，目前大家期望在一般的反激电路中，能保证批量达到 3% ~ 5% 的漏感，但这不能一概而论，这与所用的骨架、绕制方式、测试方式、供应商水平、成本控制均有关联。

4）变压器作为一个核心安规器件，除磁心外，其中用到的骨架、胶带、线材、铜箔、凡立水、挡墙材料、套管等均有严格的安规要求，所以来料验收时，需要严格核对除参数外的这些项目，以保证研发生时的样品和批量供货时不存在偏差，也不会在安规认证、EMC 认证时产生偏差。

5）最后关于磁心，如前所述，业界来说，均以 TDK、飞磁等作为标杆，目前消费型电源产品中，以 TDK 的 PC44 最为成熟，但实际上，随着市场对成本的压榨，许多生产厂商对磁心的使用开始玩起了花样，即以次充好，电源在恶劣环境下工作时，磁性材料的热特性、饱和特性、磁损特性会发生显著变化，所以一定要注意样品和量产的材料一致性。

1.6.4　Mathcad 理论计算

在实际工程中，为了使计算更快捷，能够更清晰地看到计算过程中参数的改动对各项结果的影响，本书使用 Mathcad 专业软件作为基本计算文档。Mathcad 作为专业的工程计算软件，在电源设计中的作用越来越重要，由于其描述直观化，比 EXCEL 等电子表格更容易体现函数关系，因而越来越多的电源工程师把它作为一个必备工具。本书中所涉及的 Mathcad 设计案例，读者可以自行模拟进行编辑计算，当然，也可以联系笔者索取完整的 Mathcad 计算说明书。

下面图 1-42 为 1.7.2 节列出的 LED 驱动电源已知条件和假设条件。

$$V_{\text{outmin}} := 25\text{V} \qquad V_{\text{outmax}} := 36\text{V} \qquad I_o := 1.5\text{A} \qquad P_{\text{out}} := V_{\text{outmax}} \cdot I_o = 54\text{W}$$

$$\text{PF} := 0.99 \qquad \eta := 0.88 \qquad D_{\text{max}} := 0.45 \qquad f_{\text{swmin}} := 65\text{kHz} \qquad V_{\text{inmin}} := 90\text{V} \qquad V_{\text{inmax}} := 264\text{V}$$

$$V_{\text{or}} := 100\text{V} \qquad V_f := 0.7\text{V} \qquad \Delta B := 0.25 \quad AE := 119\text{mm}^2$$

$$J_{\text{Np}} := 600\,\frac{\text{A}}{\text{cm}^2} \qquad J_{\text{Ns}} := 700\,\frac{\text{A}}{\text{cm}^2}$$

图 1-42　Mathcad 计算说明书输入参数部分

D_{max} 为此电源的最大占空比，f_{swmin} 为最小工作频率，为了兼顾变压器尺寸和 EMI，选取的频率不能太高，也不能太低，建议在单级 PFC 的最低工作电压在 $50 \sim 60\text{kHz}$。V_{or} 为反射电压，尽可能地选用市面上常用的 MOSFET 耐压值（650V 或是 600V），所以 V_{or} 不能取得太高，以避免 V_{ds} 尖峰超过 MOSFET 的耐压值，导致 MOS-FET 击穿；但 V_{or} 也不能取得太低，太低会导致 PF 值偏低，建议取值在 $80 \sim 120\text{V}$。

这主要是因为在反激式电路中占空比的表达式为：$D = V_{\text{or}}/(V_{\text{or}} + V_{\text{in}})$，$V_{\text{or}}$ 是反射电压，V_{in} 是输入电压。在单级 PFC 中，$V_{\text{or}} = n(V_o + V_d)$ 基本可认为是不变的，而 V_{in} 是随着线电压相角变化的，为了提高 PF，必须减弱 D 随线电压变化的程度，那唯一的办法就是增大 V_{or}，当 V_{or} 大到一定程度时，V_{in} 从零变化到线电压峰值，D 基本可认为不变了，那么功率因数就近似为 1 了。同时，我们从另一个角度来看，定义 $V_{\text{inpk}}/V_{\text{or}} = K_v$，意法（ST）半导体的设计参考资料通过理论推导（$K_v$ 与 PF 和 THD 之间的关联度见图 1-43），我们可以得到 PF 和 K_v 的近似理论关系如下：

$$\text{PF}(K_v) \approx 1 - 8.1 \times 10^{-3} K_v + 3.4 \times 10^{-4} K_v^2 \tag{1-11}$$

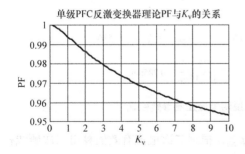
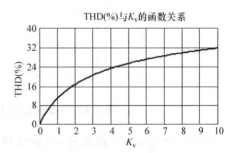

图 1-43　K_v 与 PF 和 THD 之间的关联度（来源：意法半导体）

V_f 为输出二极管压降，一般此类快恢复二极管的压降在 $0.4 \sim 0.7\text{V}$。

J_{Np} 和 J_{Ns} 分别为变压器一次绕组和二次绕组所选择的电流密度，根据整机的散热条件选取，使得线圈的温升满足安规要求。图 1-44 和图 1-45 分别为 Mathcad 计算说明书变压器参数计算和参数验证。

$$V_{in} := \sqrt{2} \ V_{inmin} = 127.279 \text{V}$$

$$P_{in} := \frac{P_{out}}{\eta} = 61.364\text{W} \qquad I_{inrms} := \frac{P_{in}}{V_{inmin} \ \text{PF}} = 0.689\text{A} \qquad I_{pk} := 2\sqrt{2} \ \frac{I_{inrms}}{D_{max}} = 4.329\text{A}$$

$$n := \frac{V_{or}}{V_{outmax}} = 2.778 \qquad N_p := V_{in} \ \frac{D_{max}}{\text{AE} \ \Delta \text{B} f_{swmin}} = 29.619\text{T} \qquad N_{p1} := 30\text{T}$$

$$N_s := \frac{N_{p1}}{n} = 10.8\text{T} \qquad\qquad\qquad N_{s1} := 11\text{T}$$

$$V_{CCmin} := 12\text{V} \qquad N_f := N_{s1} \ \frac{V_{CCmin}}{V_{outmin}} = 5.28\text{T} \qquad\qquad N_{f1} := 6\text{T}$$

$$n_1 := \frac{N_{p1}}{N_{s1}} = 2.727 \qquad V_{or1} := n_1 (V_{outmax} + V_f) = 100.091\text{V}$$

图 1-44 Mathcad 计算说明书变压器参数计算部分

在计算的时候需要配合选取合适的匝数比和圈数，令计算的结果和假设的结果相近，只有这样得到的结果，才是我们想要得到的结果。

$$L_p := V_{in} \ \frac{D_{max}}{I_{pk} \ f_{swmin}} = 203.559\mu\text{H} \qquad\qquad L_{p1} := 200\mu\text{H}$$

$$\Delta B_{max} := L_{p1} \ \frac{I_{pk}}{\text{AE} \ N_{p1}} = 0.243 \qquad D_{max1} := \frac{V_{or1}}{V_{or1} + V_{in}} = 0.44$$

$$f_{sw1} := V_{in} \ \frac{D_{max1}}{\text{AE} \ \Delta B_{max} \ N_{p1}} = 64.718\text{kHz} \quad T_{on} := \frac{D_{max1}}{f_{sw1}} = 6.802\mu\text{s}$$

$$\Delta B_{max1} := T_{on} \ \frac{V_{in}}{N_{p1} \ \text{AE}} = 0.243$$

$$K_v := \frac{V_{in}}{V_{or1}} = 1.272$$

$$I_{prms} := I_{pk} \sqrt{\frac{(0.5 + 0.0014 K_v)}{3(1 + 0.815 K_v)}} = 1.241\text{A} \qquad I_{srms} := n_1 I_{prms} = 3.383\text{A}$$

$$\phi_{Np} := 2 \sqrt{\frac{I_{prms}}{3.14 J_{Np}}} = 0.513\text{mm} \qquad \phi_{Ns} := 2 \sqrt{\frac{I_{srms}}{3.14 J_{Ns}}} = 0.785\text{mm}$$

图 1-45 Mathcad 计算说明书变压器参数验证

根据一次电流有效值算出一次侧线径 ϕ_{Np}，根据二次电流有效值算出二次侧线径 ϕ_{Ns}；二次侧线径计算见图 1-46。

$$\phi_B := 0.5\text{mm} \qquad\qquad b := \left(\frac{\phi_{Ns}}{2}\right)^2 \pi = 0.484\text{mm}^2$$

$$b1 := \left(\frac{\phi_B}{2}\right)^2 \pi = 0.196\text{mm}^2$$

$$Z := \frac{b}{b1} = 2.463$$

图 1-46 二次侧线径计算

此处二次侧并绕的线径大小为 0.5mm，并绕的数量为 2（取整），MOSFET 耐压计算见图 1-47。

$$V_{ds} := \sqrt{2} \ V_{inmax} + V_{or1} + 100V = 573.443V$$

$$V_d := 50V + V_{outmax} + \sqrt{2} \ \frac{V_{inmax}}{n_1} = 222.896V$$

图 1-47 MOSFET 耐压计算

V_{ds} 等式中的 100V 和 V_d 等式中的 50V 均为预先假设的尖峰电压，实际的尖峰电压需要实际测试得出。

MOSFET 选型：根据 Mathcad 中计算得出的 I_{prms}=1.241A，在环温 100℃的情况下，选取 3 倍有效值电流即 3.7A 左右的 MOSFET 可满足设计要求（针对平面 MOSFET）。V_{ds} 降额 90% 使用（这个降额系数，不同的公司有不同的要求，主要是从元器件通用性、成本、可靠性来设定。一般而言，对于国际一线厂家的 MOSFET，可以选择 90% 的降额，而国内或或是其他厂家，80%～85% 是一个比较好的经验折中降额系数），即 $\frac{V_{ds}}{90\%}$ = 637.2V，所以选取 650V 或者以上即可满足设计要求。

输出二极管选型：根据 Mathcad 中计算得出的 I_{srms}=3.383A，在环温 100℃的情况下，选取 3 倍有效值电流即 10A 左右的超快恢复二极管可满足设计要求。V_d 降额 90% 使用，即 $\frac{V_d}{90\%}$ = 247.6V，由于 300V 的快恢复二极管在市场上很少，所以选取 400V 的快恢复二极管即可满足设计要求。

总结：注意选取假设条件，若计算结果与假设条件相差太多，则证明假设失败，需要重新定义取值。从以上 Mathcad 的计算中可以看出，假设的数值和计算结果比较相近，接下来可以通过制作样机来实际验证 Mathcad 计算结果的可信度。

1.6.5　工程化验证分析

一般而言，从 PCB 设计到可以测试的样机，这中间可能存在几次迭代，这期间可能由于 PCB 布板失误，或是元器件更改，这个过程也就是电源工程师最费时间的过程，也是最考验设计者能力的时候。任何一个产品，都需要经过严格的测试验证方可以进入量产阶段，对于小功率电源（如 LED 驱动电源、适配器电源等），已有成熟化的产品验证流程和方法，以及评估手段。在本书的后面的章节会给予重点介绍。这里只是简单说明，验证主要有两个目的，一是检查设计是否与理论计算或是经验假设相符合；二是通过各种工况（如开机启动、关机、异常状态等）来评估产品的实际工作情况，而这很难在最开始时得到理论保证。

本书也不例外，对上述理论设计多个维度的验证，由于受书籍版面所限，不可能对所有的验证结果都一一描述，所以笔者抽取其中大家最关心的，以及平常忽略掉的一些情况进行分析。

1.6.5.1 主要工况波形分析

实际测试负载为电子负载恒压（CV）输出模式 36V，实际输出电流为 1.46A。

1）MOSFET 的 V_{ds} 和 I_{pk} 波形（输入电压为 AC 90V），这是考虑 MOSFET 的电流应力。

通道 3 为 MOSFET 峰值电流 I_{pk}，从图 1-48 中可以读出最大值为 4.28A，与计算值 4.329A 相差 49mA；图 1-48 中的方均根值为 1.1A，计算值为 1.241A，相差 141mA。从以上可以看出，我们的计算值是比较准确的，证明与我们的假设条件基本吻合。也就是峰值电流会是常规反激 PFC 电流的 $\sqrt{2}$ 倍，波形上的体现是如图 1-48 所示，MOSFET 的电流呈正弦包络变化。由于电流波形呈正弦变化，所以想达到相同的功率（相对于常规反激 PFC），峰值电流必须变大才能得到，这也是为什么单级反激 PFC 的 MOSFET 选择要比同功率下常规反激 MOSFET 的电流要大的原因。

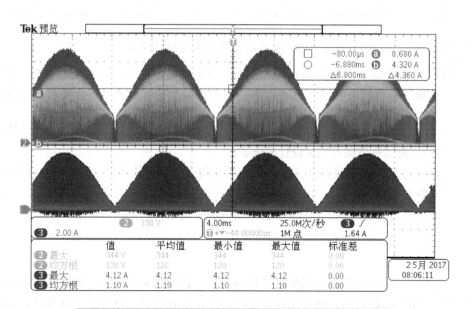

图 1-48   MOSFET 的 V_{ds} 和 I_{pk} 波形（输入电压为 AC 90V）

再来看图 1-48 的展开波形，如图 1-49 所示。

从上面两张图中可以计算出频率 f_{sw} 和占空比 D_{max}，f_{sw} 理论计算值为 64.718kHz，实际测量值为 64.1kHz；$D_{max} = \dfrac{7}{15.6} = 0.448$，理论计算值为 0.44。从以上可以看出，我们的计算值是准确的，证明我们的假设条件基本吻合。

2）MOSFET 的 V_{ds} 和 V_{gs} 波形（输入电压为 AC 90V）如图 1-50 所示，这主要是用于评估 MOSFET 的驱动特性。

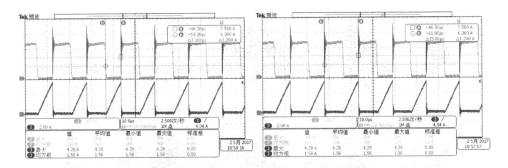

图 1-49　MOSFET 的 V_{ds} 和 I_{pk} 波形展开（输入电压为 AC 90V）

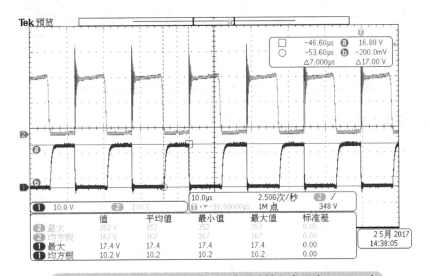

图 1-50　MOSFET 的 V_{ds} 和 V_{gs} 波形（输入电压为 AC 90V）

图 1-49 中 1 通道为驱动电压波形 V_{gs}，可以看出芯片的驱动能力和驱动电阻的选择是匹配的，适当地选取驱动电阻的大小，可以改善效率（有效降低 MOSFET 温升）和 EMI；2 通道为 V_{ds} 波形。这里说明下，从 V_{gs} 波形上我们可以清楚地看到，驱动波形的上升沿和下降沿有明显不同，上升沿较缓慢，下降沿却很快。这即是我们在电源中常说的"慢开快关"原则，具体来说，在 MOSFET 快速切换时会造成严重的 EMI 发射，而在现当今的开关电源中，由于芯片工作于准谐振情况，慢开不会造成太多的开通交越损耗，同时减少了 EMI 的发射。快关的原因在于，由于芯片关断抽取的电流很大，一般大于开通的电流，如果关断速度过慢，会造成较大的关断交越损耗，这样平衡下来就得到了这个基本的驱动原则，一般我们可以通过观察芯片驱动到 MOSFET 栅级之间的线路来发现这个原则（一般是由电阻、二极管、晶体管等构成的驱动电路）。

3）MOSFET 的 V_{ds} 和 I_{pk} 波形（输入电压为 AC 264V），如图 1-51 所示。

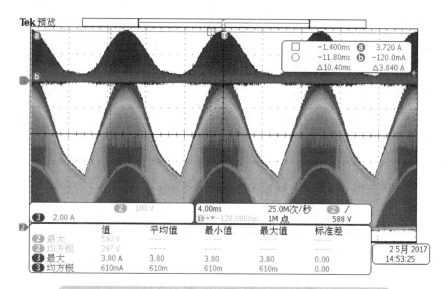

图 1-51　MOSFET 的 V_{ds} 和 I_{pk} 波形（输入电压为 AC 264V）

再来看图 1-51 的展开波形，如图 1-52 所示。

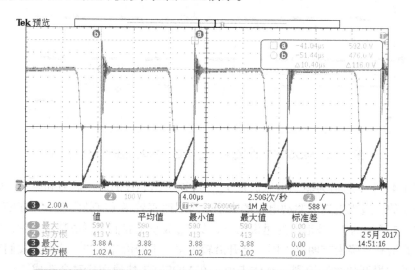

图 1-52　MOSFET 的 V_{ds} 和 I_{pk} 波形展开（输入电压为 AC 264V）

从图 1-52 中可以看出，同样负载的情况下，通过图中的参数可以计算得出高压输入的时候工作频率为 96.2kHz，再看 V_{ds} 的尖峰电压为 116V，与假设的 100V 比较接近，证明与设计的吻合度很高。此处的尖峰比较高，有两个因素：①变压器的漏感比较大；② RCD 吸收回路的参数设计得比较小。本书在第 2 章会详细地说明此尖峰的由来。

4）MOSFET 的 V_{ds} 和 V_{gs} 波形（输入电压为 AC 264V）如图 1-53 所示。

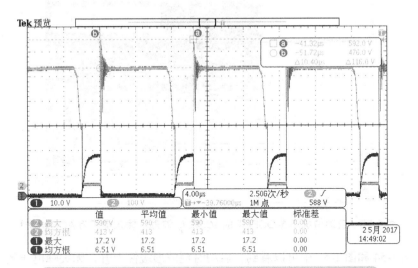

图 1-53　MOSFET 的 V_{ds} 和 V_{gs} 波形（输入电压为 AC 264V）

对比图 1-50 和图 1-53，可以看到不同电压下，V_{ds} 波形基本上类似，但 V_{gs} 驱动电压波形有一定的变化，具体体现为上升速度变缓，其原因为在高压高频情况下，对于单级 PFC 结构而言，高压时所要驱动的负载 - 门极电荷变大，因此驱动电压会平缓上升。

5）启动情况下 MOSFET 的 V_{ds} 和 I_{pk} 波形（输入电压为 AC 90V）如图 1-54 所示。

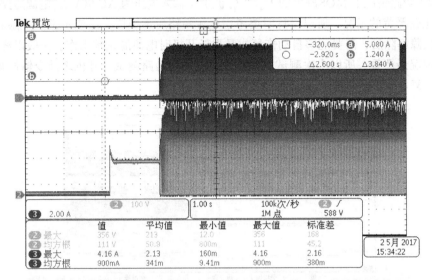

图 1-54　启动情况下 MOSFET 的 V_{ds} 和 I_{pk} 波形（输入电压为 AC 90V）

6）启动情况下 MOSFET 的 V_{ds} 和 I_{pk} 波形（输入电压为 AC 264V）如图 1-55 所示。

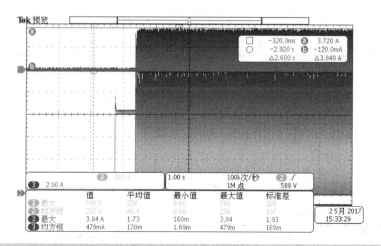

图 1-55 启动情况下 MOSFET 的 V_{ds} 和 I_{pk} 波形（输入电压为 AC 264V）

从图 1-54 和图 1-55 中可以看到，启动时刻波形缓慢上升，无尖峰电压超出正常工作时候的最大值电压，可以说这样的启动是合适的。因为在启动过程中系统环路没有建立起来，所以对电源的冲击较大，一般启动时的元器件承受的应力比稳态时要大，但本项目看来，波形在开机启动过程中上升良好，没有出现尖峰过冲，这主要受益于现在芯片多集成了软启动功能，如果芯片没有此功能，可以按项目需求，选择加入软启动功能。但是我们可以看到，在开机时，V_{ds} 上仍然存在一个尖峰电压，这一般是因为整流桥前或是桥后的 PI 型（C-L-C）滤波振荡导致。

7）短路情况下 MOSFET 的 V_{ds} 和 I_{pk} 波形（输入电压为 AC 90V），电源短路也是一个比较严苛的工况，所以设计时要考虑电源短路后不损坏产品或不发生危险状况，短路故障解除后，需要能够自动恢复或是重新开机时电源能正常工作。一般以满载时短路情况最严重，所以本次测试以满载为条件进行短路测试。开机之前令输出短路，之后恢复负载得到如图 1-56 所示的波形。

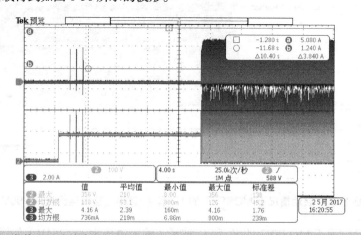

图 1-56 满载，短路输出后开机时 MOSFET 的 V_{ds} 和 I_{pk} 波形（输入电压为 AC 90V）

正常负载开机，然后输出短路，之后恢复负载得到如图 1-57 所示的波形。

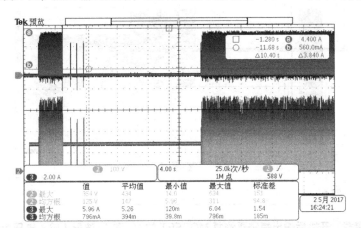

图 1-57　满载，开机后输出短路再恢复 MOSFET 的 V_{ds} 和 I_{pk} 波形（输入电压为 AC 90V）

可以清楚地看到，系统短路解除后能自动恢复，这是目前对电源的一个基本要求。当然这取决于所选的方案，现在这种保护均由芯片集成于内部去操作，有部分芯片采用锁死保护，这意味着需要断开市电输入一段时间后再上电方可解除，特别在照明产品领域，这种锁死保护的客户使用不太友好，故现在很多种情况下，要求保护后能自动恢复。

8）短路情况下 MOSFET 的 V_{ds} 和 I_{pk} 波形（输入电压为 AC 264V），开机之前令输出短路，之后恢复负载得到如图 1-58 所示的波形。

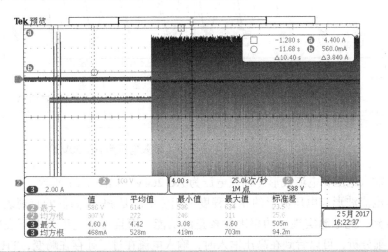

图 1-58　满载，短路输出后开机时 MOSFET 的 V_{ds} 和 I_{pk} 波形（输入电压为 AC 264V）

正常负载开机，然后输出短路，之后恢复负载得到如图 1-59 所示的波形。可见高压输入和低压输入，系统的短路状态一样，能够自动恢复。

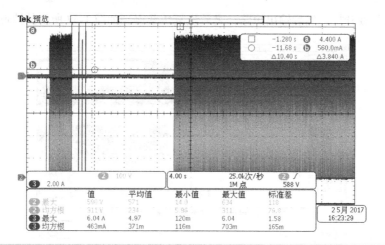

图 1-59　满载，开机后输出短路再恢复 MOSFET 的 V_{ds} 和 I_{pk} 波形（输入电压为 AC 264V）

9）输入电压和电流波形（输入电压为 AC 90V）如图 1-60 所示。

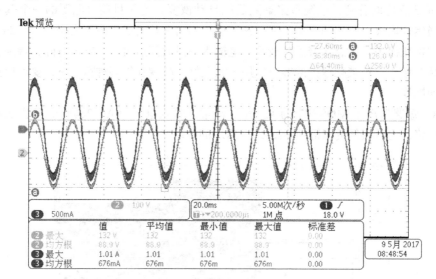

图 1-60　输入电压和电流波形（输入电压为 AC 90V）

10）输入电压和电流波形（输入电压为 AC 264V）如图 1-61 所示。

这里电流波形与电压波形的相似程度和相位情况是 PF 值高低的直观表现，从这里可以看到，此电源实现了功率因数校正的功能，而且在全电压范围下表现也还不错。如仔细分析，可以看到在高压输入时，输入电流在过零处存在畸变，THD 会受到影响。故实测得到 PF 和 THD 与输入电压的关系如图 1-62 所示，可以看到此类电源（或是此方案）能够满足一般应用场合的要求，但如果对 THD 要求严苛的话，此方案还是略显不足。

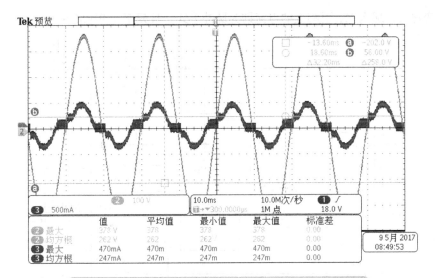

图 1-61 输入电压和电流波形（输入电压为 AC 264V）

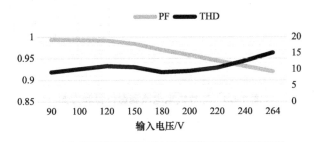

图 1-62 满载时 PF、THD 与输入电压的关系

11）驱动电压波形（V_{gs}）和供电电流波形（I_{CC}）（输入电压为 AC 90V）如图 1-64 所示。

坦率而言，笔者也很少测量芯片的供电电流，但在这里，为了给读者呈现真实的芯片消耗电流的情况，所以我们在验证环节中加入了芯片的供电电流测试一项。图 1-63 为芯片供电电流测量位置和方向。

12）驱动电压波形（V_{gs}）和供电电流波形（I_{CC}）（输入电压为 AC 264V）如图 1-65 所示。

通过图 1-64 和图 1-65 的波形，是不是颠覆了大家之前的认知？芯片的消耗电流并不是持续固定的电流，而是和驱动频率相关的脉冲电流，所以芯片手册中的供电电流为有效值。同时我们也可以通过一个芯片的内部框图来解释，如图 1-66 所示一个 PWM 控制芯片的内部框图，可以看到 V_{CC} 的电流主要有两个用途，一个为右边箭头所示，流向 DRAIN 输出，即作为驱动电流；另一个如图中左边箭头所示，用于芯片内部基准建立及其他电路供电，这部分电流一般称之为静态工作电流。所以可以得知，V_{CC} 引脚的电流为驱动电流（动态）和静态工作电流之和，只要驱动是以 PWM

形式变化的，那么 V_{CC} 引脚上的电流即为脉冲形式，且频率和 PWM 频率一致。

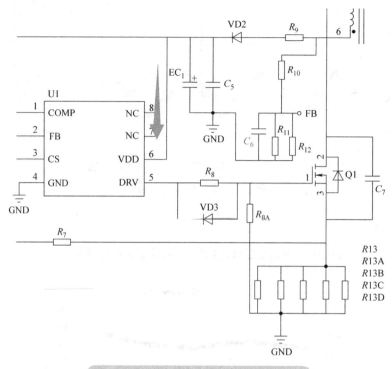

图 1-63　芯片供电电流测量位置和方向

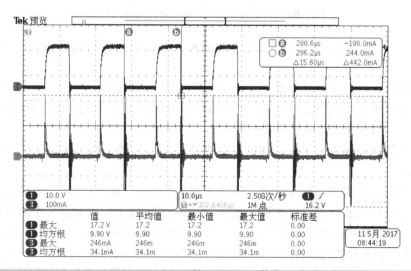

图 1-64　低压 90V 输入时驱动电压波形（V_{gs}）和供电电流波形（I_{cc}），
以电流流入芯片为正参考方向

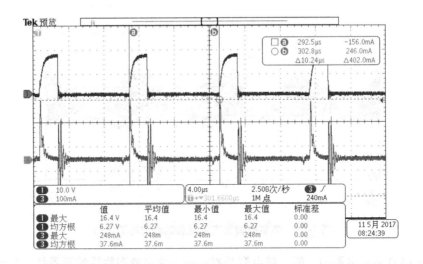

图 1-65　高压 264V 输入时驱动电压波形（V_{gs}）和供电电流波形（I_{cc}），
以电流流入芯片为正参考方向

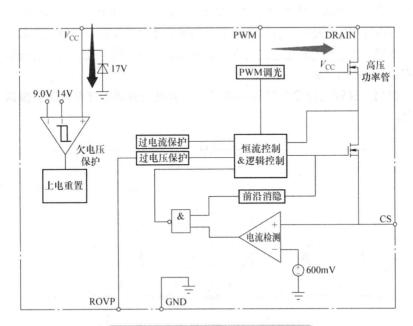

图 1-66　芯片内部 V_{CC} 引脚电流流向

13）满载时输出电解电容的纹波电流波形如图 1-67 所示。

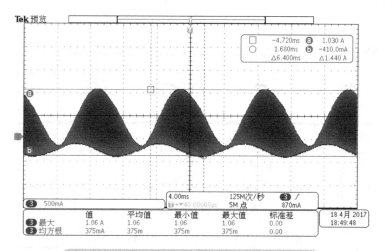

图 1-67　满载时输出电解电容的纹波电流波形

在 LED 驱动电源中，铝电解电容是唯一一个含有液态物质的元器件，其性能的优劣直接决定着整灯的使用寿命，所以选择铝电解电容的规格变得十分重要。常理之中，电解电容决定了整体电源的寿命，其上流过的电流波形需要我们关注，并以此来计算其寿命，可以看到，由于所选择拓扑的原因，输出电解电容上的电流波形是高频和低频的混合波。实际计算电解电容的寿命，一般会进行分解，而且不同的厂家对电解电容的寿命计算公式略有不同，这主要是考虑到不同厂家的电解液配方和工艺、设计能力等不同。考虑到电解电容的寿命计算评估已十分成熟，读者可以自行参考相关电解电容寿命计算的文献。

14）输出二极管上的波形如图 1-68 所示，其电流波形不存在跳跃和振荡，证明设计合理。

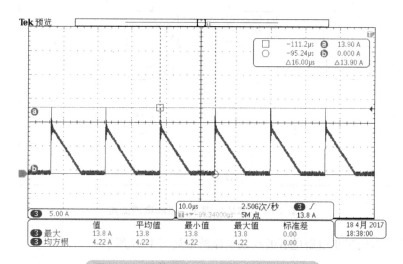

图 1-68　满载时输出二极管上的电流波形

15）整流桥后薄膜（CBB）电容上的电流波形如图 1-69 所示。

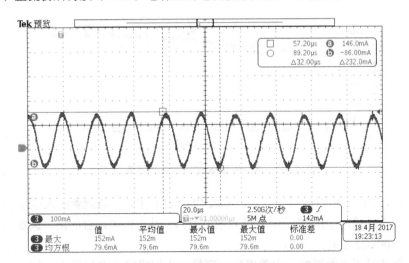

图 1-69　满载时整流桥后薄膜电容上的电流波形

此处的电容作为高低频解耦，所以可以看到里面有高频分量，所以此处的电容一般选择具有一定高频承受能力的薄膜电容，后续我们会对这个位置的器件进行更加详细的分析。

1.6.5.2　变频时的频率分析

单级 PFC 作为一种典型的变频工作电路，其频率根据负载和输入电压的变化而变化，这也是为什么设计时需要考虑最低和最高频率，以及 EMI 测试时会发现在不同输入电压下 EMI 频谱变化会有差别。在本节，我们实际测量了此电源的频率变化范围，详细数据见表 1-18。

1）输入电压对频率的影响，为考虑单一变量，我们将负载设为满载。

表 1-18　满载时输入电压和工作频率实测数据

负载电压：36V		
输入电压 /V	工作周期 /μs	工作频率 /kHz
90	15.6	64.1
100	14.5	68.9
120	12.9	77.5
150	11.4	87.7
180	10.8	92.6
200	10.6	94.3
220	10.3	97.1
240	10.3	97.1
260	10.2	98.0

还是用图来表达更为直观，如图 1-70 所示为满载时输入电压和工作频率的关系。

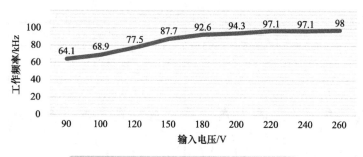

图 1-70　满载时输入电压和工作频率关系

我们从表 1-18 中可以看出，这款单级 PFC 的工作频率是随着输入电压的增加而升高的。一般我们使用的芯片都有最高频率限制，从上面可以看的出，这款芯片的限制频率在 100kHz 左右。

2）负载对频率的影响，为考虑单一变量，我们将输入电压设为定值，此时负载与工作频率实测数据见表 1-19。

表 1-19　固定输入电压时，负载与工作频率实测数据

输入电压：AC 220V		
负载 /V	工作周期 /μs	工作频率 /kHz
36	10.3	97.1
30	11.1	90.1
25	12.1	82.6
20	13.7	73.0

从图 1-71 中可以看出，随着输出电压降低，此时因为负载电流不变（恒流输出），负载降低，电源的工作频率也跟着降低。

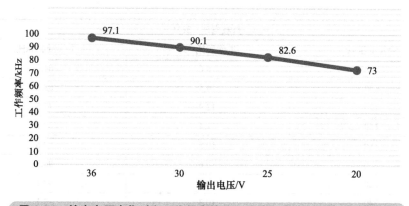

图 1-71　输出电压变化时和工作频率的关系（输入电压固定为 AC 220V）

1.6.5.3 精度

作为 LED 电源，恒流精度（包括不同 LED 电压下，以及不同输入电压时的输出电流精度）一直是大家关注的一个指标，这是因为 LED 输出电流直接和 LED 的光通量有关，所以一般 LED 恒流精度即代表着光通量的范围，特别是当一批 LED 灯安装在某一区域时，如果输出电流/光通量变化较大的话，那么灯与灯之间的差异更为明显。所以 LED 电源从一开始到现在，这个指标变化不大，综合考虑方案成本、元器件实际容差、产品品质管控能力，目前来看这个恒流精度，对于 0.3A 以下的电源，一般 5% ~ 7% 是比较合理的要求，也是实际上能够做到的。而对于 0.3A 以上大电流输出场合，综合成本及使用实际情况，3% ~ 5% 的精度是比较合理和可实现的。输入电压、输出电压、输出电流、负载调整率实测数据见表 1-20。

表 1-20 输入电压、输出电压、输出电流、负载调整率实测数据

输入电压 /V	输出电压 /V	输出电流 /A	负载调整率（%）
90	36	1.46	2.67
	30	1.48	
	25	1.49	
	20	1.49	
110	36	1.46	2.67
	30	1.48	
	25	1.48	
	20	1.49	
220	36	1.46	2.67
	30	1.48	
	25	1.49	
	20	1.49	
264	36	1.46	2.67
	30	1.48	
	25	1.49	
	20	1.49	

由表 1-20 中的实测数据我们可以算出线性调整率为 2.67%。

在这里我们用图 1-72 的条形图来表达，可以看出此电源方案满足了最开始设计的 5% 的要求。

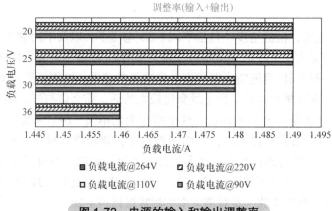

图 1-72　电源的输入和输出调整率

1.6.5.4　小结

由此实际测试结果可以看出，一个电源从设计到量产，不仅仅只是依靠理论计算就能完全覆盖所有方面的，工程研发调试必不可少。从原理图和 PCB 绘制时，就应该要考虑到可生产性、工厂生产线的可测试性和可维修性（这在本书的后面章节会专门讲到），而在元器件选择时，要充分利用工程师自己所在公司的元器件库平台，尽量按照平台元器件通用性进行选择，以避免采购备料出现问题。此单级 PFC 电路的驱动电流以及其他测试结果，由于版面限制，不可能一一罗列，读者可以自行探索。

1.7　光闪烁以及对策

如本章前面所述，单级 PFC 电路由于前端没有大容量储能电容，故输出端存在两倍的输入工频纹波，并通过变压器传输到 LED 上面，进而反映到光输出的质量上，许多国际官方或是非官方机构开始对闪烁进行了调研分析。目前，国际标准机构团体（如 CEI、IEC、IEEE）以及各国的照明标准化组织都在对此进行积极的研究，推进对光的闪烁的评价，各自提出了各种方案，并提出了一系列的参考标准，这里考虑到光电机理，我们侧重于减少 LED 电流上的纹波。

1.7.1　光闪烁的背景

光的闪烁是一个古老的话题。从白炽灯自 1879 年被发明以来的 100 多年，人类一直生活在"闪烁"的人工照明环境中，白炽灯的工频交流，荧光镇流器的工频或是高频交流。其实在普通照明环境中，每个人的眼睛是最简单、有效的辨识光闪烁的仪器，当感觉到光的闪烁导致不舒适时，人就会主动远离那个光环境。所以也不要太过于恐慌。进入 LED 照明时代，由于 LED 照明的特性包括没有光延迟效应、输出波形可任意调节等，造成光的闪烁的负面影响会较容易发生。同时对过去的评价指标提出了挑战，老的评价方法需要更新。

频闪效应（Stroboscopic effect）：由于电流的周期性变化，因而发光源所发出的光通量也随之呈周期性的变化，叫作频闪效应。这会使人眼产生闪烁的感觉。这受到光线强弱、频率、波形、调制深度的影响。它是静止观察者所感知的闪烁光中运动物体的明显离散运动。当光以高于 80Hz 的速率波动时，可能发生这种效应。光的闪烁以及人感觉到的频闪效应如图 1-73 所示。

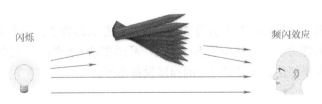

图 1-73　光的闪烁以及人感觉到的频闪效应

其实关于频闪，这个问题随着大量 LED 灯具进入市场使用，人们对光输出质量的要求开始提高，光波动的影响开始进入大众视野。考虑到本书读者可能没有系统地学过光学，这里我们用大家俗称的频闪来代替（严谨来说，此频闪是一个泛指概念），这样简单地从定性角度来认识到电路的设计。

频闪（对生物）的影响是一个相当复杂的多因素结果，涉及光学、神经学、视觉等多方面。

频闪在实际特定应用中会带来诸多麻烦甚至危害，主要表现在：

1）对于体育场馆，如果需要对运动物体照明，例如乒乓球馆、羽毛球馆、网球馆等，照明光的闪烁将无法看清运动球体；

2）在进行摄影和摄像的场合，如果采用带闪烁的光照明，将无法避免摄影时出现暗区以及摄像时出现黑色滚动条；

3）频闪效应和相关机械运动合拍时，将造成机械运动明显减慢或停止运动的错觉。

而真正让频闪进入广大消费者视野的是 2017 年中央电视台 3.15 国际消费者权益日晚会中，央视主持人和相关技术人员现场对两款 LED 护眼台灯进行测试，除专业仪器的测试数据以外，技术人员还指导主持人使用一部智能手机进行检测，结果清晰地看到了频闪，并表示"只需记住这一招：打开手机的照相功能，让镜头对准灯泡，注意屏幕上的闪烁，频闪严不严重一目了然！"。这一不科学的表述得到了照明厂商的一致质疑，纷纷对此提出自己的观点，但汇总来看，即用手机摄像头判定 LED 光源的频闪并不是科学准确的做法，用手机观察频率频闪，从而得出的结论也是不正确的，而且是没有依据的。但必须要提出，晚会中采用的专业技术仪器是科学的方法。

• 手机摄像头看出频闪的根本原因在于，大多数手机的采样率会根据背景光的变化进行自动调整，而且采样频率不够高且不固定，由于摄像头与被观察灯具的刷新频率不同，不同品牌的手机，其采样频率、刷新频率、调整范围、显示模式都可能不同，不同手机带来的自身的测量参数也不同，测试不具备可重复性。

• 通过手机屏幕呈现出来的只是一个影像，这个影像本身并不直接说明任何技术指标。当手机屏幕出现黑条纹，只能说明待测光源发出的光确实有变化，但这个变化是不是会使人眼感知到闪烁？会使人感到不舒服或者任何其他不良的效应？这也没有对应任何有意义的技术参数。

- 那么，要测频闪的话，对仪器的要求相当高，至少要满足如下要求：
- 采样频率足够高，高于大多数照明设备的光输出频率，这个可以通过仪器的硬件设计来解决。
- 内部具有符合国际标准的计算能力，显示有意义的数值，这个主要是软件算法和标准化量化的能力，这一块由于不同照明产品的要求不相同，而且目前没有一个通用化的指标体系来评估，故真正可用的测试设备不多。

1.7.2　一些评价指标

这种定性的概念最终需要落实到定量化，目前有许多的定量评价指标，分别由不同的团体提出，简单而言有如下几个：

- 闪烁指数（Flicker index）
- 闪烁百分比（Flicker percent）
- 短期闪烁指数 P_{st}（Short-term flicker indicator）
- 百分比闪烁（Percent flicker）
- 波动深度（Modulation depth）
- 短期闪烁严重度（Short-term flicker severity）
- 长期闪烁严重度（Long-term flicker severity）
- 瞬时闪变视感度（Instantaneous flicker sensation）
- 频闪效应可视参数（Stroboscopic Visibility Measure，SVM）

目前从简单层面，对频闪进行量化表达的是闪烁指数这一概念。上述定量评价指标中有两个比较复杂的概念介绍如下：

1）波动深度/调制深度（Modulation Depth，MD）/闪烁百分比；闪烁指数（Flicker Index，FI），如图 1-74 所示。

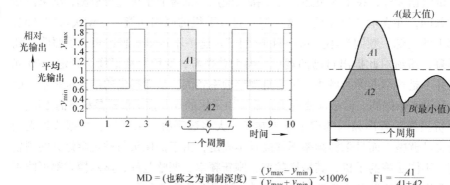

$$MD = （也称之为调制深度）= \frac{(y_{max} - y_{min})}{(y_{max} + y_{min})} \times 100\% \qquad F1 = \frac{A1}{A1+A2}$$

图 1-74　波动深度以及闪烁指数定义

这个指标没有区分"闪烁"和"频闪效应"，也没有考虑光变化的频率、波形，但因为其简单易测，所以仍然作为一个评价指标。常见光源的闪烁百分比和闪烁指数见表 1-21。

表 1-21　常见光源的闪烁百分比和闪烁指数测量值

光源种类	闪烁百分比	闪烁指数
白炽灯	6.3	0.02
T12 荧光灯	28.4	0.07
螺旋管紧凑型荧光灯	7.7	0.02
双 U 紧凑型荧光灯（电感镇流器）	37	0.11
双 U 紧凑型荧光灯（电子镇流器）	1.8	0.00
金卤灯	52.0	0.16
高压钠灯	95.0	0.30
直流 LED 灯	2.8	0.0037
重度频闪 LED 灯	99	0.45

从上面实测结果看到，几乎所有类型的灯都容易闪烁，包括白炽灯、金卤灯、甚至 LED 灯。但是每种光线的效果都不尽相同。例如在白炽灯与金卤灯中，灯丝温度对电流的变化反应缓慢，所以你不会注意到闪烁的效果。对于当前的变化，LED 灯几乎是立即响应的，所以闪烁会更加引人注目。可以看出，双 U 紧凑型荧光灯使用电感镇流器或电子镇流器的不同，频闪百分比也有明显的不同，说明了照明电器对频闪有极大的影响。同样情况，LED 灯会产生重度频闪，也是由于选择了不好的 LED 驱动电源，与 LED 灯具本身并无太大的关系。

我们来分析下整个照明光生成的链条，以一个常规的灯具产品为例，其光闪烁的传递过程如图 1-75 所示。

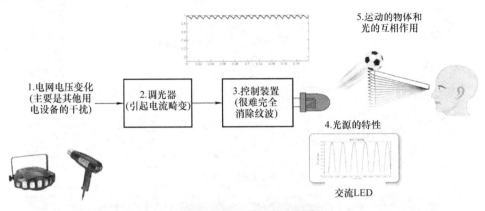

图 1-75　光闪烁的传递过程

可以看到，整个链条中，1 ~ 4 是导致闪烁的因素，5 是频闪效应，所以只有综合这 5 个方面才能真正全面评价光影响。

2）频闪效应可视参数（Stroboscopic Visibility Measure，SVM），SVM 的计算建立过程如图 1-76 所示。

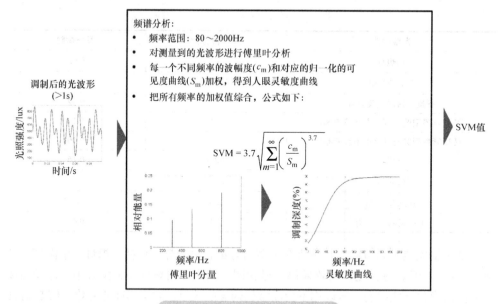

图 1-76　SVM 的计算建立过程

可以看到，SVM 的测量计算需要复杂的信号处理和数学分析运算，所以需要用专用的仪器来进行测试。P_{st}^{LM} 和 SVM 的评价指标差异如图 1-77 所示。

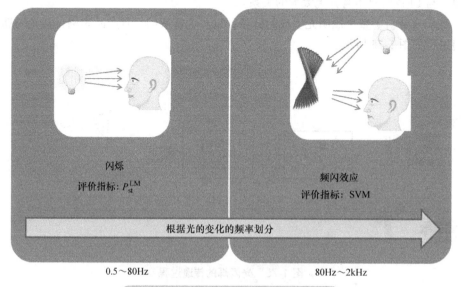

图 1-77　P_{st}^{LM} 和 SVM 的评价指标差异

为了有别于前面提到的调制深度/闪烁百分比的不足，P_{st}^{LM} 和 SVM 两个指标从频率范围上进行了划分，这样每一个指标都可以针对性地进行处理。P_{st} 的计算建立过程如图 1-78 所示。

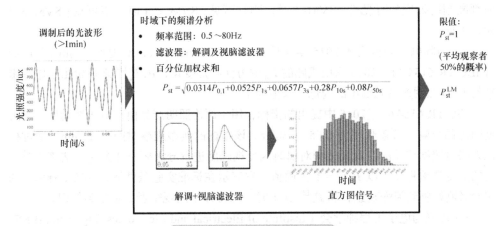

图 1-78 P_{st} 的计算建立过程

对小于 80Hz 的闪烁，已经有 IEC TR 61547-1 采用成熟的 P_{st} 方法稍加变化，用 P_{st}^{LM} 来评价由于电源电压带来的 LED 照明产品光输出的闪烁，阈值为 1。

1.7.3 光闪烁的评价测试方法

本书中所引用和参考的标准，均是写作完稿时（2021 年 5 月）相关标准的最新版本，后续不排除标准有进一步更新的可能。本部分论述观点引用了行业相关资料，如果读者需要相关原始资料，请联系笔者。

1）国际照明委员会发布了技术备注文件 CIE TN 006—2016《时间调制的照明系统的视觉方面 - 定义及测量模型》。该 TN 引入了新的名词"Temporal ligh artefacts（TLA）——暂态光视觉效应"，并对原有的"闪烁"定义进行了修订。

暂态光视觉效应：在具体环境中，亮度或光谱随时间波动的光刺激而引起观察者视觉感知的变化。下文的闪烁、频闪效应和幻影效应都是 TLA 的不同类型的体现。

闪烁：对于静态环境中的静态观察者，亮度或光谱分布随时间波动的光刺激引起的视觉不稳定性感知。与过去我们提到的"闪"（亮度随时间的波动）不同，这里的环境和观察者都处于静态。

频闪效应：对于非静态环境中的静态观察者，亮度或光谱随时间波动的光刺激引起的对运动感知的变化。例如，在方波周期波动的亮度下，连续运动目标会被感知成不连续的移动，如果亮度波动周期与目标转动周期一致，则目标会被看作是静止的。

幻影效应：又称鬼影，对于静态环境中的非静态观察者，亮度或光谱随时间波动的光刺激引起的对物体形状或空间位置的感知变化。例如，当扫视以方波周期波动的小光源时，光源会被看成一系列空间延展的光点。

CIE TN 006—2016 于 2016 年 8 月发布，它引入频闪效应可视参数（SVM）。CIE TN 006-2016 中推荐的用于评价频闪效应的指标，覆盖频率为 80 ~ 2000Hz。以 SVM 值判断频闪效应的可见性：SVM=1 时，刚好可见；SVM < 1 时，不可见；SVM > 1 时，可见。

2）国际电工委员会于 2015 年 4 月发布 IEC TR 61547-1，对闪烁（<80Hz）已经有 IEC TR 61547-1：2015 采用成熟的 P_{st} 的方法稍加变化，用 P_{st}^{LM} 来评价由于电源带来的 LED 照明产品光输出的闪烁，阈值为 1。

IEC TR 61547-1：2015 中提出的指标，用于评价照明产品由于电压波动所引起可见闪烁的影响，覆盖频率为 0.05 ~ 80Hz。该指标的典型观察时间为 10min，通过模拟人眼对照度波动的主观视感和对瞬时闪变视感度进行分级概率计算，评估该段时间内的闪变严重程度。以 $P_{st}^{LM}=1$ 为限值，它表示在标准实验条件下，50%（概率）的实验者刚好感到闪烁现象；当 $P_{st}^{LM} > 1$ 时，50% 以上的观察者会感觉到频闪。

3）电气与电子工程师学会（Institute of Electrical and Electronics Engineers, IEEE）专门成立了一个工作组来研究 LED 的闪烁问题，即 IEEE 1789，从 2008 年 IEEE 开始成立这个工作组，经过若干年的调研、分析论证，于 2015 年出台了为减少观察者健康风险的高亮度 LED 调制电流的 IEEE 推荐措施，简称 IEEE 1789—2015，其推荐区间划分如图 1-79 所示，国内相关标准规范对此引用较多。

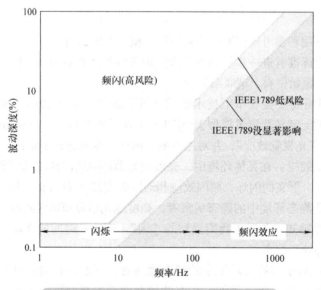

图 1-79　IEEE 1789—2015 推荐区间划分

4）美国电气制造商协会发布的 NEMA 77—2017《暂态光视觉效应：灯具闪烁指数和频闪可见度接受判据》。

NEMA 在此标准中同样详细讨论了闪烁问题，它不同于 IEEE 1789—2015，

NEMA 77—2017 提供了一种 P_{st}^{LM} 和 SVM 的可接受标准，其中关于 P_{st}^{LM} 和 SVM 的限值要求见表 1-22。而测试方法仍然是按照 IEC TR61547-1，但仍然不是强制标准。

表 1-22　NEMA 77—2017 中关于 P_{st}^{LM} 和 SVM 的限值要求

应用领域	P_{st}^{LM} 限值	SVM 限值
户外产品	≤ 1	无
室内产品	≤ 1	≤ 1.6

5）照明研究中心（LRC）领导的固态照明系统和技术联盟（ASSIST），这个联盟由政府组织、研究人员和制造商组成。该组织的第一步工作就是定义可接受的频闪范围，2012 年，该组织发布了《减少固态照明系统频闪效应的闪烁参数》，推荐了包含光源频闪效应的可接受度和检测计算的方法。到现在为止，已发布了三个推荐方法，其中一个关于可见频闪，另外两个关于频闪效应。对于可见频闪，LRC 定义了自己的闪烁感知指标 M_P，它和 IEC 的方法有雷同之处。而对于频闪效应，LRC 的处理方法也类似于 IEEE，按照风险等级给出分级指导。

1.7.4　光闪烁的现行法规要求

1）欧盟 ErP 指令中（EU）2019/2020 光源和独立控制装置生态设计法规，自 2021 年 9 月 1 日起强制执行。新版 ErP 指令规定的相关产品的生态设计要求见表 1-23，这里只节选了部分内容，具体请参考标准原文。

表 1-23　ErP 对相关产品的频闪要求

频闪（LED 和 OLED 产品）	满载时 P_{st}^{LM} ≤ 1
频闪效应（LED 和 OLED 产品）	满载时 SVM ≤ 0.4

其中，为了防止生产制造商偷工减料或以次充好的行为，ErP 也定义市场抽查的标准，如实测值不能超过认证宣称值的 10%，如图 1-80 所示。这样在批量化生产中，给制造商造成的成本压力不至于过大。

❖ **市场抽查公差范围：**

法规中定义的验证公差仅允许在市场抽查中应用。制造商，进口商等不得以此公差作为判断产品是否合规考虑的公差。

参数	样本数量	抽查公差范围
频闪[P_{st}^{LM}]、频闪效应[SVM]	10	实测值不能超过宣称值 10%

图 1-80　ErP 对 P_{st}^{LM} 和 SVM 的市场抽查要求

2）美国能源之星关于灯泡的 V2.1 版本中对于闪烁没有限值要求，只要上报有关参数，如波动深度、频闪系数、P_{st}^{LM}、SVM 的最大测试量值。所用测试方法为 NEMA 77—2017 和 IEEE 1789—2015。

能源之星对灯的光输出频率和光闪烁提出了明确要求（见图 1-81），即紧凑型荧光灯的频率应在 20 ~ 33kHz 或者 ≥ 40kHz；而 LED 灯的光输出频率应 ≥ 120Hz。根据标准的 12.4 节，对于所有标识可调光的灯，应在报告中提供以下频闪参数：闪烁百分比（FP）、闪烁指数（FI）、灯光输出频率（f）、短期闪变指数（P_{st}）、频闪效应可视参数（SVM）、ASSIST 闪烁感知指标（M_P）。其中，后三项指标 P_{st}、SVM 和 M_P 为此次 Lamps V2.1 最新提出的。

11.3. 频率: 所有灯

灯类型	能源之星要求	测量方法及/或参考文献	补充测试指导
紧凑型荧光灯	灯工作频率为 20～33 kHz，或 ≥ 40 kHz.		**样品数量:** 每种型号一个样品. 在产品认证或验证测试期间，不得审查用于第三方认证的文件.
固态照明	灯光输出频率 ≥ 120 Hz.	**测量方法:** 无参考方法 **参考文献:** IEEE 1789™-2015	**样品数量:** 每种型号一个样品. 应使用上升时间小于等于 10μs 的光电探测器、跨阻放大器和示波器测量光输出波形。使用的设备型号和测量方法应记录保存。系统的时间响应、放大和滤波特性应适当设计，以捕捉光波形。应记录数字化光输出波形数据和相对光波形的图像。应将测量数据记录到数字文件中，每次测量之间的间隔不大于 0.00005s（50μs），对应于不小于 20 kHz 的设备测量速率，并采集至少 1 秒的数据。 在产品认证或验证测试期间，不得审查用于第三方认证的文件.

12.4. 闪烁: 所有标称调光的灯

能源之星要求	测量方法及/或参考文献	补充测试指导		
以下关于闪烁的指标参数均需报告: ● 闪烁百分比; ● 闪烁指数; ● 灯光输出频率. ● P_{st}; ● SVM; ● ASSIST 闪烁感知指标（M_P）	**测量方法:** NEMA 77-2017 **参考文献:** 1.ASSIST评估光源闪烁直接感知的亮度。 2.能源之星推荐测量方法: 光源闪烁	**样品数量:** 每个调光器接 1 个灯. 闪烁指数、闪烁百分比、P_{st}、SVM 和 M_P 是测量得到的最大值. 就能源之星而言，为了捕获计算报告指标的波形数据的波形仪器设备（如示波器）必须具有如下要求:		

参数		单位	值
波形辐值动态范围	P_{st}、M_P		≥ 1000:1 (60 dB)
	SVM、闪烁指数、闪烁百分比		≥ 100:1 (40 dB)
采样时间	P_{st}、M_P	s	≥ 180
	SVM、闪烁指数、闪烁百分比	s	≥ 1
采样率	P_{st}、M_P	kHz	≥ 10
	SVM、闪烁指数、闪烁百分比	kHz	≥ 20
时间带宽 (-3 dB 截止频率)	P_{st}、M_P	kHz	≥ 0.5
	SVM、闪烁指数、闪烁百分比	kHz	≥ 5

波形数据必须以CSV格式提交，用于计算生成 P_{st}、SVM 和 M_P 值。

报告的 M_P 值应基于对整个180s波形数据集的分析，计算每2s间隔的 M_P。

图 1-81　能源之星对光输出频率和光闪烁的具体要求

可见，能源之星所指的"可调光灯"主要是考察灯对调光器的兼容性，以及在调光时光的表现行为。

3）北美 DLC，如前所述，DLC 和能源之星形成互补，DLC 管控最多的一类产品是灯管类产品，和能源之星范畴外的灯具产品。纵观现在的最新标准 DLC5.1 版本

（2020 年 7 月 1 日开始申请），已经没有对闪烁的要求了，但标准的变迁过程中，却出现了许多有意思的过程。

DLC 固态照明技术要求 V5.0 的第 1 版草案，发布日期为 2019 年 1 月 29 日，其中定义了"Flicker"一词来描述 TLA（国际照明委员会定义）的三个类别，即为频闪（<80Hz），频闪效应（80～2000Hz），幻影效应（80～2500Hz），也给出了标准阈值要求、测量参数和报告的标准格式，如图 1-82 所示。

表11: 草案对Flicker(闪烁)测试及报告要求

指标	V4.4 版本要求	V5.0 草案要求			评估方法
		阈值		报告的内容	
		第1级	第2级		
P_{st}	无	≤1.0 100%光输出，以及20%光输出		在 100%、20%，以最小光输出时的P_{st}	ANSI/IES LM-xx-19 批准的测试方法：用于 TLA计算的光学波形测量
SVM	无	≤0.4 100%光输出，以及20%光输出	≤0.9 100%光输出，以及20%光输出	在 100%、20%，以最小光输出时的SVM	
闪烁百分比	无	无阈值要求		在100%、20%，以最小光输出时的情况，包括40Hz、90Hz、200Hz、400Hz，以及1000Hz 不同截止频率下的结果	
闪烁指数	无				

图 1-82　DLC V5.0 草案第 1 版中对 P_{st}、SVM 和闪烁的要求

DLC 固态照明技术要求 V5.0 的第 2 版草案，发布日期为 2019 年 9 月 30 日，它基于第 1 版的草案，DLC 收到了 100 多份关于 Flicker 测试和报告相关要求的反馈，联盟经过慎重的考虑，对 Flicker 这项进行了大量的修改，具体如图 1-83 所示。

从两份草案要求来看，第 2 份大为简化了阈值要求和测试条件，更利于实际生产厂家进行测试和评价。标准修改涉及利益范围太广，美国市场是中国灯具出口中的第一大市场，所以标准的变更对所有上中下游厂家的影响巨大，当初草案版出来时，引起了极大的震动，大家都在为满足要求而努力，最显而易见的是 LED 驱动电源需要全面升级，原先对电路拓扑结构、芯片选择、滤波控制、调光控制等各个方面的要求和无频闪方案要求的完全不同，对应着大量为满足无频闪方案的出现，成本开始逐渐增加，而随着 DLC 5.0/5.1 标准的正式颁布（2020 年 2 月 14 日颁布），却又完全删除了此要求，这样又回到了原点。

4）美国加州 Title 24，现已发布 2019 版本，对 LED 照明产品的要求也发生了重大变化，美国加州能效 CEC Title 24 对高于高效照明光源频闪测试要求，主要通过量化照明的光波动，并且用低于某一截止频率的调制深度百分比来表征频闪程度。其中对频闪的要求见表 1-24。

表6: 草案对Flicker(闪烁)测试及报告要求

指标	V4.4 版本要求	V5.0 草案要求	合格产品清单	评估方法
P_{st}	无	在100%光输出时报告这些值,对于调光的产品,同样需要测试20%光输出的值	闪烁信息不需要列在合格产品清单中	ANSI/IES LM-xx-19 批准的测试方法: 用于TLA计算的光学波形测量
SVM				
闪烁百分比				
闪烁指数				

图 1-83　DLC V5.0 草案第 2 版中对 P_{st}、SVM 和闪烁的要求

表 1-24　T24 对频闪的要求

项目	具体要求
频闪 / 闪烁 (Flicker)	在 100% 以及 20% 光输出时 (截止频率 200Hz 或更低时),<30%

5)美国加州 Title 20,照明同样也在这个法规管控之列,T20 照明电器中对闪烁的要求如下,可以看到它是引用自 Title 24 Part6 JA-10 的,T20 对频闪的要求见表 1-25。

表 1-25　T20 对频闪的要求

项目	具体要求
频闪 / 闪烁 (Flicker)	参见 Title 24 Part 6 JA-10:测量照明系统闪烁的试验方法和报告要求

6)中国教室照明相关要求。近年来,由于中小学生课内外负担加重,手机、计算机等带电子屏幕产品(以下简称电子产品)的普及,用眼过度、用眼不卫生、缺乏体育锻炼和户外活动等现象频发,我国儿童青少年近视率居高不下、不断攀升,近视低龄化、重度化日益严重,已成为一个关系国家和民族未来的大问题。防控儿童青少年近视需要政府、学校、医疗卫生机构、家庭、学生等各方面共同努力,需要全社会行动起来,共同呵护好孩子的眼睛。因此,教育部、国家卫生健康委等八部门印发了《综合防控儿童青少年近视实施方案》,这对于照明企业来说是一项重大利好,许多公司开始切入教育方面的照明,而闪烁指标也慢慢被纳入到教育照明的要求之中。2016 年 1 月 15 日发布、2016 年 1 月 15 日实施的由中国质量认证中心发布的 CQC 3155—2016《中小学校及幼儿园教室照明产品节能认证技术规范》,以及中国教育装备行业协会发布的团体标准 T/JYBZ 005—2018《中小学教室照明技术规范》对闪烁也提出了明确的要求,两者的要求完全一样,见表 1-26,其他关于教室用照明的强制性规范也在更新这一条款,预计很快会有强制性的国家标准要求出来。

表 1-26　波动深度限值要求

	光输出波形频率 f			
	f ≤ 10Hz	10Hz<f ≤ 90Hz	90Hz<f ≤ 3125Hz	3125Hz<f
波动深度限值（%）	0.1	f×0.01	f×0.032	免除考核

7）国内产品标准：GB/T 9473—2017《读写作业台灯性能要求》（见图 1-84），目前随着消费者对频闪这个概念的看重，在一些台灯和阅读灯设计时对频闪概念有了一定的导入，学习阶段的青少年每天要进行较长时间的学习，学生家长在挑选台灯时特别青睐标有"护眼""舒适""学习用""工作用"等标志性宣传的台灯产品。为保证这类产品的视觉舒适性，标准已在范围中明确"本标准适用于在家庭、教室和类似场所作为读写照明用的台灯和宣称"护眼"的台灯。因此有"护眼"和类似声称的台灯在 GB/T 9473—2017 标准范围内，应满足标准规定的性能要求。GB/T 9473—2017 包含白炽灯、荧光灯、LED 灯为光源的台灯产品，对于光的显色指数、照度、光生物危害、眩光等方面做了明确、定量的要求，而因为闪烁的程度取决于交流电流的频率、光源产生的光的持续性和观察条件，因此目前在标准中只引入了闪烁的要求，并给出了提示性附录，但没有作为一项强制要求，其评价标准遵循的是 IEEE 1789—2015 方法。

6.3.5　闪烁。
　灯具发出的光不应有不舒适的闪烁。
　评价方法正在考虑中。
　注：关于闪烁的介绍见附录 A。

7.3.5　闪烁
　闪烁的具体试验方法及其评价正在考虑中。
　注：附录 A 是关于闪烁的资料性附录。

图 1-84　GB/T 9473—2017《读写作业台灯性能要求》中的具体要求节选

8）国内产品标准：CQC 1601—2016《视觉作业台灯性能认证技术规范》（2016年 11 月 2 日实施）其产品范围与读写作业台灯性能要求标准中的产品一致，和旧标准 CQC 1601—2013《视觉作业台灯认证技术规范》相比，它将频闪改为了闪烁，这更科学和严谨。闪烁应该符合 IEEE 1789—2015 的低风险等级的限值要求，对于标称不可察觉等级，应符合 IEEE 1789—2015 中不可察觉等级的限值要求。具体来说，当台灯在其额定电压下工作时，其光输出波形的波动深度不应该超过 IEEE 1789—2015 规定的低风险等级值，如下图 1-85 所示，对于标称不可察觉等级，其光输出波形的波动深度应不超过下图 1-85 中的限值。

9）国内产品标准：GB/T 31831—2015《LED 室内照明应用技术要求》（2016 年 1月 1 日实施）是针内室内 LED 光源、灯具应用的要求，它要求用于人员长期工作或停留场所的一般照明的 LED 光源和 LED 灯具，其光输出波形的波动深度应符合如图 1-86 所示的规定，波动深度计算也参考图 1-86 中的公式。

表2 低风险区域的波动深度限值

光输出波形频率 f	限值（%）
$f \leqslant 8$ Hz	0.2
8 Hz $< f \leqslant 90$ Hz	$0.025 \times f$
90 Hz $< f \leqslant 1250$ Hz	$0.08 \times f$
$f > 1250$ Hz	免除考核

表3 不可察觉到的影响水平区域的波动深度限值

光输出波形频率 f	限值（%）
$f \leqslant 10$ Hz	0.1
10 Hz $< f \leqslant 90$ Hz	$0.01 \times f$
90 Hz $< f \leqslant 3125$ Hz	$0.08/2.5 \times f$
$f > 3125$ Hz	免除考核

图 1-85   CQC 1601—2016《视觉作业台灯性能认证技术规范》具体要求节选

波动频率	波动深度（FPF）限值/ %
$f \leqslant 9$ Hz	FPF $\leqslant 0.288$
9 Hz $\leqslant f \leqslant 3125$ Hz	FPF $\leqslant f \times 0.08/2.5$
$f > 3125$ Hz	无限制

$$FPF = 100\% \times (A - B)/(A + B)$$

式中：
A：在一个波动周期内光输出的最大值
B：在一个波动周期内光输出的最小值

图 1-86   GB/T 31831—2015《LED 室内照明应用技术要求》具体要求节选

不同地区也采取了不同的标准，这主要是因为评价体系没有得到统一，产品层面的实施较为困难。可以看到，国内的强制标准、推荐标准、团体标准均是以波动深度来评价的，期待国内更为全面的评价体系的出台。

我们在本小节中用了大量的笔墨来对闪烁这个概念的背景、机理、评价体系、测试方法和大家的态度进行了详细论述。希望能够给从事照明行业的朋友一些帮助，同时在设计上有一定的理论和标准化指导，如果读者需要更多相关标准以及解读资料，可以联系笔者。

1.7.5　改善闪烁的技术方案及生产制造的问题

减少驱动电流的纹波或调制的纹波，以及提高驱动电流的频率将有效地改善波动深度指标。LED 照明产品必须按照明场合对照明光闪烁的需求，通过改善驱动电流的波动性及采用其他手段来控制照明光的波动深度，保证各种场合下照明光的波动深度是合适的，从而避免因为照明光的闪烁（频闪）对人们的健康产生损害。现今对于频闪的处理，早也有许多种办法来实现（消除工频纹波），此电路一般称之为去纹波电路，也叫作去频闪、有源滤波、电子滤波电路等，所有的办法都是以损失效率为代价来实现的。

时至今日，关于去纹波的技术方案已经很成熟，从最开始的晶体管或 MOSFET 分立器件方案，到目前的集成芯片方案（电路简图如图 1-87 和图 1-88 所示），基本原理均没有发生变化。其中的具体机理请参考《开关电源工程化设计与实战——从样机到量产》一书中相关章节的介绍。考虑到近年市场的多变性，我们在此将对不同方案的优劣以及其中出现的一些问题展开讨论，但目前来看，晶体管的方案因为效率低下已经不再应用于真正的功率级场合。

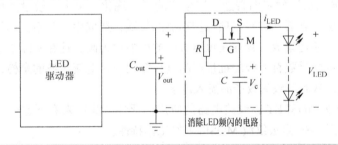

图 1-87　利用 MOSFET 构成去纹波电路（资料来源：公开专利）

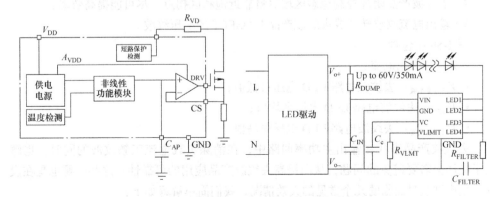

图 1-88　去纹波芯片内部电路框图及应用电路图

关于去纹波技术的一些基本结论如下：

1）分立器件方案电路复杂、参数选取考究，涉及稳压管、MOSFET 电压阈值、MOSFET 导通阻抗等参数的选配，对客户而言设计难度较大。而芯片的集成度高，只需要简单设计 PCB 并参考芯片规格书指导即可以实现功能；

2）保护方面，分立器件的 MOSFET G-S/MOSFET D-S 过电压需要额外施加保护，LED 短路保护也需要增加额外的电路，这样造成了应用上的限制。如短路开机易炸机，系统功耗偏大，同一驱动器的输出条件下是芯片方案功耗的 2 倍，无过热保护造成失效时恶性循环而导致最终全部失效。而芯片方案的 LED 负载的开短路保护、过热保护均集成到芯片层面，这样来说集成芯片方案完胜；

3）成本层面。目前从分立器件（MOSFET）方案和集成芯片方案成本来看，相差不是太多，但因为在集成化和一体化的照明产品中，成本因素仍然占绝对影响地位，所以还是分立器件方案应用较多。但从长远来看，集成芯片方案会成为主流；

4）需要强调的是，去纹波电路因为是接在恒流源后端，一般前面均有一个较大容量的电解电容，当初的目的是减少这个电解电容的容量和体积，合理地使用的话，能将电流纹波降低到 5% 的水平，而我们一直强调的一体化 LED 灯由于体积受限，往往导致这个电容用得越来越小，这样造成了 MOSFET 上的应力增加、损耗增加、效率降低，同时也降低了这个去纹波的能力，有时甚至达到了电流纹波的 30%～40%（一般的单级反激 PFC 恒流输出的电流纹波水平在 30%～50%）；

5）本书强调从研发走向智造，即生产的可实现化，可大规模量产化，在这实际生产层面，由于分立器件方案各项保护功能的欠缺，造成生产时不良率偏高，而且实际上不管是分立还是集成，其存在短路失效的可能性很高，这在实际中可能无法检测出来，因为不可能对数百万级的批量产品进行频闪或是电流纹波的全检，所以有可能是此功能失效，从而导致失效产品流入市场。

考虑到分立 MOSFET 去纹波电路的应用广泛性，我们来看下这类电路的一些特别注意点，如图 1-89 是去纹波 MOSFET 的工作特性。

1）去纹波产品工作在上图 1-89 的工作区域，实现输出电流无纹波特性；

2）去纹波产品闭环控制稳态区域尽量靠近饱和区拐点，尽可能提高效率；

3）输出电流纹波转化成去纹波产品 MOSFET 的电压纹波。

图 1-89 中包含：

- I_{LED}：输出电流；
- $V_{LED 最小值}$：去纹波电路 LED 电压最低值；
- V_{LED}：去纹波电路 LED 电压平均值；
- $V_{LED 最大值}$：去纹波电路 LED 电压最高值。

去纹波产品串联在输出主功率回路中，在消除负载电流工频纹波的同时，也解决了应用上需要避免的问题，从而提高去纹波产品应用的可靠性。这些问题也是在设计、生产制造时面临的几个常见的失效情况，我们简单解释如下：

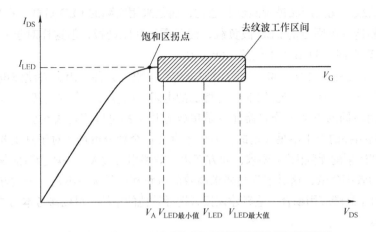

图 1-89 去纹波 MOSFET 工作特性（来源：杰华特）

1）避免工作于超过去纹波电路（主要是 MOSFET 或是芯片）的最大电流、电压应力以及最大安全工作区间 SOA。

① 避免输入先上电再接输出，即负载开路后上电，所以这类去纹波产品对于非一体化灯，其电源在单独测试或是生产线操作时需要注意。一般输出电容开路保护过压点都会较高，在接入灯珠负载时，去纹波电路启动一瞬间 MOSFET 是导通的，瞬时电流很大，而一般的去纹波芯片均带有最大限流功能，这样过多的能量会导致 MOS-FET 漏极电压过高。这样就需要注意单次接入电流的冲击问题，不要频繁出现这种操作，从而导致核心器件 MOSFET 发生 SOA 失效。

② 避免在输出开路电压超过 MOSFET 耐压的情况下进行故障操作。即前级开路保护电压不要超过去纹波芯片或 MOSFET 的耐压值，产品测试时不要导致输出线 LED 正负极短路或是打火拉弧，输出大电解电容需要及时放电，同时 PCBA 板在生产运转时防止堆叠造成板间静电、漏电损坏。

③ 特别是对于内置 MOSFET 的芯片，SOA 区域比外置的要小，散热更成为一个问题，所以对于此类产品必须留下足够的散热空间。同时高温下的 MOSFET 的冲击能力变弱，所以此时的接触打火拉弧引起的电压、电流冲击对器件更是严重的挑战，这也是经常发生的一个失效模式，LED 驱动在老化生产过程中，由于不可预知的接线不良导致批量失效，而我们所说的 MOSFET 失效后有部分呈现为短路，这样无法在产品生产检验时被发现。

2）避免用电子负载来测试这类产品，这在研发测试，以及工厂生产制造时尤其要注意。因为电子负载是与去纹波电路串联启动的，电子负载的启动时序会触发去纹波电路的限流 / 短路保护功能，引起工作不稳定，从而达不到去纹波的效果，并造成去纹波电路损耗过大。另外，由于电子负载与输出电容等容易产生振荡，所以这也会增加此电路的负担。考虑到电子负载的参数设定、开机时序、响应速度等问题，不建议用电子负载对此类产品进行测试和老化，而是采用实际的 LED 负载。在生产环节，我们可以制造一个固定的 LED 假负载，而只需切换驱动板，但这样对于一体化 DoB（驱动和灯珠在同一 PCB 上）仍然无能为力。

3）不要轻易在去纹电路的周边增加电容、电阻等元件，因为去纹波电路对参数的匹配要求很高，有时为改善 EMC 等增加的电阻、电容可能会改变其工作点。

虽然用不同的方案（分立器件或是集成芯片）都可以实现去纹波效果，这是由于前级电路拓扑的天生不足决定的，所以才存在这个细分市场，对于真正要实现无纹波（或是"所谓的无频闪"）要求，此方案由于效率损失过大，一般会造成整个驱动有 2%～5% 的效率降低，这对于日益要求高效的电路和产品来说不是一个太好的解决办法。所以对于高端应用场合，笔者建议读者选择其他的拓扑，可以参考本书的第 2 章节涉及的内容。

1.7.6　一个具体产品的测试结果及分析

下面我们以一个 A19 60W 替代型 LED 灯泡（这是目前出货量最大的产品），LED 灯泡的各项参数为输入 120V、60Hz，10W，PF>0.9，可调光，额定最大光通量为 800lm 左右，驱动电路是最常用的高功率因数非隔离 Buck 电路加去纹波集成芯片方案，设计目标是产品符合美国加州 T20 的要求，低频闪设计。

如上所论述，由于评价方法不统一，所以这里对各种测试方法均进行了测试。第一次的测试结果如下。采样得到的光通量数据如图 1-90 所示，不同测试标准方法下的结果如图 1-91 所示。

测量条件

光度类型：	光通量(lm)	测量量程：	量程2	采样方式：	软件采样
采样速度：	20 kS/s	采样时间：	180.00 s		

测量波形

截取波形(0.000-180.000s)

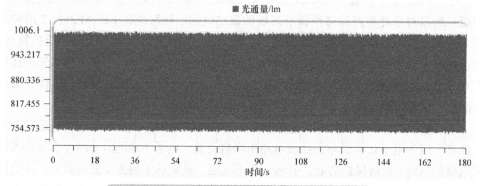

图 1-90　第一次测试通过采样得到的光通量数据

测量结果

平均值(1m)：	883.196	最大值(1m)：	1.006 k	最小值(1m)：	744.375

BASIC

频率：	4.019 kHz

IEC-Pst [10KS/s]

Pst：	0.153	评价结果：	可接受

CA CEC

PAM：	14.967%	PAM(40Hz)：	0.251%	PAM(90Hz)：	0.377%
PAM(200Hz)：	1.923%	PAM(400Hz)：	3.312%	PAM(1000Hz)：	5.347%

ASSIST

闪烁指数：	0.026	闪烁百分比：	6.939%	d：	11.159%
a：	1.924	MP：	0.1	fb：	78.334Hz
DP：	1%	可接受性：	可接受		

IEEE Std 1789

NM1：	0.000	NM2：	0.000	调制深度：	6.939%
风险等级：	无影响				

CIE SVM

SVM：	0.033	可见性：	频闪不可见

图 1-91　第一次测试在不同测试标准方法下的结果

第一次测试我们可以认为是刚出厂时的测试结果，目前是符合各项法规要求的，但这种产品在长期工作后性能还能满足要求吗？对此，我们采用加速老化实验，对此批产品在温度 45℃和湿度 85% 的情况下进行下加速可靠性测试 500h，之后再进行第二次性能测试。所有条件与第一次测试的相同，具体结果如下图 1-92 和图 1-93 所示。

测量条件

光度类型：	光通量(1m)	测量量程：	量程2	采样方式：	软件采样
采样速度：	20 kS/s	采样时间：	180.00 s		

测量波形

截取波形(0.000-180.000s)

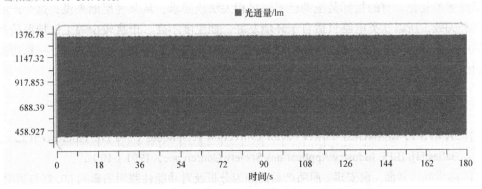

图 1-92　第二次测试通过采样得到的光通量数据

测量结果

平均值(1m)：	860.652	最大值(1m)：	1.349 k	最小值(1m)：	393.146

BASIC

频率： 120.000 Hz

IEC-Pst [10KS/s]

Pst： 0.127　　　评价结果： 可接受

CA CEC

PAM：	54.877%	PAM(40Hz)：	0.268%	PAM(90Hz)：	0.430%
PAM(200Hz)：	47.048%	PAM(400Hz)：	47.468%	PAM(1000Hz)：	47.734%

ASSIST

闪烁指数：	0.150	闪烁百分比：	54.011%	d：	92.608%
a：	-0.240	MP：	0.3	fb：	152.770Hz
DP：	2%	可接受性：	部分不可接受		

IEEE Std 1789

NM1：	4.995	NM2：	11.989	调制深度：	54.011%
风险等级：	高风险				

CIE SVM

SVM： 1.668　　　可见性： 频闪可见

图 1-93　第二次测试在不同测试标准方法下的结果

将前后两次的测试结果汇总对比见表 1-27。

表 1-27　同一个灯泡两次测试结果对比

不同法规指标	第一次测试结果	第二次测试结果	备注
IEC 的 P_{st}	0.153，可接受	0.127，可接受	以 P_{st} 为指标
CA CEC (T20/T24)	14.967%	54.877%	以 PAM 为指标
ASSIST	1%，可接受	2%，部分不可接受	以 DP 为指标
IEEE Std 1789	无影响	高风险等级	风险等级
CIE SVM	0.033，频闪不可见	1.668，频闪可见	以 SVM 为指标

从上表对比可以看到，此产品经过高温和高湿度的测试后，去纹波电路已经发生了显著的变化，有的指标甚至都已不满足相关法规要求，从某种层面来说，这个产品已经失效，所以这类电路只适合于环境友好，如温度不高、干扰较少等工作情况的产品中。而最优的办法是利用电路拓扑来解决频闪或闪烁的问题，也即本书下一章所提到的电路拓扑。

1.8 参考文献

[1] JAMES J，SPANGLE. Power Factor Correction Techniques Used For Flourescent Lamp Ballast[J]. IEEE Industry Applications Society Conference，1991（10）.

[2] 陆世鸣，刘磊，俞安琪. 照明产品的频闪分析及对功能性照明的影响 [J]. 灯与照明，2014（4）：22-27.

[3] 王钦若，李志民，刘清祥，等 . 无大电解电容的大功率 LED 驱动电源的设计 [J]. 半导体光电，2013（6）：1082-1085.

[4] 李群，罗民杰，潘萍 . 一种新的无电解电容 Led 驱动电源设计 [J]. 电子测试，2016（5）：19-20.

[5] 李家成，沈艳霞 . 无电解电容 LED 驱动电源 [J]. 照明工程学报，2015（5）：88-95.

[6] 程增艳，王军，朱秀林 . LED 路灯驱动电源的设计 [J]. 电子设计工程，2010（6）：188-190.

[7] 杨岳毅，曾怡达，何林，等 . 一种高效率单级 PFC 变换器的 LED 照明驱动电路 [J]. 电源技术，2015（2）：372-375.

[8] 沈霞，张永春，李红伟 . 基于原边控制的 LED 驱动电源设计 [J]. 电源技术，2012（8）：1171-1173.

[9] 姚凯，阮新波 . Boost-Flyback 单级 PFC 变换器 [J]. 南京航空航天大学学报，2009（4）：505-509.

[10] 危险性评估分委会 . IEEE PAR1789，LED 照明闪烁的潜在健康影响 [Z].

[11] 杨光 . 基于不同驱动条件下白光 LED 照明频闪问题的研究 [J]. 照明工程学报，2011（6）：8-13.

第2章

准谐振反激电源的工程化设计

在笔者《开关电源工程化设计与实战——从样机到量产》一书中曾说过，电源设计是一个强经验相关的工作，即在此领域工作时间越长，经验越丰富，对电源类设计相关问题解决方案越多，这也是一般意义上硬件工程师的价值所在。从纯经验和技术角度上来讲，现在电力电子行业，一般需要 3～5 年的入门，然后 7～10 年的工作经验方能在某一领域崭露头角，而如果要成为对应的专家，没有长久的时间和经验积淀是不可能的，而且基础理论也越来越受到重视。目前知识泛滥、碎片化、自媒体盛行的现状，导致社会上也出现了很多所谓的"专家"，打着速成的旗号，在行业内四处招摇，殊不知，技术容不得半点含糊，过度的商业包装，会严重影响很多新晋工程师的学习之路。

作为第 1 章的延续，我们这章将准谐振（Quasi-Resonant：QR）电路与 PFC（具体来说，即 Boost APFC）电路相结合，在满足电能质量要求的同时，也能符合能效相关要求。

2.1 能效是永恒的追求

开关电源，特别是小功率开关电源，如 LED 电源、手持式电子产品充电器、电脑适配器、一体机电源等，电源的效率是一个永恒的话题，虽然说电源设计是一个权衡的结果，但是效率这个指标一直以来是放在首要位置的，因为效率和电源损耗大小有关，回到元器件层面，即和热量有关，并间接决定了整个产品的寿命水平，因此不同的标准及行业组织都将能效要求摆在重中之重的位置上。

这里有个小技巧提及一下，为了大家更好地了解整个行业的能效标准，Power Integration 公司网站上有一个叫作绿色空间（Green Room）的页面，会定期更新全球各地主要机构对产品能效要求的最新进展，读者可以查看到不同机构的不同要求。Power Integration 公司关于能效计划截图如图 2-1 所示。

节能计划	位置	应用
加州能源委员会	仅适用于美国加利福尼亚州	消费类音频和视频设备
中国节能项目(CECP)	中国	外接电源、电视机、DVD/VCD产品、洗衣机、计算机、复印机、显示器、打印机、传真机、冰箱、微波炉、机顶盒、电饭煲、空调
EC ErP Ecodesign Directive(欧盟委员会用能产品生态设计指令)	欧盟	个人计算机(台式和膝上型)和计算机显示器、成像设备、电视机、用能产品的待机及关机模式损耗、电池充电器和外部电源、照明产品、HVAC、冰箱和冰柜、洗碗机和洗衣机
美国能源之星	美国	外接电源、无绳电话、电视机、VCR、DVD播放器、TV/VCR/DVD一体机、机顶盒、家用音响、计算机、复印机、显示器、打印机、传真机、扫描仪、多功能设备、洗碗机
美国《2007能源独立和安全法案》(EISA2007)	美国	电池充电器、外部电源、照明产品、洗碗机、电炉、烤箱、除湿器、电视机、个人计算机、机顶盒、DVR以及计算机显示器

Additional agencies are listed on the following pages.

亚太地区其他机构	包括：澳大利亚气候变化与能源效率部、日本能源经济研究所、韩国能源署
欧洲其他机构	包括：丹麦能源署、英国商务、能源与工业战略部、欧盟委员会(EC)行为准则、荷兰企业局
北美其他机构	包括：加拿大自然资源部(NRCan)

图 2-1　Power Integration 公司关于能效计划截图展示

2.1.1　现行全球主流能效标准概览

如前所示，目前存在许多不同的地方和不同种类的能效标准要求，截止本书写作前，最主流的是美国能源部（DoE）的能效等级要求，以及加州的能效标准要求，还有欧盟的能效等级要求。

2.1.1.1　能源之星

但要注意的一点是，能源之星是最深入人心的标准要求，它对许多不同类型的产品均有不同的条款要求，如家电、照明、电脑显示器等。值得注意的是，能源之星曾经对外置式电源也有要求，但现在这个要求在 2010 年年底即已失效，具体的能源之星关于外置式电源能效要求废止通知如下：

对于外部电源，以及使用外部电源的终端产品，能源之星对其规范于 2010 年 12 月 31 日终止使用，这些类别的产品将不再加贴能源之星标签，并与 2010 年 12 月 31 日之后，制造商生产的所有相关联产品需要停止使用能源之星的名称及标签。

2.1.1.2　DoE VI

目前电源制造厂商，或是前端电源芯片厂商所说的 DoE 能效 6 级（DoE VI）是指什么？我们得向前溯源一下整个 DoE 能效体系的背景。

人们对节能环保要求越来越高，电源适配器、充电器等外置电源作为高效、节能的供电产品也在这一计划要求中。早在 2014 年的时候，美国能源部发布了 6 级能效

DoE VI 执行时间表，对外置电源提出新的能效要求，并提供给厂商两年整改缓冲期。

新的标准适用于所有直接工作的外置电源，当然也包括我们最经常用到的手机充电器／适配器、平板或是笔记本充电器／适配器、多口 USB 充电器、越来越流行的 USB 充电接口（如插线板等），已于 2016 年 2 月 10 日强制执行这项法令。这对于电源及配套生产厂家既是挑战也是机会，因此电源厂商需要了解这些新的要求，并且在产品升级时要跟进这些要求，以确保产品符合标准，同时提升产品的竞争力。符合最新的标准要求，这是制造厂商以及设计者们必须达到的准入要求，当然也是一个机会，因为新标准的发布，都会带来一定的技术变革和性能提升。

美国能源部此次颁布的 6 级能效 DoE VI，有别于长期实施的 80PLUS 的奖励政策，它是通过法令强制执行的，具有里程碑式意义。这意味着能效标准首次和安规标准一样，在美国成为强制性标准，达不到即视为违规，经过一段时间后，在充电器或适配器这一行业，UL 和 DoE VI 会并行存在成为产品输出到美国的准入标准。UL 作为非官方机构管控安规层面，而 DoE 作为国家队管控能效方面。美国一直作为能源标准的先驱，对全球其他国家的能效标准或要求的制定有示范作用，所以不排除未来会有越来越多国家或团体组织会将能效标准作为强制性要求写入标准。究其根源，还是这类产品的使用量太大，总体能源消耗过高。1998 年，劳伦斯伯克利国家实验室（LBNL）的工作人员（科学家）艾伦迈尔就提出一个估算：单就美国而言，住宅内用电器的待机功耗就占全部住宅用电的 5%。

如今，节能减排被大众所接受，电源的转换效率成为了主要的关注点，每一个前端创新和电源转换架构的改进都可使效率提升，同时解决空载功耗也是业界一个难点。总之，美国能源部这一决议将会产生深远影响，而作为消费类电子产品主要市场的中国和欧盟，也在逐步跟进。但核心观点是能效要求越来越严格，这会是长期一个常态化要求。

2.1.1.3　CoC V5 Tier2

同时，另一利益共同体欧盟（CE）也正在独立推进外部电源的自愿性和强制性计划，在 2013 年 3 月份发布外部电源能源效率行为准则 CoC V5 Tier2 的草案，以进一步提高电源（包括电源适配器、开关电源、充电器等外置电源）的能效要求标准。新的 CoC 自愿准则中的主动模式下的效率和空载功耗要求均较目前的 ErP 生态设计要求要高，但比目前美国能源部拟的建议稿要低。CoC 准则草案中加入了在 10% 负载条件时的效率要求，以保证在某些应用情况时的效率。其中第一阶段生效日期为 2014 年 1 月 1 日，第二阶段生效日期为 2016 年 1 月 1 日。

细看 CoC V5 Tier2，此能效着重对空载功耗和效率提出相比 ErP 更高的要求。高效率意味着较小的体积和便携性，以及更节约能源。而空载功耗就是电子设备及其电源转换器在待机或无负载情况下所消耗的能源，全世界有 5% 至 15% 的家庭用电量都是在待机模式下浪费的。这些电器包括消费性电器、家用电器、电源适配器、充电器、可携式电子产品及计算机等产品。只要将这种浪费尽可能降至接近零（如 mW 甚至更低等级），无论是在节能环保还是家庭电费开支上都是受益匪浅的，各国政府对于待机功耗也是制定了相关的标准，而且标准也日益严格。CoC V5 Tier2 具体要求见表 2-1。

表 2-1　CoC V5 Tier2 具体要求

CoC V5 对电源适配器空载模式下功耗的要求

额定输出功率 P_{out}	空载功耗 /W	
	第一阶段	第二阶段
0.3W< P_{out} < 49W	0.150	0.075
49W ≤ P_{out} < 250W	0.250	0.150
移动手持式电池驱动，P< 8W	0.075	0.075

CoC V5 对电源适配器的效率要求（不包括低压外部电源）

额定输出功率 P_{out}	主动模式时四个测试点的平均效率		主动模式时 10% 额定输出电流时的平均效率	
	第一阶段	第二阶段	第一阶段	第二阶段
0W < P_{out} < 1W	≥ $0.50P_{out}$+0.145	≥ $0.50P_{out}$+0.16	≥ $0.50P_{out}$+0.045	≥ $0.50P_{out}$+0.06
1W < P_{out} ≤ 49W	≥ $0.0626\ln(P_{out})$+0.645	≥ $0.071\ln(P_{out})$−$0.0014P_{out}$+0.67	≥ $0.0626\ln(P_{out})$+0.545	≥ $0.071\ln(P_{out})$−$0.0014P_{out}$+0.57
49W < P_{out} ≤ 250W	≥ 0.89	≥ 0.89	≥ 0.79	≥ 0.79

CoC V5 对电源适配器的效率要求（低压外部电源）

额定输出功率 P_{out}	主动模式时四个测试点的平均效率		主动模式时 10% 额定输出电流时的平均效率	
	第一阶段	第二阶段	第一阶段	第二阶段
0W < P_{out} < 1W	≥ $0.50P_{out}$+0.085	≥ $0.517P_{out}$+0.087	≥ $0.50P_{out}$	≥ $0.517P_{out}$
1W < P_{out} ≤ 49W	≥ $0.0755\ln(P_{out})$+0.585	≥ $0.0834\ln(P_{out})$−$0.0014P_{out}$+0.609	≥ $0.0755\ln(P_{out})$+0.485	≥ $0.0834\ln(P_{out})$−$0.0014P_{out}$+0.509
49W < P_{out} ≤ 250W	≥ 0.88	≥ 0.88	≥ 0.76	≥ 0.76

2.1.1.4　LED 照明产品相关能效标准

　　LED 照明作为新兴事物，其能效标准进程比较缓慢，也很少看到有单独的 LED 驱动电源能效要求标准，一般是通过考量 LED 产品的整体光效来管控效率。这其实也就是隐含了对 LED 驱动效率的要求，只不过把它当作一个默认项。所以在设计 LED 产品时，不管是自己设计 LED 驱动电源，还是外购驱动电源，效率仍然是很关键的一个要素。

　　笔者翻阅相关性能标准，ErP 指令 EC 244/2009、EC 245/2009、EU 1194/2012 和能效标签指令 EU 874/2012 已经实行多年，欧盟在近几年通过参照不断改进的照明产品技术、环境和经济因素，以及实际用户行为等方面审查这些指令，于 2019 年 12 月 5 日颁布新版 ErP 指令 EU 2019/2020 和能效标签指令 EU 2019/2015，于 2019 年 12 月 25 日起正式生效，并将于 2021 年 9 月 1 日起正式执行。新版 ErP 指令 EU 2019/2020 规定了以下产品的生态设计要求：①光源；②分离式光源控制装置。这些要求也适用于市场上销售的组合产品（例如，照明用灯具）中光源和分离式光源控制装置。该标准对电源的效率、待机，以及对应的光效均提出了新的要求，简单来看如图 2-2 和图 2-3 所示。

控制装置的宣称输出功率(P_{eg})或光源的宣称功率(P_{ls}),单位为 W	最低效率要求
卤素光源的控制装置输出功率(P_{eq})	0.91
FL荧光灯光源的控制装置 $P_{ls} \leq 5$ $5 < P_{ls} \leq 100$ $P_{ls} > 100$	 0.71 $P_{ls}/(2 \times \sqrt{(P_{ls}/36)} + 38/36 \times P_{ls} + 1)$ 0.91
HID光源的控制装置 $P_{ls} \leq 30$ $30 < P_{ls} \leq 75$ $75 < P_{ls} \leq 105$ $105 < P_{ls} \leq 405$ $P_{ls} > 405$	 0.78 0.85 0.87 0.90 0.92
LED或OLED光源的控制装置宣称输出功率(P_{eg})	$P_{eg}^{0.81}/(1.09 * P_{eg}^{0.81} + 2.10)$

具体 →

LED驱动最低效率要求	
300W	90.0%
250W	89.8%
200W	89.4%
150W	88.8%
100W	87.7%
90W	87.3%
80W	86.9%
70W	86.4%
60W	85.7%
50W	84.9%
40W	83.6%
30W	81.7%
20W	78.4%
10W	70.7%
5W	60.29%

图 2-2　最新 ErP 对于照明类产品的效率要求（来源网络，笔者整理）

空载功率$P_{no} \leq 0.5W$（仅针对控制装置）

待机功率$P_{sb} \leq 0.5W$

联网待机功率$P_{net} \leq 0.5W$（如果有联网功能）

P_{sb}和P_{net}不得累加

图 2-3　最新 ErP 对于照明类产品的空载待机功率要求（来源网络，笔者整理）

　　而中国的对应标准 GB/T 24825—2009《LED 模块用直流或交流电子控制装置性

能要求》中，增加了一项能效等级要求，具体见表 2-2。

表 2-2 LED 模块控制装置的能效等级（GB/T 24825—2009）

能效等级	非隔离输出式 LED 模块控制装置			隔离输出式 LED 模块控制装置		
	$P \leqslant 5W$	$5W < P \leqslant 25W$	$P > 25W$	$P \leqslant 5W$	$5W < P \leqslant 25W$	$P > 25W$
1 级（%）	84.5	89.0	92.0	78.5	84.0	88.0
2 级（%）	80.5	85.0	87.0	75.0	80.5	85.0
3 级（%）	75.0	80.0	82.0	67.0	72.0	76.0

从第 1 章，我们也知道 CQC 3146—2017《LED 模块用交流电子控制装置节能认证技术规范》中也出现了对 LED 驱动电源的效率要求，见表 2-3。

表 2-3 CQC 规范中对于 LED 模块控制装置中 PF 以及效率之要求

控制装置类型	标称功率 P	节能评价值	功率因数
非隔离式	$P \leqslant 5W$	84.5	无要求
	$5W < P \leqslant 25W$	89.0	0.80
	$25W < P \leqslant 55W$	92.0	0.85
	$P > 55W$	92.0	0.95
隔离式	$P \leqslant 5W$	78.5	无要求
	$5W < P \leqslant 25W$	84.0	0.80
	$25W < P \leqslant 55W$	88.0	0.85
	$P > 55W$	90.0	0.95

2.1.1.5 能效标准演进过程

万事皆有因，能效标准要求也不是一天之内就提出来的，其历史过程充满了技术变革以及相关利益方的博弈。如图 2-4 所示，可以看到，几大主流利益团体一直在努力推进高效率电源设计。

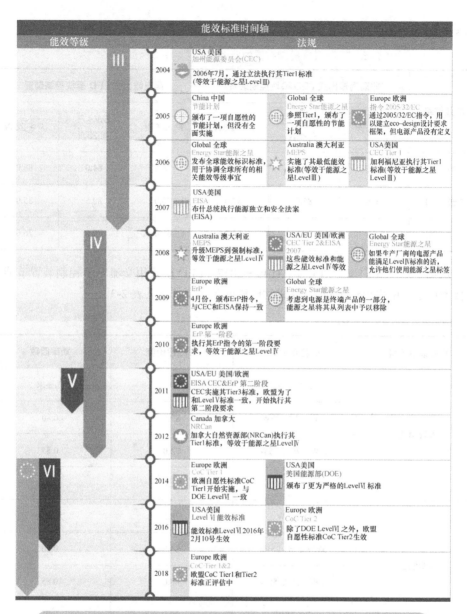

图2-4 主流利益团体能效标准演进路线图（来源：CUI Inc，笔者整理）

综上，全球主流能效标准开始从自愿慢慢转向强制。

2.1.2 如何提升效率并满足能效要求

细看 DoE VI 要求，明确在不同输入电压以及不同负载情况都有效率要求。而待机功耗根据不同的功率段也有不同的要求，DoE VI 具体能效指标见表2-4（只考虑单一电压输出）。

表 2-4　DoE VI 具体能效指标

DoE Level VI 能效具体要求				
外置 AC-DC 或 AC-AC 电源单一输出能效要求				
额定输出功率 P_{out}	最低平均效率（主动模式）		空载最大功率	
	基本电压	低电压	AC-AC	AC-DC
$P_{out} \leqslant 1W$	$\geqslant 0.5 \times P_{out}+0.16$	$\geqslant 0.517 \times P_{out}+0.087$	$\leqslant 0.21W$	$\leqslant 0.10W$
$1W < P_{out} \leqslant 49W$	$\geqslant 0.071 \times \ln\ (P_{out})$ $-0.0014 \times P_{out}+0.67$	$\geqslant 0.0834 \times \ln\ (P_{out})$ $-0.0014 \times P_{out}+0.609$	$\leqslant 0.21W$	$\leqslant 0.10W$
$49W < P_{out} \leqslant 250W$	$\geqslant 0.880$	$\geqslant 0.870$	$\leqslant 0.21W$	
$P_{out} > 250W$	$\geqslant 0.875$	$\geqslant 0.875$	$\leqslant 0.50W$	

同样的，CoC V5 Tier2 则对 10% 负载也提出了效率要求。所以需要对电源损耗进行分析，分而治之。

一般而言，开关电源变换器的损耗由二大部分组成，如图 2-5 所示。

1）导通损耗，这与电源的开关频率无关；

2）开关损耗，这与电源的开关频率相关。

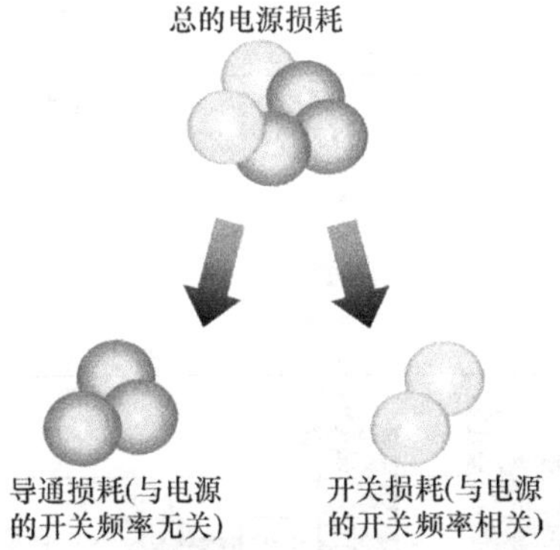

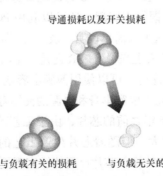

总的电源损耗

导通损耗(与电源　　　开关损耗(与电源
的开关频率无关)　　　的开关频率相关)

图 2-5　电源变换器损耗分解示意（与电源的开关频率的相关性）

而这两个损耗，在满载或是高功率场合时，一般又可以分解成，与负载有关的损耗和负载无关的损耗，如图 2-6 所示。

导通损耗以及开关损耗

与负载有关的损耗　　　与负载无关的损耗

图 2-6　电源变换器损耗分解示意（与负载的相关性）

　　那我们可以知道,在轻载时或是空载时,与负载相关的损耗接近为零,然而与负载无关的固有损耗却不发生变化,那么此时电源的效率则变得非常非常低,这也是为什么 DOE VI 以及 CoC V5 Tier2 等能效标准难以达到的原因,轻载时的电源效率制约了整体平均效率的提高。下面让我们来细看下损耗的几个组成部分以及对应的改善方法。

2.1.2.1　导通损耗以及对应的改善办法

　　1)MOSFET 的 $R_{ds(ON)}$ 的优化,这只能选择更高档次的 MOSFET,即用牺牲成本的方式来实现,如 Cool MOSFET,有些厂商称之为超结 MOS(Super junction MOS)等先进制造工艺的 MOSFET,它们相对于传统的平面 MOSFET 来说,相同规格下,$R_{ds(ON)}$ 和结电容更小。器件制造商还规定了不同静态和动态条件下的 MOSFET 参数,让设计者难于进行同类产品对比,从而让情况变得更加混乱。因此,唯一正确地选择合适的 MOSFET 的方法是在 MOSFET 应用电路内比较所选器件。不同 MOSFET 工艺技术在同一封装下的导通阻抗比较如图 2-7 所示。

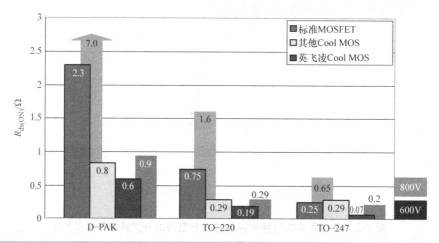

图 2-7　不同 MOSFET 工艺技术在同一封装下的导通阻抗比较(资料来源:英飞凌,笔者整理)

　　2)电感以及变压器绕组的直流阻抗 R_{dc} 的优化,这可以用粗的线径,或是扁平线,或是在变压器绕组中采用铜带来实现,还可以利用 PCB 铜箔来实现绕组,即常说的平面变压器设计。注意:这里只简单说明导线的直流阻抗(与频率无关的项)。

　　3)电容中的 ESR(严格意义上来说,ESR 还是一个与频率相关的参数),尽量选用高频低阻的电容,在情况允许时,可以使用薄膜电容或是陶瓷电容代替电解电容,这样既降低了损耗,同时也提高了电容本身和电源的使用寿命。

　　4)静态工作电流,如三十年之前的芯片,由于工艺落后等原因,产品所需要的工作电流、静态工作电流都很大,但随着芯片生产工艺的进步,产品不停地更新换代,现在新的 PIN TO PIN(直接替换)芯片已经能够实现更低的工作电流和静态电流。

如下面来源于 TI 的表 2-5 可以看到，老一代的 UC3842 由于采用晶体管制程工艺，启动电流较高，其后续的 UC3842A 也是对启动电流进行了优化，基本上同样的配置下，"A"版本的芯片的启动功耗要低于前者 50%。所需要工作电流远比新一代采用 BiC-MOS 工艺芯片要大很多。和 UC3842 一个时代的，如 TL494、SG3525 等都存在这样的问题。如表 2-5 ~ 表 2-7 可以看到，TI 的不同代之间的芯片启动电流、工作电流等的差异明显。

表 2-5　TI 不同控制器（UCX84X）的启动电流比较（资料来源于 TI，笔者整理）

启动电流	UC3842/45	UC3842A/45A
典型值（$T_{\mathrm{J}}=25℃$）	0.5mA	0.3mA
最大值（$T_{\mathrm{J}}=25℃$）	1.0mA	0.5mA

表 2-6　TI 不同控制器 UCC38C42 和 UC3842 的设计技术参数比较（资料来源于 TI，笔者整理）

参数	UCC38C42	UC3842
50kHz 工作电流	2.3mA	11mA
启动电流	50μA	1mA
过电流传播延时	50ns	150ns
基准参考电压精度	±1%	±2%
E/A 参考电压精度	±25mV	±80mV
最大工作频率	> 1MHz	500kHz
输出上升 / 下降时间	25ns	50ns
U_{VLO} 误差	±1V	±1.5V
最小可选封装	MSOP-8	SOIC-8

表 2-7　TI 不同控制器 UC3842、UCC3802 和 UCC3809 的设计技术参数比较
（资料来源于 TI，笔者整理）

参数	UC3842	UCC3802	UCC3809
工作电流	11mA	0.5mA	0.6mA
欠电压锁定 / 滞环	16V/6V	12.5V/4.2V	10V/2V（−1 版本） 15V/7V（−2 版本）
最大工作频率	500kHz	1MHz	1MHz
软启动	需要外部电路实现	内置	用户编程配置
前沿消隐	外置	内置	外置
驱动能力	±1A	±1A	0.4A 源 /0.8A 沉
基准电压	5×（1±2%）V	5×（1±2%）V	5V±5%
最大占空比限值	用户不可以编程配置	小于 90%	用户编程可以达 70%
斜坡补偿	外置	外置	外置
误差放大器	内置	内置	外置
锁死功能	外置	外置	外置

　　还有经常用到的 APFC 芯片，如 ST（意法半导体）的 L6561、L6562、L6563，在电流、电压等动静态参数设计上也优化了不少，其设计技术参数比较见表 2-8 ~ 表2-10。

表 2-8　ST 不同代 APFC 芯片 L656x 电流参数比较（资料来源于 ST，笔者整理）

符号	参数	测试条件	L6561			L6562	
$I_{start\text{-}wp}$	启动电流 /μA	启动之前（V_{CC}=11V）	20	50	90	40	70
I_Q	静态电流 /mA	启动之后	—	2.6	4	2.5	3.75
I_{CC}	工作电流 /mA	@70kHz	—	4	5.5	3.5	5
I_Q	静态电流 /mA	过电压保护过程中（静态或是动态过电压保护）或 $V_{ZCD} \leqslant 150mV$	—	—	2.1	—	2.2

表 2-9　ST 不同代 APFC 芯片 L6562 和 L6562A 技术参数对比（资料来源于 ST，笔者整理）

参数 / 功能	L6562	L6562A
芯片导通 / 关断阈值（典型值）/V	12/9.5	12.5/10
关断阈值范围（最大值）/V	±0.8	±0.5
芯片启动前消耗的电流（最大值）/μA	70	60
乘法器增益（典型值）	0.6	0.38
电流采样参考斜坡（典型值）/V	1.7	1.08
电流采样传播延时（典型值）/ns	200	175
动态过电压保护触发电流（典型值）/μA	40	27
ZCD 启动 / 触发 / 箝位阈值（典型值）/V	2.1/1.4/0.7	1.4/0.7/0
使用功能阈值电压（典型值）/V	0.3	0.45
门极驱动内部压降（最大值）/V	2.6	2.2
前沿消隐功能	No	Yes
基准电压精度（整个范围内）(%)	2.4	1.8

表 2-10　ST 不同代 APFC 芯片 L6561、L6562 和 L6563 部分参数对比

（资料来源于 ST，笔者整理）

PFC 控制器	L6561	L6562	L6563
工作电压 /V	10.3 ~ 18	10.3 ~ 22	10.3 ~ 22
最大启动电流 /μA	90	70	70
最大工作电流 /mA	5.5	5	5
驱动电流能力 /A	0.4/0.4	0.6/0.8	0.6/0.8

2.1.2.2　开关损耗以及对应的改善方法

1. 交越损耗

开关管关断过程中电流和电压的交叠时间，这即是我们通常说的交越损耗，这是开关管的动态形为中不可避免的一个过程，一般是通过零电流 / 电压开关来实现电流或电压为零时的切换，这样即使存在交越区间的话，也不会有损耗产生。传统硬开关和软开关情况下开关过程中的交越区域见图 2-8 和图 2-9。

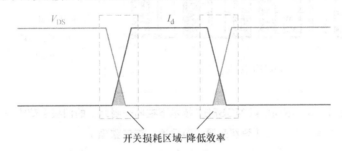

图 2-8　开关过程中的交越区域（传统硬开关）

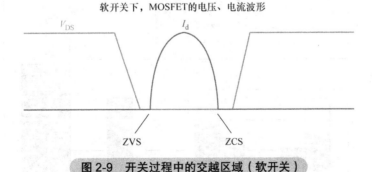

图 2-9　开关过程中的交越区域（软开关）

2. MOSFET 等的驱动损耗

同样，MOSFET 的门极驱动电荷 Q_g 也可以通过 MOSFET 的工艺来优化，Cool MOSFET 的一个最大优点即是实现了 $R_{ds(ON)} \times Q_g$ 品质因数（FOM）的最优化。

对于 MOSFET 有一个普适的性能测量评价手段，即品质因数（FOM），它可以用

导通电阻 $[R_{ds(ON)}]$ 和栅极电荷（Q_g）的乘积来表示，即 $FOM = R_{ds(ON)} \times Q_g$。$R_{ds(ON)}$ 直接关系到导通损耗，Q_g 直接关系到开关损耗。因此，FOM 值越低，器件性能就越好，但是 FOM 本身不能让电源设计者选出理想器件，但却概括了器件技术和可能实现的性能。要进行可靠的主观分析，则必须修改每个 FOM，以便包含 MOSFET 应用方面的信息，所以对于特定的应用场合时才能真正对不同的器件进行比较。不同厂家 MOSFET 技术下在同一封装下的门极电荷和品质因数比较如图 2-10 和图 2-11。

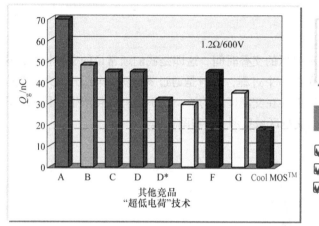
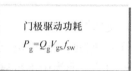

图 2-10　不同厂家 MOSFET 技术下在同一封装下的门极电荷比较

（资料来源：英飞凌，笔者整理）

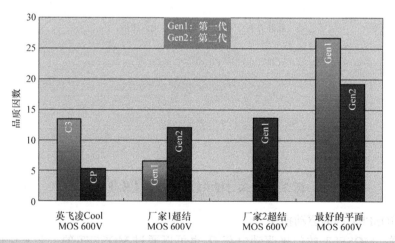

图 2-11　不同厂家 MOSFET 技术下在同一封装下的门极电荷 * 导通阻抗 - 品质因数比较

（资料来源：英飞凌，笔者整理）

目前随着宽禁带器件的蓬勃应用，碳化硅（SiC）在反向恢复等特性上远优于常规硅基 MOSFET，所以 SiC 器件将是未来中大型电力电子变换器的主流开关器件。但考虑到本书的内容，我们不会着力太多笔墨于 SiC 器件，读者可以与笔者针对此器件进行交流或是参考其他资料。

3. 磁心损耗

缠绕在磁心上的导线存在交流趋肤效应、临近效应、涡流损耗等，这是一个系统工程，涉及磁性材料的具体选型、绕组设计技巧等，如选择低磁损的磁性元件就可以大为减少高频磁损。不同温度下的磁损、磁通密度、频率的关系对比如图 2-12 所示，不同磁心材料下的高频损耗对比和其他参数对比如图 2-13 和表 2-11 所示。

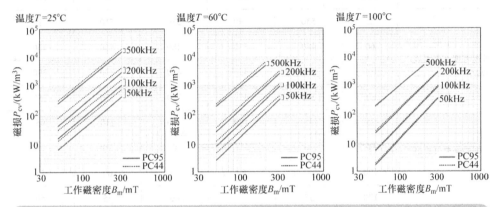

图 2-12 不同温度下的磁损、磁通密度、频率的关系对比（资料来源：TDK，笔者整理）

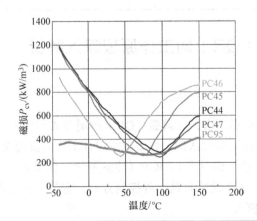

图 2-13 不同磁心材料在 100kHz、200mT 条件下的高频损耗对比

（资料来源：TDK，笔者整理）

表 2-11 TDK 各种磁心材料对比

材料	环境温度/℃	PC95	PC90	PC47	PC44	PC40
初始磁导率 μ_i	25	3300±25%	2200±25%	2400±25%	2400±25%	2300±25%
100kHz,200mT 下，单位体积的磁损（典型值）P_{cv}/（kW/m³）	25	350	680	600	600	600
	60	290	470	400	400	450
	80	280	380	300	320	400
	100	290	320	270	300	410
	120	350	400	360	380	500
1000A/m 时，饱和磁通密度（典型值）β_s/mT	25	530	540	530	510	510
	60	480	510	480	450	450
	100	410	450	420	390	390
	120	380	420	390	350	350
剩磁密度（典型值）β_r/mT	25	85	170	180	110	95
	60	70		100	70	65
	100	60	60	60	60	55
	120	55		60	55	50
居里温度 T_c/℃	最小值	215	250	230	215	215
密度 ρ_b/（kg/m³）		4.9×10³	4.9×10³	4.9×10³	4.8×10³	4.8×10³

2.2 准谐振（QR）的工作原理深入解析

2.2.1 波形振荡的定性和定量分析

对于反激式开关电源而言，准谐振（QR）控制方式本质上是电流断续工作模式（DCM）。这点需要前提上得以认识，许多电源设计工程人员错误地认为，QR 模式是独立于 CCM（电流连续工作模式）/DCM（电流断续工作模式）之外的另一种新的工作模式，其实不是的。QR 模式只是一种控制方式，它是一种特定的（利用振荡来实现特殊功能的）控制模式。

具体如下，图 2-14a 为基本的反激式电源拓扑结构（只不过加入了寄生参数），这里需要注意，L_{lk} 为变压器的漏感，而 C_d 则是 MOSFET 漏极 D 节点处的所有电容，大家对这个说法比较迷糊，因为这是一个统述参数，即在实际 PCB 中，MOSEFT 漏极的电容包括 MOSFET 自身的输出电容 C_{oss}、变压器绕组间的寄生电容、其他寄生电容（如 PCB 布局走线和散热器中的寄生电容），以及二次侧二极管上的 RC 吸收网络的电容反射到一次侧的等效寄生电容等。而图 2-14b 即为典型的反激变压器 DCM 下的 MOSFET 漏源极电压波形，相信大家对这个图相当熟悉，这个图也是大家实验过程中必然接触到的一个波形图，也是许多面试考官喜欢问到的一个图，这里我们用三个电压平台，两个高频振荡，四个时序区间来描述这个有内涵的图。

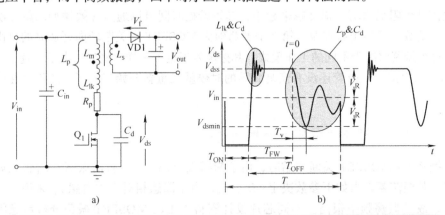

图 2-14　反激式电源加入寄生参数拓扑结构，以及对应 MOSFET 漏源极电压波形

在这里重要提示：请大家一定要定性分析去理解此图，这个图是反激变换器的关键之一，如果理论较弱的读者，可以自己画出不同开关状态下的电流流通路径，再结合下面所描述的内容加深理解。另一个浅层次的原因是，在许多面试场合，图 2-14 中波形分析也堪为经典科目，因为一张小小的图，涉及了大量的细节知识，如变压器设计、元器件选择、电路多阶自由振荡、EMC 和效率等反激电源各个方面，所以说，此图朴实但有内涵。

三个电压平台即为 V_{ds} 存在三个电压区间，可以参见图 2-14 中的 b 部分。V_{inmax} 即为输入电压最大值，$(V_{out}+V_f) \cdot n$ 即我们常说的反射电压，一般 $V_f \ll V_{out}$，故在分析时略掉，加上寄生参数振荡平台电压，这三者叠加在一起即为反激式 MOSFET 在 DCM 下的电压应力，而对于 MOSFET 的选择来说，仍然需要在这三个平台电压上再加一定的裕量，一般为 10% ~ 20% 额定 V_{ds} 击穿电压水平，我们选择反激式电源的 MOSFET 的主要依据即为此。因为此图在许多应用手册和开关电源设计的书本上反复出现，故不再赘述。

两个高频振荡即为图 2-14b 所示，第 1 个振荡即为 MOSFET 刚刚关断时的振荡，这个地方的振荡频率很高。这是因为，变压器的一次侧有漏感，因为漏感不进行能量传递（它"游离"于变压器之外），所以其能量是不会通过磁心耦合到二次侧的。那么 MOSFET 关断过程中，因为漏感的存在，漏感电流也是不能突变的。漏感的电流变化也会产生感应电动势，这个感应电动势因为无法被二次侧耦合而箝位，电压会冲得很高。那么为了避免 MOSFET 被电压击穿而损坏，所以我们在一次侧加了一个 RCD 吸收缓冲电路，把漏感能量先储存在电容里，然后通过电阻消耗掉，当二次侧电感电流降到了零，这意味着磁心中的能量已经完全释放了。那么因为二极管电流降到了零，二极管也就自动截止了，二次侧相当于开路状态，输出电压不再反射回一次侧了，但此时 MOSFET 的 V_{ds} 电压高于输入电压，所以在电压差的作用下，MOSFET 的结电容和一次电感发生谐振，谐振电流给 MOSFET 的结电容放电。V_{ds} 电压开始下降，经过 1/4 个谐振周期后又开始上升。由于 RCD 箝位电路以及其他寄生电阻的存在，这个振荡是个阻尼振荡，幅度越来越小，具体谐振时间可以通过等效模型求解二次微分方程估算，后面稍有涉及。第 2 个振荡即为 MOSFET 由关断转向开通时的自由振荡，这个振荡取决于不同的工作模式，其振荡表现也不一样。例如，由于一直工作在 CCM，二次侧的二极管还没有恢复到零的时候就又重新开始工作了，故不存在此振荡。

2.2.2　定性以及定量分析两个振荡的频率

振荡 1：MOSFET 关断开始时，由于漏感 L_{lk} 与 C_d 产生自由振荡，C_d 含义如前所述。其振荡频率由如下参数决定：L_{lk}、C_d，由于漏感相对于主电感 L_m 来说，其值较小，故其振荡频率很高。不同芯片设计资料给出的 MOSFET 振荡分析示意图如图 2-15 所示。

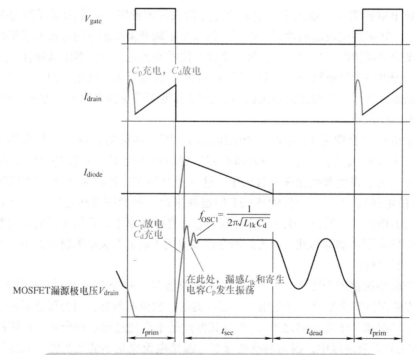

图 2-15　不同芯片设计资料给出的 MOSFET 振荡分析示意图

$$f_{\mathrm{OSC1}} = \frac{1}{2\pi\sqrt{L_{\mathrm{lk}}C_{\mathrm{d}}}} \tag{2-1}$$

振荡 2：二次电流下降至零后，电源开关的漏源电压表现为另一个振荡。发生此振荡的电路由变压器 L_{p} 的等效主电感和漏源（或漏极到地）端子两端的电容 C_{d} 组成。此振荡的频率计算公式如式（2-2），可以看到，此时的振荡频率远低于第一个振荡，考虑到一般 $L_{\mathrm{p}} : L_{\mathrm{lk}} = 100 : X$（在一般的反激变换器中，$X$ 视变压器结构和功率大小，一般为 $X \leqslant 10$），这样可以知道第二个振荡频率只有第一个振荡频率的 1% ~ 10%。

$$f_{\mathrm{OSC2}} = \frac{1}{2\pi\sqrt{L_{\mathrm{p}}C_{\mathrm{d}}}} \tag{2-2}$$

关于 QR 的具体时序、谷底分析、频率控制等纯理论性分析，已有足够的现有出版资料可以参考，笔者的《开关电源工程化设计与实战——从样机到量产》一书中也详细介绍过，同时也给出了一般工程化的公式计算推导，请参考。

2.3　APFC +QR Flyback 拓扑的研发工程实例

同第 1 章类似，最终我们还需要用实例来加深印象并帮助理解，如原理图 2-16 为常见的一款 Boost APFC+QR Flyback 拓扑方案，这是日前中小功率适配器和 LED 驱动电源中最常用的电路拓扑之一。随着对电路集成度的提高，现在越来越多的芯片厂商将这两种功能集成在一个芯片中，即通常所说的组合芯片（Combo IC），高度集成的设计可以方便地使用较少的外部元件并设计出高性价比的电源。一般地，这种芯片其 PFC 控制器工作于 QR 模式（重载）、DCM 模式（较小功率）、突发工作模式（较小功率或轻载以及空载）。芯片内置的特殊节能功能能够在所有功率等级内实现很高的转换效率。在重载水平，反激变换器工作于 QR 模式；在中等功率大小，反激变换器会降低工作频率，即进行降频工作模式（FR），从而将峰值电流限制在一个可调节的最小值，这样可以保证避开变压器的音频噪声，同时也可以提高效率。在轻载低功率模式下，PFC 部分停止工作，以维持较高的效率。在所有工作模式下，芯片均采用了谷底开通的方式。

基于上述的特点和性能，我们从众多芯片控制器中进行了选择和对比，得到了如图 2-16 所示的经典的 APFC+QR Flyback 拓扑的电路原理图。

2.3.1　本项目主要指标

- 额定输入电压：AC 100 ~ 240V/50 ~ 60Hz，主要面对欧洲及亚太地区，可工作范围为 AC 90 ~ 264V；
- 额定输出电压：DC 20 ~ 33V，输出电流 4（1 ± 5%），标称输入功率 150W；
- 效率要求：230V 输入 33V 满载输出时，$\eta > 90\%$；

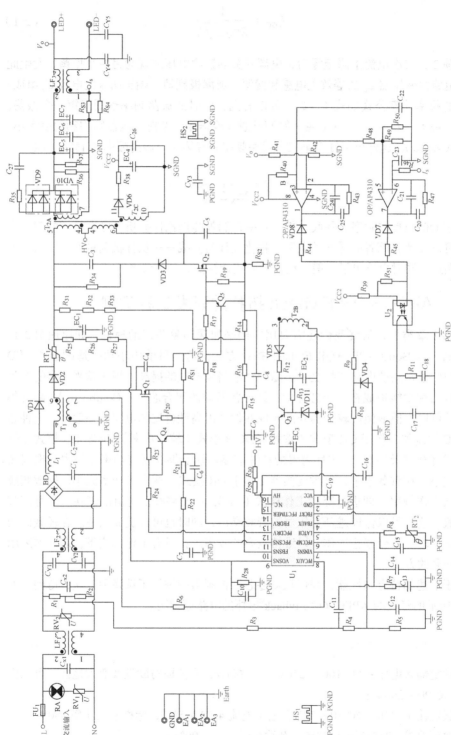

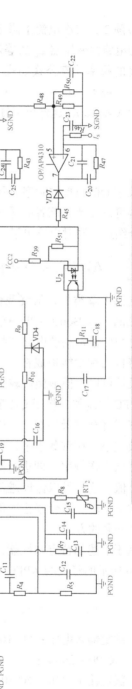

图 2-16　基于 Boost APFC+QR Flyback 拓扑的电路原理图

- PF 值要求：230V 输入 33V 满载输出时，PF > 0.95；
- THD 要求：230V 输入 33V 满载输出时，THD < 10%；
  - 230V 输入 20V 满载输出时，THD < 15%；
- 雷击要求：4kV 差模，6kV 共模组合波浪涌；
- 保护功能：输入欠电压、输出过电压、输出短路、输出过电流、过温等基本的保护功能；
- 认证要求：能满足 CCC、UL、CE 等主流认证要求。

关于此类产品的器件选型，请参考笔者的另一本书：《开关电源工程化设计与实战——从样机到量产》。

对于本书所涉及的适配器电源以及 LED 驱动电源，因为功率范围仍属于中小型功率范围区间，所以 PFC 前级和反激后级（或是 DC—DC 隔离降压后级）仍然占有很大的市场，从芯片工作方式上，一般分为如下几种：

- 定频 PFC+ 定频 Flyback
- 定频 PFC+DCM/CCM Flyback
- 变频 PFC+ 定频 Flyback
- 变频 PFC+ 变频 Flyback（QR PFC+QR Flyback）

诚然，并不是每个设计都需要变频工作，定频工作也有其优点，如变压器设计固定，不需要考虑多种模式下的变压器设计均衡问题。

市场在不断发展，当一个厂家提出创新性的产品后，很快就会有跟随者。PFC 和 PWM 单独功能的芯片之前就分别存在，将其组合的确是一种创新，这不仅会减少 PCB 所需要的尺寸和周边器件的使用，同时也为 PFC 和 PWM 信号的交互提供了可能。此种组合式芯片一般需要 14 个或以上的引脚，以满足基本性能和其他检测及保护功能。其缺陷仍在于物料的共用性上面，目前很少有直接 PIN 对 PIN（注：不同芯片引脚可以直接替换）的方案，这一是出于对知识产权的保护；二是为了保证芯片厂家自己在市场上的地位和份额。截止目前来说，仍然看到的是百花齐放，工程师的选择也很多，但从产品研发到批量生产制造过程中面临的问题仍是大同小异。

2.3.2　Mathcad 理论计算

我们有基本输入参数有：

$f_{PFC} = 40\text{kHz}$，$V_{out} = 33\text{V}$，$I_{out} = 4\text{A}$，$n_{out} = 0.9$，$A_e = 119\text{mm}^2$，$\Delta B = 0.28\text{mT}$，$P_{out} = V_{out}I_{out} = 132\text{W}$，$V_{acmin} = 90\text{V}$，$V_{acmax} = 264\text{V}$，$V_{outnom} = 400\text{V}$

最低电压输入时 PFC 的电感量：

$$L_{acmin} = \frac{V_{acmin}^2 \left(V_{outnom} - \sqrt{2}V_{acmin}\right)}{2f_{PFC}\dfrac{P_{out}}{\eta_{out}}V_{outnom}} = 473\mu\text{H} \qquad (2\text{-}3)$$

最高电压输入时 PFC 的电感量：

$$L_{\text{acmax}} = \frac{V_{\text{acmax}}^2 \left(V_{\text{outnom}} - \sqrt{2} V_{\text{acmax}} \right)}{2 f_{\text{PFC}} \dfrac{P_{\text{out}}}{\eta_{\text{out}}} V_{\text{outnom}}} = 454.5\mu\text{H} \tag{2-4}$$

选取 PFC 电感的电感量为 $L_{\text{PFC}} = 420\mu\text{H}$。

选取电感之后，最低输入和最高输入时候的频率为

$$f_{\text{acmin}} = \frac{V_{\text{acmin}}^2 \left(V_{\text{outnom}} - \sqrt{2} V_{\text{acmin}} \right)}{2 L_{\text{PFC}} \dfrac{P_{\text{out}}}{\eta_{\text{out}}} V_{\text{outnom}}} = 45\text{kHz} \tag{2-5}$$

$$f_{\text{acmax}} = \frac{V_{\text{acmin}}^2 \left(V_{\text{outnom}} - \sqrt{2} V_{\text{acmin}} \right)}{2 L_{\text{PFC}} \dfrac{P_{\text{out}}}{\eta_{\text{out}}} V_{\text{outnom}}} = 43.3\text{kHz} \tag{2-6}$$

特别说明：因为本方案的 PFC 为变频工作模式，所以此处说的频率为最大占空比时刻的频率，测试的时候触发点应该在 MOSFET 电流或者 PFC 电感电流的最大值处。

PFC 电感的电流峰值：

$$I_{\text{Lpk}} = \frac{2\sqrt{2} P_{\text{out}}}{\eta_{\text{out}} V_{\text{acmin}}} = 4.367\text{A} \tag{2-7}$$

PFC 电感的电流有效值：

$$I_{\text{Lrms}} = \frac{2 P_{\text{out}}}{\sqrt{3} \eta_{\text{out}} V_{\text{acmin}}} = 1.783\text{A} \tag{2-8}$$

PFC-MOSFET 的电流有效值：

$$I_{\text{mosrms}} = \frac{2}{\sqrt{3}} \frac{P_{\text{out}}}{\eta_{\text{out}} V_{\text{acmin}}} \sqrt{1 - \frac{\sqrt{2} \times 8 V_{\text{acmin}}}{3\pi V_{\text{outnom}}}} = 1.526\text{A} \tag{2-9}$$

PFC 电感的圈数计算：

$$N_{\text{PFC}} = \frac{I_{\text{Lpk}} L_{\text{PFC}}}{A_{\text{e}} \Delta B} = 55.042\text{T} \tag{2-10}$$

选 PFC 的圈数 $N_{\text{PFC}} = 58\text{T}$，选取完 PFC 电感圈数后，我们需要验证电感是否会磁饱和：

$$\Delta B = \frac{I_{\text{Lpk}} L_{\text{PFC}}}{A_{\text{e}} N_{\text{PFC}}} = 0.267\text{mT} \tag{2-11}$$

参考 TDK 的 PC40 材质，其 100℃时候的饱和磁通密度为 0.38mT，所以判定选取的圈数和感量在正常工作时可以符合设计要求。然而我们还需要验证在过电流保护点（OCP）时候的 ΔB 值，如果两个值同时能满足小于 0.38mT，则可以判定属于合理设计。

PFC 限流电阻的计算：

$$V_{\text{I\_lim}} = 0.495\text{V} \tag{2-12}$$

为保证在瞬间开机时刻不会导致误触发，此处保留 0.1V 的余量：

$$R_{\text{sense}} = \frac{V_{\text{I\_lim}} - 0.1\text{V}}{I_{\text{Lpk}}} = 0.09\Omega \tag{2-13}$$

选取值比以上计算值要小，所以我们可以选取 $R_{\text{sense}} = 0.082\,\Omega$，选取此限流电阻之后的最大峰值电流为

$$I_{\text{Lpk}} = \frac{V_{\text{I\_lim}}}{R_{\text{sense}}} = 6.04\text{A} \tag{2-14}$$

此时的饱和磁通密度为

$$\Delta B = \frac{I_{\text{Lpk}} L_{\text{PFC}}}{A_{\text{e}} N_{\text{PFC}}} = 0.367 \tag{2-15}$$

以上计算出来的两个 ΔB 值都满足小于 0.38T，所以可以先从理论上判定设计是合理的，可以进行 QR 部分的理论计算。

$f_{\text{QR}} = 65\text{kHz}$，$\eta_{\text{QR}} = 0.95$，$A_{\text{e}} = 170\text{mm}^2$，$\Delta B = 0.28\text{mT}$

$V_{\text{outmin}} = 360\text{V}$，$C_{\text{oss}} = 46\text{pF}$，$V_{\text{r}} = 50\text{V}$

上面我们已经选定了 650V 的 MOSFET，假设 QR 的尖峰电压为 $V_{\text{r}} = 50\text{V}$，所以反激变换器这边最大的匝比 $N_{\text{ps}} = 3.08$，我们选定的匝比必须比此数值小，取整 $N_{\text{ps}} = 3$，则 QR 部分的 V_{ds} 电压为

$$V_{\text{ds}} = V_{\text{outnom}} + N_{\text{ps}}(V_{\text{out}} + V_{\text{f}}) + V_{\text{r}} = 556.29\text{V} \tag{2-16}$$

峰值电流为

$$I_{\text{pkmax}} = \frac{2P_{\text{out}}}{\eta_{\text{QR}}} \left[\frac{1}{\sqrt{2}V_{\text{acmax}}} + \frac{1}{N_{\text{ps}}(V_{\text{out}} + V_{\text{f}})} \right] + \pi\sqrt{\frac{2P_{\text{out}}C_{\text{oss}}f_{\text{QR}}}{\eta_{\text{QR}}}} = 3.559\text{A} \tag{2-17}$$

有效值电流为

$$I_{\text{rms}} = I_{\text{pkmax}}\sqrt{\frac{D_{\max}}{3}} = 0.966\text{A} \qquad (2\text{-}18)$$

QR 变压器的感量为

$$L_{\text{P}} = \frac{2P_{\text{out}}}{I_{\text{pkmax}}^2 \eta_{\text{QR}} f_{\text{QR}}} = 337.5\mu\text{H} \qquad (2\text{-}19)$$

此 QR 控制为变频模式，为使假设频率和实际频率相差不大，或者说可以在我们设计范围内，可取 $L_{\text{P}} = 350\mu\text{H}$。设反激变换器的过电流点为 1.1 倍，则最大的峰值电流为

$$I_{\text{sat}} = \frac{I_{\text{pkmax}}}{0.9} = 3.96\text{A} \qquad (2\text{-}20)$$

计算变压器一次绕组匝数：

$$N_{\text{p}} = \frac{I_{\text{sat}} L_{\text{P}}}{A_{\text{e}} \Delta B} = 29.1\text{T} \xrightarrow{\text{取整}} N_{\text{p}} = 30\text{T} \qquad (2\text{-}21)$$

二次绕组匝数：

$$N_{\text{s}} = \frac{N_{\text{p}}}{N_{\text{ps}}} = 10\text{T} \qquad (2\text{-}22)$$

根据假设条件计算出感量和圈数之后，我们必须验证我们选取的值是否满足设计要求，正常工作情况下饱和磁通密度为

$$\Delta B = \frac{I_{\text{pkmax}} L_{\text{P}}}{N_{\text{p}} A_{\text{e}}} = 0.244\text{mT} \qquad (2\text{-}23)$$

过电流点处工作情况下饱和磁通密度为

$$\Delta B = \frac{I_{\text{sat}} L_{\text{P}}}{N_{\text{p}} A_{\text{e}}} = 0.271\text{mT} \qquad (2\text{-}24)$$

以上两个结果都小于 0.38mT，所以判定选取的匝数和感量在正常工作时可以符合设计要求，即可以判定属于合理设计。

总结：我们为了更好地保证产品的可靠性，饱和磁通密度的选取上我们选取的余量很大，主要考虑以下几点：

1. 系统实际工作的时候，磁心的温度在 100℃左右，或是更高；
2. 实际磁心的一致性偏差，不同的厂家一致性偏差不同；
3. 实际不同生产制造厂商对供应商物料管控的可行性。

考虑了以上几点后，我们慎重地选择了 0.28mT 以下作为比较合适的磁通密度。此方法适用于所有工厂，能很好地减少市场上由于参差不齐的品质问题造成的不良品。当然，有一定资质的公司，会很好地审核供应商系统，对供应商的品质管理有非常合理的管控手法，所以他们供应商给出的规格书会比较有参考意义，可根据供应商给出的磁心规格书选取更合理的饱和磁通密度。

2.3.3 电压环和电流环分析

相信工程师经常见到，对于 LED 驱动电源以及充电器、适配器电路拓扑输出端普遍存在恒流环和恒压环，有时也称之为限流环和限压环，这主要是因为当一个环达到额定值时，另一个环处于开环状态不起作用，或是饱和输出。最常用的恒压或是恒流设计环节，我们会采用常规的运放或是集成运放的专用芯片，由于体积需要，现在大家都选择集成运放和基准参考的专用芯片，这种一般称之为双运放基准控制器，现在也有很多常见的芯片，成本也不是很高，国产芯片也有许多类似的产品，主要是温度范围、输入电压范围，以及基准参考的区别。

如图 2-17 所示，这种控制器一般是恒压环加上恒流环，可以看到，I_{ctrl} 电流控制环一般的基准电压都会被降得比较低，这样让整个检测损耗会变得很低。而电压环的基准电压一般被设定为 2.5V/1.25V 或是其他标准值，这样和常规的并联稳压器 TL431/TL432 的基准电压类似。

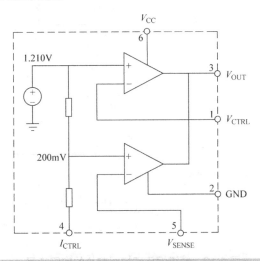

图 2-17　带基准的恒流环和恒压环的控制器内部框图

而回到我们的实际电路图中，现在消费型电子中我们常采用的是专用芯片来实现电路功能，主要是从 PCB 尺寸、器件复杂度上来考虑的，从而计算也变得较为简单了。图 2-18 为带基准的恒流环和恒压环控制器的典型应用，图 2-19 为恒流恒压环控制芯片的实际应用。

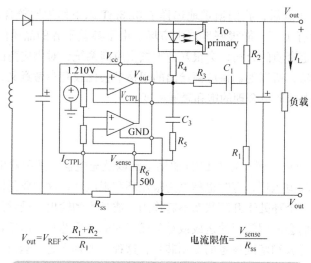

$$V_{out} = V_{REF} \times \frac{R_1 + R_2}{R_1}$$

$$电流限值 = \frac{V_{sense}}{R_{ss}}$$

图 2-18   带基准的恒流环和恒压环的控制器典型应用

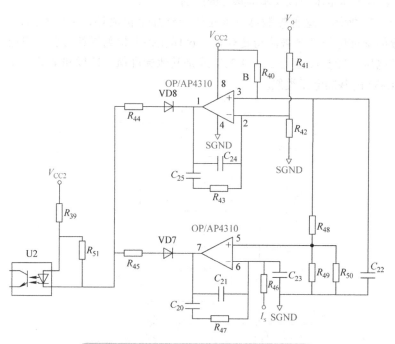

图 2-19   恒流恒压环控制芯片的实际应用

仍以一个实际例子来说明此电流环和电压环的控制过程，这里用 LM358 来解释的原因是便于将专用芯片内部展示出来，帮助读者从原理上掌握该控制过程。

如图 2-20 所示即为使用 LM358 双运算放大器以及并联稳压器（TL431）实现恒压恒流功能的充电器控制电路。

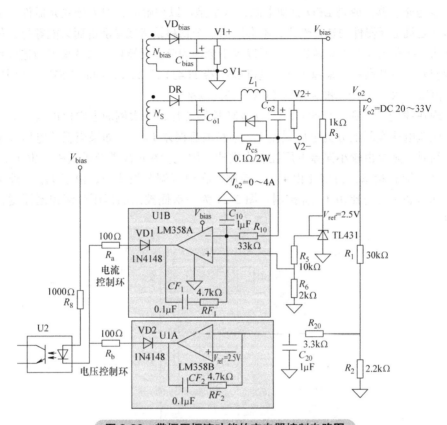

图 2-20　带恒压恒流功能的充电器控制电路图

恒定电压（CV）控制的 U1A 部分：输出电压由 R_1 和 R_2 决定，本例中为 DC 36.6V 输出，然后由运算放大器 LM358B 负向端与 2.5V 的基准值做比较。同时 R_3 作为偏置电阻给 TL431 提供了偏置电流，以保证 2.5V 基准电压的稳定。

恒定电流（CC）控制的 U1B 部分：采样电阻（R_{cs}）上的压降设置为小于 0.1V 以减少损耗，即 $V_{cs} = I_{o2}R_{cs}$。由于运算放大器的反相输入端几乎接地，R_5 和 R_6 分压决定恒流点的最大电流，即 $I_{o2max} = 2.5V \times R_6/(R_5 + R_6)$，本例中输出电源最大为 4A 左右。

小结：对于电压环和电流环进行计算分析的话，只需要抓住真正的参考地，以及电流检测位置，这样就很容易将两个环的支路分解出来。而且电流环的基准电压一般为几十 mV，电压环一般在 2.5V 或是其他相对来说较高的电压。运放左边的两个二极管 VD1 和 VD2 是用来隔离两个反馈环，防止相互影响。当输出电流小于恒流值时，U1B 一直输出较高的电平，也就是不起作用。这时，是 U1A 的恒压反馈起作用。当输出电流大于恒流值时，U1B 起反馈作用，输出电压会被负载拉低，这时，U1A 将不起反馈作用。

同时考虑到市场上还是有很多的工程师采用分立的运放和基准来实现此功能，这些可能是充电器，或是 LED 驱动电源，这个是可以理解的，因为分立元器件一个最大的好处就是元器件的选择性广，不会因为一个物料缺货或是涨价而只能等待；另一个方面此线路已经变得非常成熟，所以也不会因为分立元器件参数的偏差而造成系统性能变差。而基准一般来源于并联基准稳压器 TL431 的 2.5V，同时 2.5V 再分别处理作为恒流（CC）环的基准和恒压（CV）环的基准。

现在我们退回到常见的 CC/CV PWM 控制芯片，一次侧的占空比由误差电压控制，误差电压实际上分为电压误差 V_{COMV} 和电流误差 V_{COMI}，如果当误差电压处于二者之间时，则会由较小误差电压控制占空比。因此，在恒压调节模式中，由于 V_{COMI} 处于高值饱和状态，占空比由 V_{COMV} 控制。在恒流调节模式中，由于 V_{COMV} 处于高值饱和状态，占空比由 V_{COMI} 控制。图 2-21 为一次侧控制的恒压恒流控制器逻辑处理图。

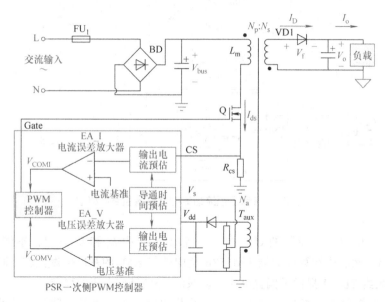

图 2-21　一次侧控制的恒压恒流控制器逻辑处理图（来源：安森美半导体）

2.3.4　不同工况下实测波形分析

一般的测试我们需要重点观察 MOSFET 的波形，以及磁性元件的波形，还有一些特殊工况下的波形，这其中包括瞬态和稳态的应力波形、时序波形，并对波形质量进行分析，进而评判整个电源的质量。不同输入电压下的 PFC 和 QR 反激 MOSFET 的 V_{gs} 电压波形如图 2-22 所示。

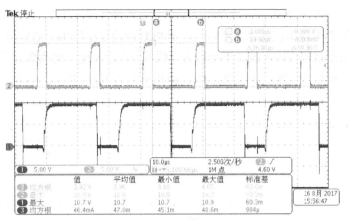

a) AC 90V输入，满载输出，PFC和QR反激MOSFET的驱动波形V_{gs}

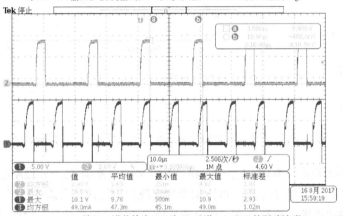

b) AC 220V输入，满载输出，PFC和QR反激MOSFET的驱动波形V_{gs}

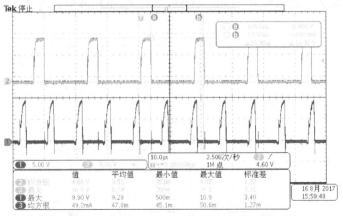

c) AC 264V输入，满载输出，PFC和QR反激MOSFET的驱动波形V_{gs}

图 2-22　不同输入电压下的 PFC 和 QR 反激 MOSFET 的 V_{gs} 电压波形

以上 3 张波形图，1 通道为 PFC MOSFET 的 V_{gs} 波形，2 通道为 QR MOSFET 的

V_{gs} 电压波形。从以上波形中可以看到，输出功率不变的情况下，随着 AC 输入电压的增加，PFC 的工作频率也随之增加，但由于 PFC 的输出电压为一稳定值，所以 QR 反激变换器的工作频率为固定值，不会因为不同的 AC 输入电压而改变。

AC 90V 输入，满载开机瞬间，PFC MOSFET 的 V_{ds} 电压波形和 I_{ds} 电流波形如图 2-23 所示。

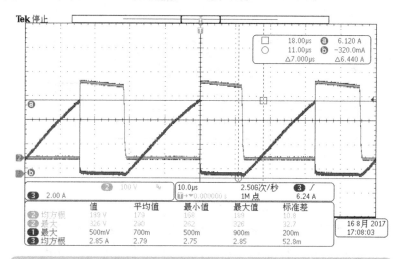

图 2-23　AC 90V 输入开机瞬间时 PFC MOSFET 上的电压和电流波形

对比上面的理论计算值，$I_{Lpk} = 6.04A$，跟此处的实测值 $I_{Lpk} = 6.12A$ 已经非常吻合，证明我们的理论计算结果正确，可以初步判定我们的设计是合理的。低压满载开机的波形可以反映出电源的极限特性，如出现波形多次振荡之类的话，说明设计有缺陷。

AC 90V 输入，满载稳态，PFC MOSFET 的 V_{ds} 电压波形和 I_{ds} 电流波形如图 2-24 所示。

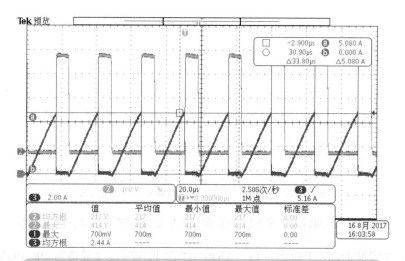

图 2-24　AC 90V 输入稳态时 PFC MOSFET 上的电压和电流波形

稳态为 PFC 电压最高点处测出的波形，以下均以此测试方法为准。从上图 2-24 可以看出，正常稳态下的峰值电流会比开机瞬间状态下要小很多，所以只要在开机瞬间能保证 PFC 电感的饱和磁通密度小于我们的设计值即可。

AC 264V 输入，满载开机瞬间以及满载稳态，PFC MOSFET 的 V_{ds} 电压波形和 I_{ds} 电流波形如图 2-25 所示。

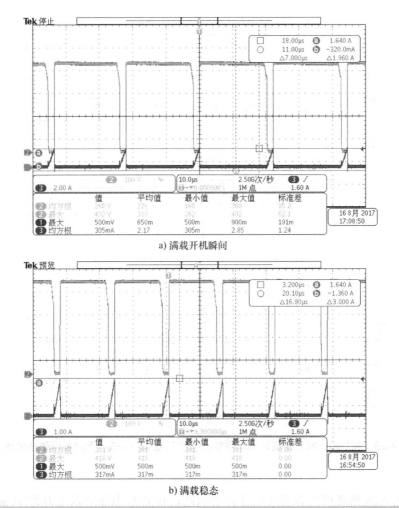

a) 满载开机瞬间

b) 满载稳态

图 2-25　AC 264V 输入开机瞬间和满载稳态时 PFC MOSFET 上的电压和电流波形

AC 90V 输入，满载开机瞬间以及满载稳态，QR 反激 MOSFET 的 V_{ds} 电压波形和 I_{ds} 电流波形如图 2-26 所示。

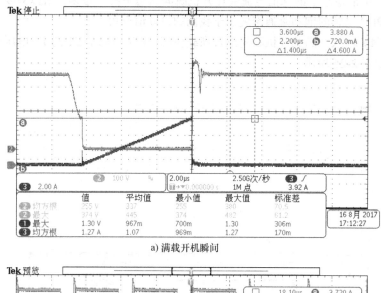

a) 满载开机瞬间

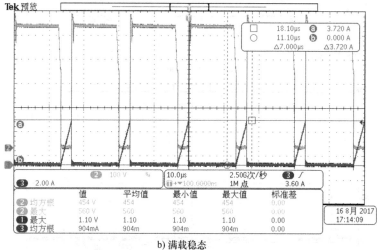

b) 满载稳态

图 2-26   AC 90V 输入开机瞬间和满载稳态时反激 MOSFET 上的电压和电流波形

从图 2-26 两张图可以看出，在启动瞬间，在 PFC 电压还没上升到额定值的时候，QR 这边已经开始了工作，所以在启动的时候峰值电流比稳态的时候大，但是增加有限。最大值与稳态值，均与我们上述的理论计算值偏差不大，可以初步判定设计合理。

AC 264V 输入，开机瞬间以及满载稳态，QR 反激 MOSFET 的 V_{ds} 电压波形和 I_{ds} 电流波形如图 2-27 所示。

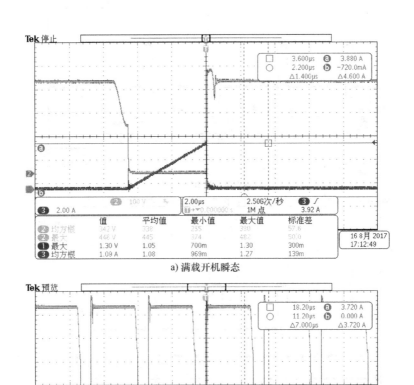

a) 满载开机瞬态

b) 满载稳态

图 2-27　AC 264V 输入开机瞬间和满载稳态时反激 MOSFET 上的电压和电流波形

以上两个波形与图 2-26 基本一致，证明高低压输入的情况下，PFC 的输出电压是稳定输出的。

下面我们进一步查看负载变化时对工作模式和波形的影响。

负载端电压为 20V/24V/28V/32V，QR 反激 MOSFET 的 V_{ds}、I_{ds} 和 V_{gs} 波形如图 2-28 所示。

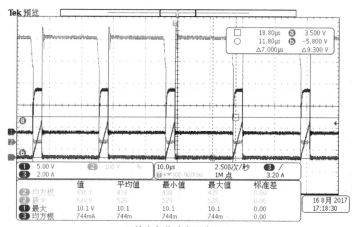

a) 输出负载端电压为20V

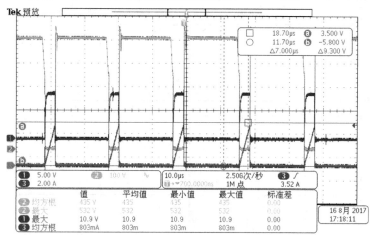

b) 输出负载端电压为24V

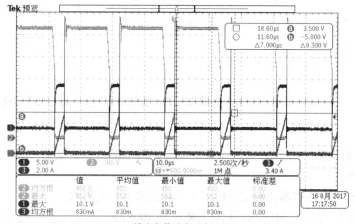

c) 输出负载端电压为28V

图 2-28 不同负载端电压下的反激 MOSFET 相关波形

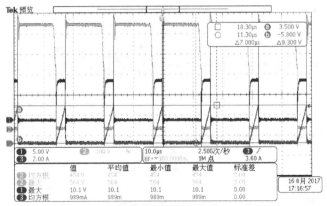

d) 输出负载端电压为32V

图 2-28　不同负载端电压下的反激 MOSFET 相关波形（续）

从图 2-28 的 4 张图中可以明显地看到，随着输出负载的增加，QR 反激 MOSFET 的峰值电流增加，V_{ds} 电压增加，频率也随之增加，同时此 QR 模式一直保持在第一个谷底开通，达到最小损耗的目的。

小结：通过比较合理的理论计算，再按照理论计算出来的结果去完成该产品。实测波形对比之下，理论计算和实际情况吻合程度非常高。可对比此例的设计手法，在下次进行 QR 模式的项目时，不会感到手足无措。

这里的难点是合理的假设：没有一定的实战经验，无法预先判定一些常见的问题。例如尖峰电压的假设，为何设为50V？为何不是10V或者是100V？或者是其他的数值。其实假设为50V，是因为可以通过设计的手法去实现我们认为可以得到的假设条件。

下面我们来看一些特殊情况下的波形，它们一般用来评估产品设计的可靠性。

AC 90V 输入，输出负载端电压为 21V /30V，启动波形（1 通道为输出电压波形，2 通道为输入电压波形，3 通道为输出电流波形）如图 2-29 所示。

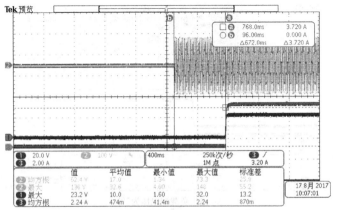

a) 输出负载端电压为21V

图 2-29　AC 90V 输入时不同负载端电压下的启动波形

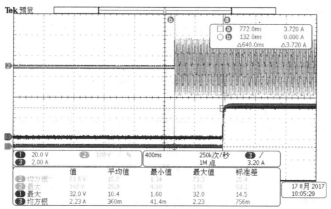

b) 输出负载端电压为30V

图 2-29 AC 90V 输入时不同负载端电压下的启动波形（续）

AC 220V 输入，输出负载端电压为 21V /30V，启动波形（1 通道为输出电压波形，2 通道为输入电压波形，3 通道为输出电流波形）如图 2-30 所示。

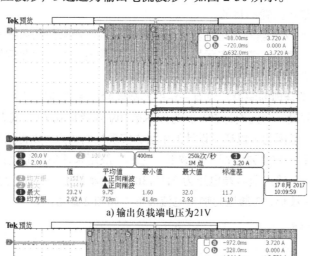

a) 输出负载端电压为21V

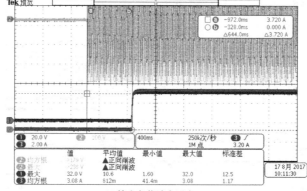

b) 输出负载端电压为30V

图 2-30 AC 220V 输入时不同负载端电压下的启动波形

AC 264V 输入，输出负载端电压为21V /30V，启动波形（1 通道为输出电压波形，2 通道为输入电压波形，3 通道为输出电流波形）如图 2-31 所示。

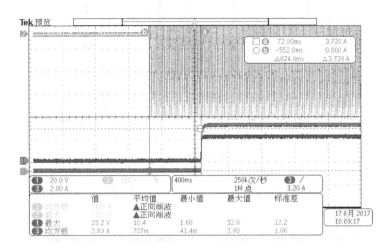

a) 输出负载端电压为21V

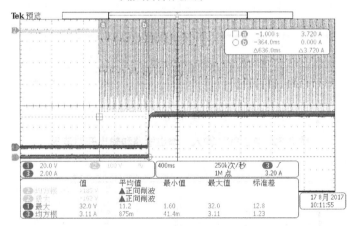

b) 输出负载端电压为30V

图 2-31　AC 264V 输入时不同负载端电压下的启动波形

AC 90V 输入，输出短路和输出开路波形（1 通道为 PFC MOSFET 的 V_{gs} 电压波形，2 通道为 QR MOSFET 的 V_{gs} 电压波形）如图 2-32 所示。

AC 220V 输入，输出短路和输出开路波形（1 通道为 PFC MOSFET 的 V_{gs} 电压波形，2 通道为 QR MOSFET 的 V_{gs} 电压波形）如图 2-33 所示。

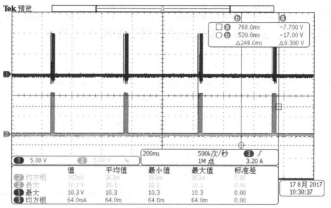

a) 输出短路

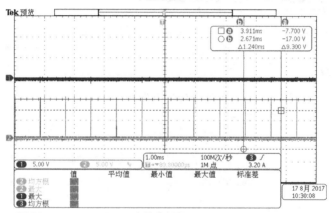

b) 输出开路

图 2-32　AC 90V 输入，输出短路和输出开路波形

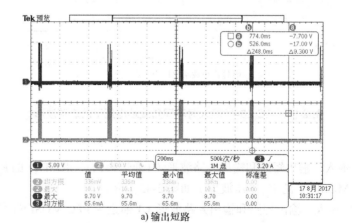

a) 输出短路

图 2-33　AC 220V 输入，输出短路和输出开路波形

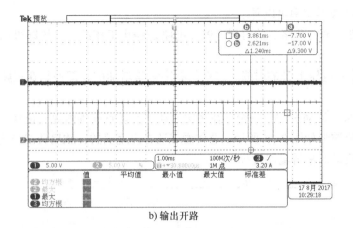

b) 输出开路

图 2-33 AC 220V 输入，输出短路和输出开路波形（续）

AC 264V 输入，输出短路和输出开路波形（1 通道为 PFC MOSFET 的 V_{gs} 电压波形，2 通道为 QR MOSFET 的 V_{gs} 电压波形）如图 2-34 所示。

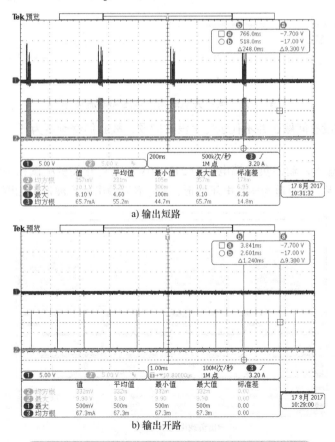

a) 输出短路

b) 输出开路

图 2-34 AC 264V 输入，输出短路和输出开路波形

从上面的波形图中可以看出：

1）空载（输出开路）的时候，PFC 电路是停止工作的，这样即可以实现超低的待机功耗；

2）当输入电压上升的时候，PFC 的频率都是增加的，即使是在短路的情况下也同样满足。

我们再来看启动过程，是否存在多次启动，启动打嗝等情况。正常上电，则得输出电压和电流波形如图 2-35 所示，总体看来还是挺完美的，软启动相当给力，充分体现了无重复启动的平滑输出过程。

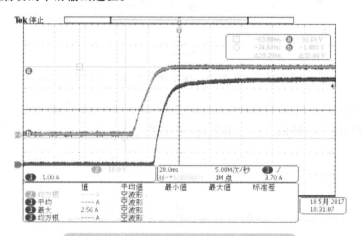

图 2-35　系统开机时输出电压和电流波形

单次启动没有问题，并不代表完全没有问题，故我们继续更为严苛的测试，重复开关机测试。

AC 90V 输入，输出负载端电压为 21V/30V，重复开关机测试相关波形（1 通道为输出电压波形，2 通道为输入电压波形，3 通道为输出电流波形）如图 2-36 所示。

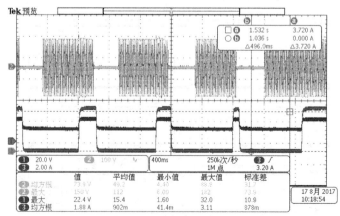

a）输出负载端电压为 21V

图 2-36　AC 90V 输入时不同负载下重复开关机测试相关波形

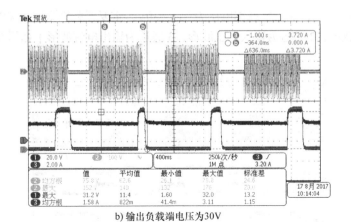

b) 输出负载端电压为30V

图 2-36 AC 90V 输入时不同负载下重复开关机测试相关波形（续）

AC 220V 输入，输出负载端电压为 21V /30V，重复开关机测试相关波形（1 通道为输出电压波形，2 通道为输入电压波形，3 通道为输出电流波形）如图 2-37 所示。

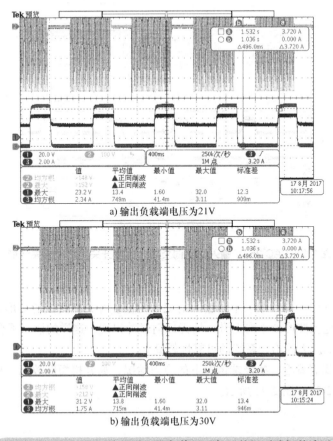

a) 输出负载端电压为21V

b) 输出负载端电压为30V

图 2-37 AC 220V 输入时不同负载下重复开关机测试相关波形

AC 264V 输入，输出负载端电压为 21V /30V，重复开关机测试相关波形（1 通道为输出电压波形，2 通道为输入电压波形，3 通道为输出电流波形）如图 2-38 所示。

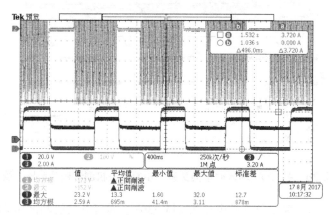

a) 输出负载端电压为21V

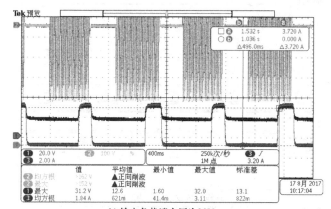

b) 输出负载端电压为30V

图 2-38　AC 264V 输入时不同负载下重复开关机测试相关波形

同样，这 6 张不同负载、不同输入情况下的重复开关机测试的波形，能明显地看到输出电压和电流波形的平滑上升，均无任何过冲出现。这样的话，不会对 MOSFET 产生过多过大的应力冲击，系统的可靠性较高。

进一步，我们看看一些极端情况下的应力情况，如开机短路故障、故障恢复等表现形为，如图 2-39 ~ 图 2-41 所示。

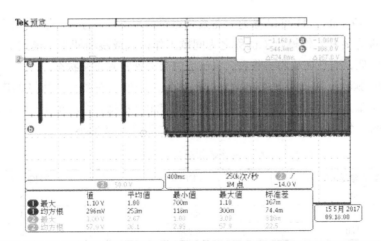

图 2-39 满载时短路后开机，再到恢复满载工作下，二次侧二极管波形

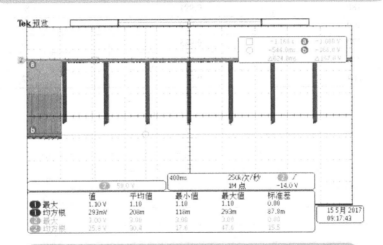

图 2-40 正常工作时，出现短路故障时，二次侧二极管波形

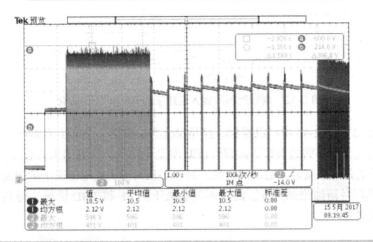

图 2-41 满载时短路后开机，再到恢复满载工作下，反激 MOSFET 上 V_{ds} 波形

从图 2-39～图 2-41 可以看到，在系统短路情况下，反激变换器会进入一种保护状态，表现为突发工作模式（也称之为间歇工作模式或跳周期工作模式），半导体的应力得到降低，而且在故障移除后，系统能够自动恢复到正常状态。

作为一款较宽输出功率的电源，我们比较关心的是在整个功率区间内的系统性能，先看下最大功率（33V/4A 满载）情况下的测试数据，系统的 PF 和 THD 见下表 2-12，满载时不同输入电压下的 PF 和 THD 变化如图 2-42 所示。

表 2-12　整机满载输入时的 PF 和 THD 变化情况

输入电压 /V	PF	THD（%）
90	0.996	7.5
100	0.996	7.4
120	0.996	7.2
150	0.994	7.6
180	0.991	8
200	0.989	8.2
220	0.985	8.6
240	0.981	9
264	0.975	9.2

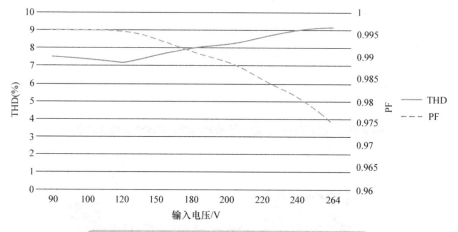

图 2-42　满载时不同输入电压下的 PF 和 THD 变化

从表 2-12 和图 2-42 中可以看到，这是很优秀的数据，全电压范围下 THD 仍然小于 10%，这完全能够满足电源适配器、LED 驱动电源目前所有的主流法规要求。但因为我们设计的是一个宽范围输出的电源，所以必须再考虑其他工况下的情况。

对电源再做精细测试，分别测试不同负载下的 PF 和 THD 情况，得到表 2-13 所示的真实数据。

表 2-13 各种工作条件下的 PF 和 THD 情况

输入电压 /V	输出电压 /V	PF	THD（%）
90	20	0.996	7.5
	25	0.996	7.6
	30	0.994	8.4
	33	0.995	9.5
110	20	0.995	7.9
	25	0.995	7.6
	30	0.996	7.3
	33	0.996	7.5
220	20	0.973	10.7
	25	0.98	9.4
	30	0.984	8.6
	33	0.986	8.3
264	20	0.955	12
	25	0.966	10.4
	30	0.973	9.5
	33	0.977	9

从表 2-13 中数据可以看到，全电压下，PF 和 THD 表现均良好，完全满足中小功率的相关标准要求。绘制如图 2-43 和图 2-44 所示的不同负载、不同输入电压下的 THD 和 PF 变化，能更清楚地说明情况。

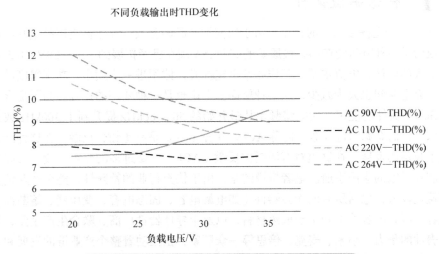

图 2-43 不同负载、不同输入电压下的 THD 变化

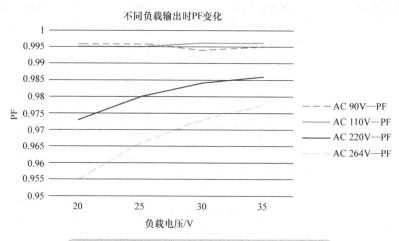

图 2-44　不同负载、不同输入电压下的 PF 变化

　　对于宽输出的电源来说，因为可能不同的应用场合所接的负载是不同的，例如，虽然此电源最大功率为 33V/4A/132W，但下游客户端可能用于 20V/4A/80W 的场合，这样的话，电源如果不能够在全范围（包括输入和输出）满足指标要求的话，很可能导致终端客户的某些条款达不到认证要求，一般体现在 PF/THD/EMC 条款上面。而通过表 2-13、图 2-43、图 2-44，本例所设计的宽范围输出电源能够具有优异的性能指标，在不同工作条件下各项目性能指标比较均衡，使得本电源可以用于不同的终端场合，适应性很广。

2.4　有源钳位拓扑

　　作为一个完备性知识的补充，由于快充类产品的普及，充电器类产品这几年迅速发展成为了一种特殊的产品，最原始的 5V/0.5A 现在已经扩展到了 5 ~ 20V、0.5 ~ 8A 或是更大的电压、电流水平。工作频率迅速提升，体积进一步缩小，功率密度进一步提升，充电时间也大为减少，从某种层面上来说也是一种效率的提升。为了配合氮化镓（GaN）器件的使用，大家将频率从最开始的 50 ~ 60kHz 提升到了 300kHz 或是更高的水平，而有源钳位反激（简称 ACF，快充中主要是有源钳位反激）在这种产品中得到了长足的发展。在这里对有源钳位反激（ACF）不做过多的介绍，读者可以参考相关芯片厂家的应用手册。笔者想说的是，由于快充行业的特殊性，整个产业链受到的颠覆比较大，包括所有的无源器件（如电解电容、固态电容、变压器、熔断器、安规电容、薄膜电容等）乃至于散热材料，以及半导体器件厂商、联合生产企业，如较具代表性的华为、小米、安克、倍思等一众厂家，正推动着整个产业链的发展和认证标准、测试标准等的前行。图 2-45 是小米 GaN 65W 快充充电器宣传的充电效率。

支持全系 iPhone
充电速度最高提升约 50%

小米 GaN 充电器 Type-C 65W 为 iPhone
11 充电时 *，充电速度比 5W 原装充电器
快了约 50%*。

约50%

1 h 50 min

图 2-45 小米 GaN 65W 快充充电器宣传的充电效率（来源：小米）

ACF 的显著优势是软开关，将常规充电器的反激式的漏感回馈，同时将频率提高以减小体积。其实 ACF 并不是一个新概念，在模块电源中早已得到使用，如下图 2-46 是简单的 QR 和 ACF 工作原理的一个对比分析。图 2-47 为 45W 快充适配器，采用不同拓扑、技术方案下效率和工作频率的对比。

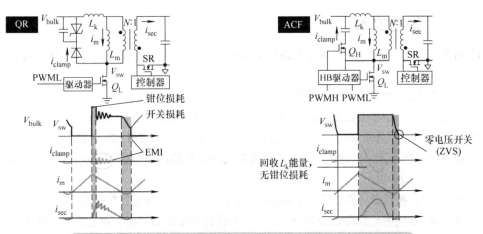

图 2-46 QR 与 ACF 工作原理对比（资料来源：TI，笔者整理）

不同技术方案	AC 90V效率和工作频率	AC 265V效率和工作频率
Si QR	92.12%，f_{sw}=237kHz	89.93%，f_{sw}=413kHz
Si ACF	93.12%，f_{sw}=206kHz	93.51%，f_{sw}=285kHz
GaN ACF	94.14%，f_{sw}=227kHz	94.63%，f_{sw}=295kHz

图 2-47 45W 快充适配器，采用不同拓扑、技术方案下效率和工作频率的对比
（资料来源：TI，笔者整理）

快充可以显著缩短充电时间，但面临的问题是器件增多，可靠性会进一步受到影响，这里简单地描述几个可能的问题：

1）现行快充的协议不同，充电曲线也略有不同，目前没有一个统一的充电协议来管控这些差异的情况，造成大家的充电器都想兼容更多的协议，而实际上的完备性测试不够；

2）EMC 问题，大家可能从最开始的共模干扰，知道了 EMC 问题的严重性，但目前从产品层面看来，生产厂商受成本因素影响，可能只测试了满载下的情况，这样在不同充电时的情况评估不够，这是一个盲区，许多生产厂商剑走偏锋，以合规为导向，从而省去了一部分 EMC 测试；

3）外壳温度的问题，实际上很多测试均在一个可控环境中进行，快充的大电流和小体积，在全速率大电流充电时整体发热还是相当严重的；

4）谐波电流和浪涌电流的问题，因为 75W 以下无 PF 和 THD 的要求，快充充电器目前很多是低功率因数设计，所以存在较大的电流谐波，同时由于体积限制，对于开机浪涌电流也缺少有效抑制，我们会在后续章节中继续分析。

2.5 参考文献

[1] 赵洋，郭恒，黎浩，等 . 关于有源功率因数校正（APFC）的研究 [J]. 天津理工大学学报，2011（3）: 14-17.

[2] 蒋天堂 . LED 的特性及驱动电源的发展趋势 [J]. 照明工程学报，2011（03）: 58-60.

[3] 许化民 . 单级功率因数校正技术 [D]. 南京：南京航空航天大学，2002.

[4] 赵辉，徐红波 . MOSFET 开关损耗分析 [J]. 电子设计工程，201（23）: 138-140.

[5] 钟升文，林干元，蓝建铜 . 准谐振模式在反激式转换器中的应用 [J]. 集成电路应用，2012（2）: 28-30.

[6] 杨旺 . 准谐振反激式原边反馈开关电源控制电路设计 [D]. 南京：东南大学，2016.

[7] 廉运河 . 准谐振反激式 LED 驱动电源研究与设计 [D]. 南京：南京理工大学，2014.

[8] 卢宇晨，潘峰 . 基于 TEA1750 的 110W 大功率 LED 驱动电源设计 [J]. 科技通报，2016（1）: 102-104，182.

[9] 黄智 . 一种中小功率准谐振式反激变换器的传导 EMI 建模与分析 [D]. 南京：东南大学，2016.

[10] 常晨 . 基于原边反馈的反激式恒压电源 EMI 特性分析与优化 [D]. 南京：东南大学，2015.

[11] 曹洪奎，陈之勃，孟丽囡 . SiC MOSFET 与 Si MOSFET 在开关电源中功率损耗的对比分析 [J]. 辽宁工业大学学报（自然科学版），2004（2）: 82-85.

[12] 张亮 . 单级 PFC 反激式 LED 驱动电路效率的分析与研究 [D]. 成都：电子科技大学，2014.

第 3 章

LLC 谐振半桥变换器工程化设计

3.1 谐振电路的起源

3.1.1 什么是谐振

谐振一词应用很广,从原始定义来看,是指一个系统中在特定的频率点处振荡从而产生或得到极高的幅值的一种物理现象。

从图 3-1 可以看到,当发生谐振时,电容和电感上的波形相位相反,二者抵消掉了,输入电压完全加在电阻上面,电容和电感串联支路呈短路状态。

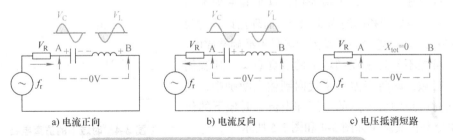

a) 电流正向   b) 电流反向   c) 电压抵消短路

图 3-1 RCL 串联谐振在谐振点时的电路等效状态

在谐振频域分析时,增益一般用 dB 表示,而不用倍数表示,这是因为 dB 表示的范围很宽,如果用倍数表示,数字会显得十分庞大,而对于频率相关的参数,一般用对数表示更符合大家的习惯。同时,用另一种频率的表达方式,即以归一化频率来描述,归一化频率即为工作频率与电路的基本谐振频率的比值,这样也能大大扩展频谱的表达范围。现在通过一个简单的仿真实例来观察谐振图 3-1 所示的谐振状态,RCL 串联谐振仿真电路图如图 3-2 所示,其仿真结果如图 3-3 所示。

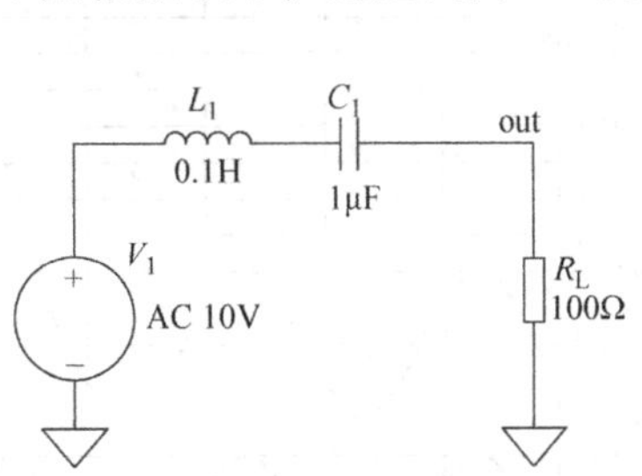

图 3-2 RCL 串联谐振仿真电路图

在这个例子中,通过对输入 AC 信号进行扫频分析,从直流变化到 100MHz,观察电路中电流和电压的变化情况，因为是串联谐振，我们可以比较方便地观察负载 R_L 上的电流和电压。具体仿真参数如下：$L_1 = 0.1\text{H}$，$C_1 = 1\mu\text{F}$，$R_L = 100\Omega$，交流输入为幅值为 10V 的正弦激励信号。

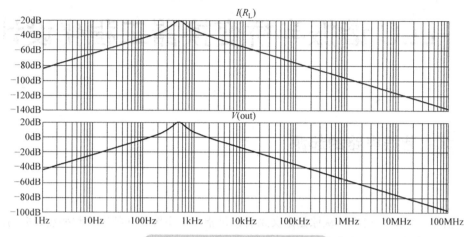

图 3-3　RCL 串联谐振仿真结果

从图 3-3 中可以看到，整个电路中的电流在全频率范围内有一个峰值，此时对应的负载电压上也出现了最大值，这个频率即为谐振频率，测量到频率约为 506Hz，而理论计算约为 503.3Hz，这个差异主要是因为测量不准确造成的。读者可能不好理解在频域下的数据意义，那我们回到时域，即将谐振频率代回到输入激励中，观察此时电路中各节点的电压和电流。时域下的仿真电路和仿真结果如图 3-4 和图 3-5 所示。

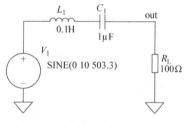

图 3-4　时域下的仿真电路

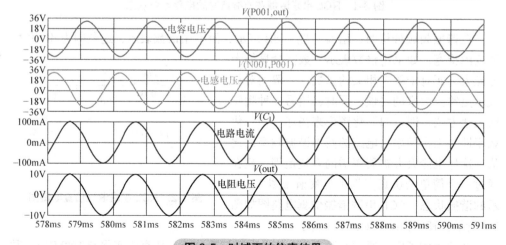

图 3-5　时域下的仿真结果

可以看到，人为地将谐振点频率代入激励信号，可以看到 RCL 串联谐振时电路形为：

1）电容电压和电感电压幅值相等，相位正好相反，二者叠加为 0。

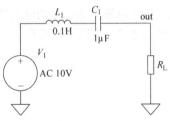

2）此时输出负载电压等于源电压。

3）此时电路中的电流最大，其值大小为源电压除以输出负载。

同样我们可以改变负载 R_L，观察输出电压和电路中电流的变化情况。我们采用图 3-6 所示的仿真电路，对负载电阻进行步进扫描仿真，其结果如图 3-7 所示。

图 3-6　对负载变化进行分析

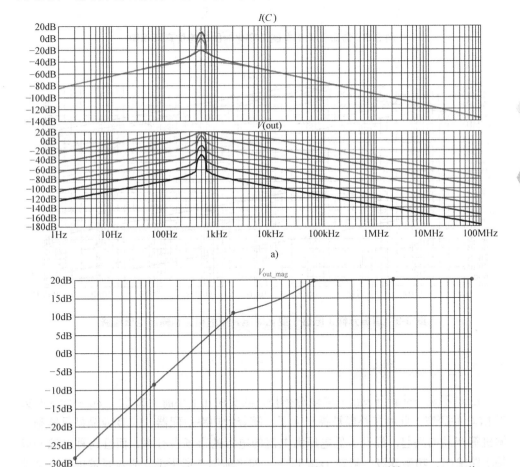

a)

b)

图 3-7　负载变化时电路中的电流及输出电压增益

从上面简单的例子中可以看到在一个固定的频率处（见图 3-7a），由于不同负载变化，输出电压的谐振峰值也在变化（见图 3-7b），谐振频率却只由参数 L/C 决定。

　　同时，我们固定负载，通过改变谐振电感 L_1，可以看到谐振频率发生了改变，谐振元件（电感）变化时的电路仿真原理图如图 3-8 所示，其变化时电路中的电流和输出电压增益如下图 3-9 所示。

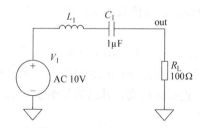

图 3-8　谐振元件（电感）变化时的电路仿真原理图

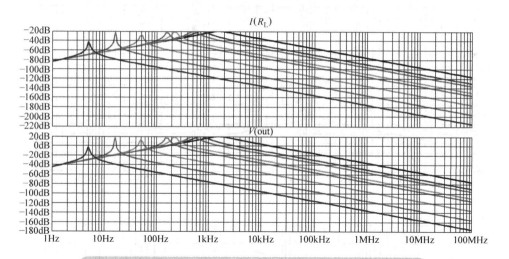

图 3-9　谐振元件（电感）变化时电路中的电流和输出电压增益

3.1.2　LLC 重新得到重视

　　LLC 不是一种新开发出来的电源拓扑，其实在几十年前（20 世纪 80 年代即有关于 LLC 的研究）此种拓扑即被提出来了。随着大功率适配器、LCD 液晶显示器和一体机等产品的兴起，提升了低电压大电流的电源的市场占有率，而且这种电源一般是单路输出，功率等级一般在 1kW 以下。如之前第 2 章所说，能效要求也是一个推动因素。所以 LLC 由于天然的 ZVS 以及 ZCS，无形中成为中小功率的优选拓扑。近年来 LED 照明的广泛兴起，LED 大功率电源绝大部分功率等级在 1kW 以下，如路灯、工矿灯、舞台灯、显示屏和探照灯等，这些单机式电源 / 灯具电源拓扑在选择时，

LLC 是不二选择，所以 LLC 在某种场合又实现了满血复活，这主要是因为：

1）在全负载范围内能实现 ZVS，且 MOSFET 的关断电流更小，关断损耗低；

2）二次侧取消了滤波电感，有效降低了整流器件的电压应力；

3）能够实现次二次侧整流二极管的 ZCS，消除了二极管的反向恢复过程，既提高了效率，又降低了电源的 EMI 干扰；

4）易于集成谐振电感与主变压器，节省设计空间；

5）可以设计成较大输入电压和负载变化范围；

6）对于电源设计者、芯片方案厂或电源生产商来说，采用 LLC 拓扑的电源在原始设计上可以实现一定功率段的延伸，如现在 40W 左右的电源就有使用 LLC 的方案，这样可以减少芯片品类，对于量产化和市场化的生产来说是至关重要的选择。

3.2　基本谐振拓扑比较

3.2.1　串联谐振变换器

串联谐振变换器（Series Resonant Converter，SRC）原理图如图 3-10 所示。

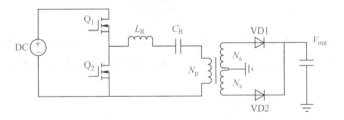

图 3-10　SRC 原理图

不难看出来，此谐振变换器有如下特点：

1）谐振网络（有时也称之为谐振腔，或谐振单元，或谐振槽）是与负载电阻串联在一起的；

2）谐振网络和负载形成分压网络；

3）串联谐振变换器空载运行时，输出电压不受控；

4）如果要实现 ZVS 运行的话，工作频率需要高于谐振频率；

5）输入电压越低，越接近谐振频率；

6）短路故障很好处理，开路故障比较复杂。

从图 3-11 可以看出，不同 Q 值的曲线簇都发生在谐振频率处，并且增益为 1。开关频率低于谐振频率时，谐振网络的阻抗呈容性，此时 MOSFET 能够实现 ZCS；开关频率高于谐振频率时，谐振网络的阻抗呈感性，对于 MOSFET 而言，要实现 ZVS，变换器就必须工作在高于谐振频率的情况下。SRC 的 Q 值、增益与归一化频率的关系见图 3-11。

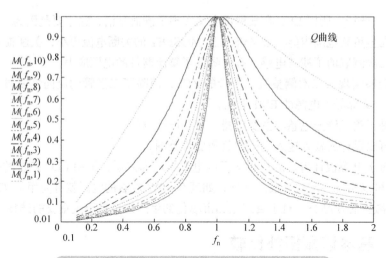

图 3-11　SRC 的 Q 值、增益与归一化频率的关系

谐振频率为

$$f_r = \frac{1}{2\pi\sqrt{L_r C_r}}$$

（3-1）

同时，为了保证轻载时仍然能够工作（维持与额定电压相近的水平），开关频率会升得很高，以此来实现输出电压的稳定。SRC 阻抗分析如图 3-12 所示。

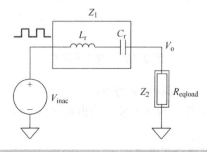

图 3-12　SRC 阻抗分析（仿真电路图）

我们稍做推导如下：

$$V_o = \frac{Z_2}{Z_1 + Z_2} V_{inac} = \frac{1}{\frac{Z_1}{Z_2} + 1} V_{inac}$$

（3-2）

可以看到，负载短路时，输出也为零，此拓扑天然具有短路保护功能。

当负载开路时，V_o 会接近于电源电压，而此时如果要维持输出电压不变的话，我们对上式（3-2）稍做变换得到：

$$Z \equiv \frac{Z_1}{Z_2} = \frac{\dfrac{1}{\mathrm{j}\omega C_\mathrm{r}} + \mathrm{j}\omega L_\mathrm{r}}{R_{\mathrm{eqload}}} = \frac{\dfrac{1}{2\mathrm{j}fC_\mathrm{r}} + 2\mathrm{j}fL_\mathrm{r}}{R_{\mathrm{eqload}}} \qquad (3\text{-}3)$$

可以看到，如果要维持输出电压不变，即网络阻抗比 Z_1/Z_2 为定值，考虑到正常工作时，工作频率是高于谐振频率点的，整个系统呈感性，所以如果负载开路时，工作频率必须提升到足够高的情况才能维持 V_o 输出电压的恒定。但实际上，系统工作频率由于寄生参数和集成芯片的限制，一般不允许无限制地提频，对于串联谐振变换器，这是它固有的缺陷，所以在轻载场合以及负载开路时需要加入额外的控制电路。

再看输入电压对其的影响，输入电压越低，越接近于谐振频率；而输入电压越高，工作频率越高，随着频率升高，谐振腔的阻抗也增加，由于谐振腔是不参与功率转换的，如果其阻抗很高的话，则谐振腔里的能量更高，这部分能量纯粹在做环流交换（环流交换的能量定义为返回到输入端的能量），这增加了 MOSFET 的电流应力，损耗增大，所以效率不高。

综合来看，SRC 作为降压型拓扑是合适的，但是主要问题有以下两方面：

1）轻载调整率难于控制；

2）输入电压高时损耗过大，牺牲效率。

3.2.2 并联谐振变换器

并联谐振变换器（Parallel Resonant Converter，PRC）的原理图如图 3-13 所示。

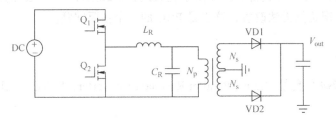

图 3-13 PRC 原理图

同样，其基本特点有：

1）负载与谐振电容并联；

2）负载可以是空载；

3）要实现 ZVS 的话，工作频率需要高于谐振频率；

4）输入电压越低，越接近谐振频率；

5）同样存在高的环流电流，损耗高；

6）与 SCR 一样，天然存在短路保护功能。

由图 3-14 可以看到，此谐振变换器实际上是一个 LC 谐振腔，同时负载并联在谐振电容上，分析过程类似，只不过此谐振变换器能够工作于空载场合。

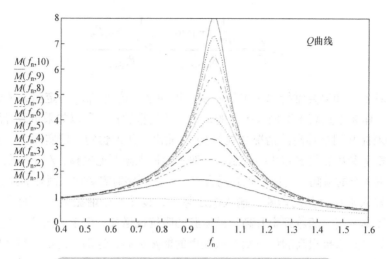

图 3-14 PRC 的 Q 值、增益与归一化频率的关系

综合来看：

1）和 SRC 类似，工作频率仍然是要高于谐振频率以实现 ZVS；

2）与 SRC 相比，其工作区间变得更小，但是轻载时，其频率变化度没有 SRC 大，所以 PRC 在轻载时不需要花费太大的精力来控制输出电压，从而轻载时的负载调整率问题在此结构中消失；

3）PRC 的等效输入阻抗较小，从而导致了一次电流较大，MOSFET 的导通损耗和关断损耗比 SRC 要大得多。即便是轻载或者空载条件下，PRC 的输入阻抗依然很小，这种情况仍然无法改善，这也是 PRC 的一个主要问题。

3.2.3 串并联谐振变换器

串并联谐振变换器（Series Parallel Resonant Converter，SPRC）原理图如图 3-15 所示。

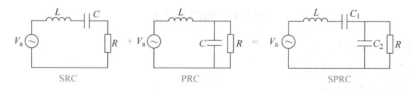

图 3-15 SPRC 原理图

既然 SRC 和 PRC 均存在或多或少的问题，那么自然地想到，如果能集合这两个变换器的优点，是否就可以实现最佳的电路性能？

如图 3-15 所示，将负载与谐振腔串联，以减少关断电流环流能量（在高电压输入时），同时再加入一个并联谐振电容，以实现轻载时的负载调整率（这不需要大范围改变工作频率）。

可以看到，SPRC 有两个谐振频率，但是同样的工作频率需要大于谐振频率才能实现 ZVS。但不巧的是，在这两个谐振频率之间是 ZCS 工作区间，如图 3-16 所示，这也不是我们期望的。

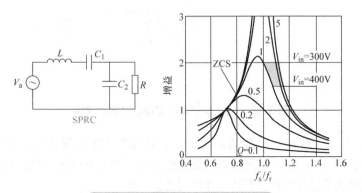

图 3-16　SPRC 的两个谐振频率

可见，虽然简单地集合了 SRC 和 PRC 的一般优点，但是仍然无法解决大范围输入下的环流电流大的问题。在高电压输入情况下，导通损耗和开关损耗增加，以至于其开关损耗（在高电压输入时开关频率升高，开关损耗增加）和常规的 PWM 变换器（在高电压输入时）并无差别。

所以通过上述分析，SRC、PRC 和 SPRC 这三种结构均不能解决高电压输入时的损耗问题，宽范围下频率升高，从而导致的高导通损耗和开关损耗是三者的致命缺陷。高频化和高效率是我们设计谐振式电源时都要追求的目标。所以，有必要再重新审视其他衍生拓扑结构。

3.2.4　从 LCC 到 LLC

为了让在工作时全程均为 ZVS 模式，我们试图将 SPRC（LCC）中的谐振电容用一电感代替，即得到了 LLC——本章所讨论的正题，如图 3-17 所示。LLC 半桥谐振变换器经典原理图如图 3-18 所示。

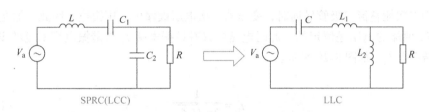

图 3-17　LCC 到 LLC 变换的原理图

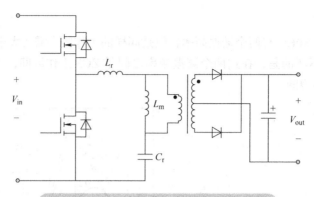

图 3-18　LLC 半桥谐振变换器经典原理图

在 SRC 中，只有在 $f_s > f_{r1}$ 的情况下，MOSFET 才能实现 ZVS；而在 LLC 中，工作在 $f_s \geqslant f_{r1}$ 和 $f_{r1} > f_s > f_{r2}$ 区域内均能实现 ZVS。并且在谐振点处，从空载到负载过程中，频率几乎没有变化。具体工作区间见图 3-19。

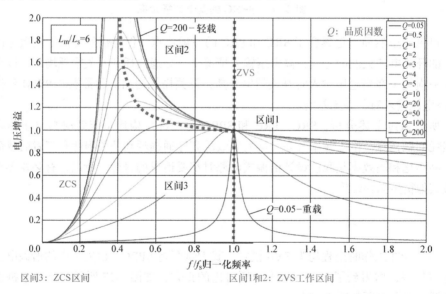

区间3：ZCS区间　　　　　　　　　　　　区间1和2：ZVS工作区间

图 3-19　LLC 的三个工作区间（来源：安森美半导体）

当二次侧整流二极管导通时，变压器一次电压被输出电压钳位，因此，加在励磁电感 L_m 两端的电压是恒定的。此时电路中只有谐振电感 L_r 与谐振电容 C_r 参与谐振，此为谐振点 f_{r1}，如图 3-20 所示。

$$f_{r1} = \frac{1}{2\pi\sqrt{L_r C_r}} \tag{3-4}$$

当二次侧整流管都处于关断状态时，变压器一次电压不再被钳位，因此 L_m 将与

L_r 串联参与谐振过程，此为谐振点 f_{r2}，如图 3-21 所示。

$$f_{r2} = \frac{1}{2\pi\sqrt{(L_r+L_m)C_r}}$$ （3-5）

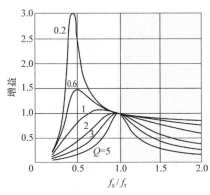

图 3-20　LLC 谐振点 f_{r1}

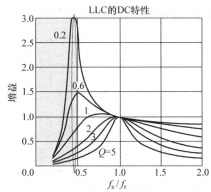

图 3-21　LLC 谐振点 f_{r2}

而在这两个频率之间的工作区间，则是 SRC 与 PRC 的混合情况。SRC 与 PRC 共同存在的情况如图 3-22 所示。

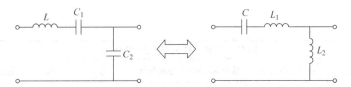

图 3-22　SRC 与 PRC 共同存在

实际上，如本章开头所说的，LLC 结构出现的时间比较早，但是由于缺少对其特性的理解，它一般作为串联谐振与无源负载使用，这就是意味着系统设计时工作频率是高于谐振频率点的（通过 L_r 和 C_r 谐振腔决定）。而工作于此区时，LLC 和 SRC 很相似。所以 LLC 的主要优势是轻载时较窄范围的频率变化，以至于空载时都可以实现 ZVS。

既然说到了直流增益特性，所以 LLC 的直流分析是至关重要的，本章也会从现有的理论和参考资料出发，对 LLC 的直流增益进行分析。

虽然前面大谈 LLC 的各种优点，但我们必须清楚地认识到事物总是有两面性的。

首先，LLC 谐振腔元件参数计算比较复杂，难以用简单明了的公式直接算出比较准确的参数；其次，若用集成变压器来设计的话，集成变压器的漏感是用来充当谐振电感的角色，其漏感在批量生产的时候会比较难控制，会造成谐振频率跟理论设计值偏差较大；若用分立式电感，则需要把主变压器的漏感也考虑进去。此外，LLC 采用的是 PFM 控制方式，会导致空载时一次电流过大，空耗增加；最后，LLC 的动态响应慢，短路保护和开机时刻电流应力比较大。

3.2.5　LLC 架构的选择

LLC 不仅仅是可以用于半桥，一样可以用于全桥，如图 3-23 所示。采用半桥和全桥时，功率器件及损耗对比见表 3-1。

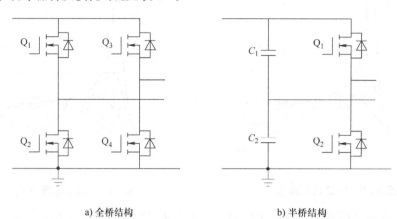

a) 全桥结构　　　　　　　　　　b) 半桥结构

图 3-23　LLC 谐振电路可以用于全桥或是半桥电路中

表 3-1　LLC 一次侧采用半桥和全桥功率器件及损耗对比

LLC 一次侧半桥相对于全桥的对比						
I_{RMS}	I_{RMS}^2	MOSFET 个数	总的 MOSFET 导通损耗	N_P	R_{Pri}	变压器一次侧铜损
×2	×4	÷2	×2	÷2	÷2	×2

注：假设用的是相同的 MOSFET 和变压器。

全桥和半桥作为前级，如下是一个简单的对比（当然是基于同样的设计要求和同样的功率元器件来比较）：

· 半桥上的电流是全桥电流的 2 倍，但由于半桥上用的 MOSFET 个数是全桥的 1/2，电流加倍，损耗是二次方关系变成 4 倍，总体看来 MOSFET 的导通损耗是全桥的 2 倍；

· 而对于磁性元件（变压器）而言，半桥相对于全桥，只需要一半一次绕组的匝数即可以满足相同的电压增益和磁通摆幅，因此一次绕组的阻抗减半，铜损却仍然还是全桥的 2 倍，因为一次电流仍然是二次方关系，所以总体来说铜损仍然是全桥的 2 倍；

· 那很明显了，在大功率场合，一次电流也较大，导通损耗占主导的时候，半桥电路已经不太适合了，需要用全桥电路，因为采用半桥电路，一次侧 MOSFET 的电流应力大，变压器绕组的线径需要增加很多，成本、体积均不占优势。

在本书中，我们关注只半桥结构。

同样地，我们可以推广到输出级，输出级采用全波整流或是桥式整流的电路如图 3-24 所示，其采用的器件和损耗对比见表 3-2。

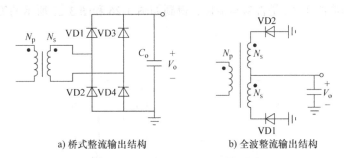

a) 桥式整流输出结构   b) 全波整流输出结构

图 3-24　输出级可以采用全波整流或是桥式整流电路

表 3-2　输出采用全波整流和桥式整流的器件和损耗对比

LLC 输出级采用全波整流和桥式整流的对比						
二极管耐压等级	二极管数量	二极管导通损耗	二次绕组数量	单个绕组的阻抗 R_{sec}	单个绕组的 I_{rms}	变压器二次侧铜损
×2	÷2	÷2	×2	× $\sqrt{0.5}$	×2	×2

注：假设用二极管具有相同的正向压降，且用的是相同的变压器。

• 全波整流对输出二极管的选择更为严格，其耐压是桥式整流的 2 倍，但是全波只需要 2 只二极管，桥式整流需要 4 只，因为每只二极管中通过的平均电流是一样的，所以相对于桥式整流，全波整流的二极管总的导通损耗只是桥式整流的 1/2；

• 全波整流需要 2 个 1∶1 的二次绕组，因此变压器直流阻抗和桥式整流相比，为 2 倍。对于损耗，则需要仔细分析才能得到，全波整流每一个变压器绕组的电流为桥式整流电流的 $\sqrt{0.5}$ 倍，故实际总的铜损耗仍为桥式整流的 2 倍；

• 实际上，在高电压输出应用场合，全桥整流的优势还是十分明显的，因为整流二极管的耐压可以选择稍微低点。但是在低电压大电流场合，全波整流更常用，因为其总的损耗（二极管损耗）要小于桥式整流，而且可以采用同步整流进一步减少此损耗。而对于变压器绕组损耗，大电流的绕组一般采用绝缘扁铜线绕制，这也使其损耗也大为降低。

注：以上对比分析可以参见英飞凌的相关应用设计资料。

3.3 LLC 现有的分析方法及不足

3.3.1　两个谐振频率的由来

如图 3-25 所示，LLC 是一个串并联多谐振网络简化电路，R_{ac} 是等效到一次侧的负载阻抗。考虑极限情况，系统存在两个操作模式，一个是 $R_{ac} = 0$（负载短路），这意味着励磁电感被短路从而不起作用；另一个极限模式是 $R_{ac} = \infty$（负载开路），即 R_{ac} 与谐振电路断开，此时即是变压器停止向输出传递能量。简单来看即为是一个等效的分压网络，即取决于 L_m 是否参与谐振，得到如图 3-26 和图 3-27 所示的等效图。

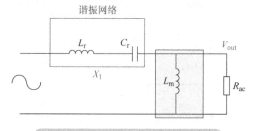

图 3-25　LLC 变换器简化等效图

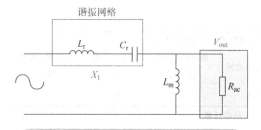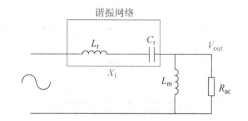

图 3-26　LLC 变换器简化等效图 -
模式 1（R_{ac}=0）

图 3-27　LLC 变换器简化等效图 -
模式 2（R_{ac}= ∞）

$R_{ac} = 0$，负载短路，励磁电感 L_m 被短路，不参与谐振，并联部分短路，只存在串联部分。故此时串联谐振的谐振频率为式（3-6）所示，这也是系统的最大谐振频率。

$$f_{r1} = \frac{1}{2\pi\sqrt{L_r C_r}} \tag{3-6}$$

$R_{ac} = \infty$，此时为空载（或轻载），励磁电感 L_m 与谐振电感 L_r 参与到谐振，故整个谐振网络的谐振频率如式（3-7）所示，这也是系统工作的最小谐振频率。

$$f_{r2} = \frac{1}{2\pi\sqrt{(L_r + L_m)C_r}} \tag{3-7}$$

R_{ac} 处于 [0，∞) 时，频率位于 $f_{r1} \sim f_{r2}$，LLC 是在进行调节工作，即通过频率来控制输出电压，这是和常规的 PWM 变换器最大的区别。

3.3.2　通俗易懂介绍 FHA

基波近似（First Harmonic Approximation，FHA），也称之为一次谐波近似分析法。该分析法可极大地简化系统的模型，将系统模型线性化，然后可用经典的交流电路补偿分析方法对系统进行分析。这个方法最初的完整出处来自于 Robert L. Steigerwald 以及 Duerbaum Thomas 等在 1988～1997 年发表的关于谐振拓扑的分析论文。前辈们详细推导了增益公式、品质因数，以及 LLC 的 FHA 分析方法，并同时对 FHA 方法的应用给出了限制条件，它指出，LLC 是一个 4 自由度制约的模型，即品质因数、谐振频率、电感比和变压器匝数比，具体理论细节请读者参考这方面的几篇奠基性文章，列出在参考文献中。

至于其他资料，可以在各大芯片厂商官网查询到相关信息。

我们用图 3-28 来简单说明一下 FHA 的简洁性。

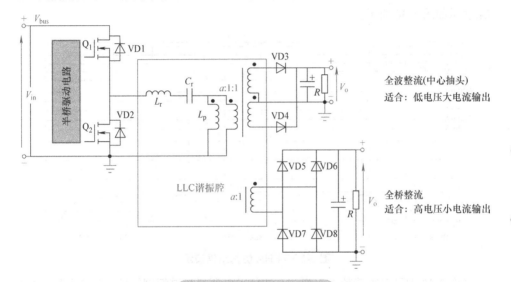

图 3-28　LLC 半桥示意图

由于上下 MOSFET 开通各占 50%，LLC 半桥中点的电压 $V_{sw}(t)$ 类似对称的方波，可以看成无数个高次正弦谐波叠加而成，可用傅里叶变换表示为

$$V_{sw}(t) = \frac{V_{in}}{2} + \frac{2}{\pi}V_{in}\sum_{n=1,3,5,...}\frac{1}{n}\sin(2n\pi f_{sw}t) \tag{3-8}$$

从式（3-8）可以看出，由于基波分量占比最大，故为了工程的简化设计，我们通常认为一次谐波上承担的能量即为整个方波的近似能量，这即是基波近似法的由来。可以看到，由于 LC 谐振网络的存在，高次谐波通过能力变低，LC 谐振网络可以看成是一个低通滤波器或是一个带通滤波器，只能通过较低次数的奇次谐波，将其他高频分量滤掉而不进入负载。LC 谐振网络有时也被称之为谐振网络、谐振腔、谐振单元和谐振槽。

我们再次利用一个仿真例子来说明，使读者更容易理解谐振单元是如何将方波信号转换为正弦信号，从而实际软开关的。借用图 3-25 所示的简化等效图，我们赋予参数值，得到图 3-29 所示的简单仿真电路。

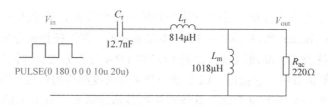

图 3-29　FHA 仿真示意图

在这里，我们用 V_1 的高频方波进行驱动 C_r、L_r、L_m 构成的谐振网络，同时负载 R_{ac} 模拟为等效交流负载，我们观察谐振电感电流和负载 R_{ac} 上的电压情况，FHA 仿真结果演示如图 3-30 所示。

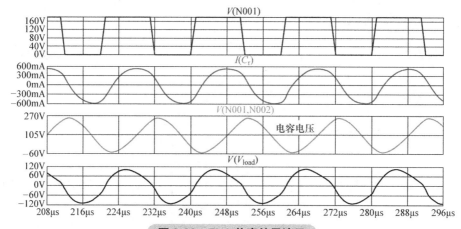

图 3-30　FHA 仿真结果演示

从图 3-30 中可以很清楚地看到，方波信号电压经过谐振网络后，负载上呈现的是正弦电压，电路中的电流也变为了正弦，这说明式（3-8）中所示的基波分量传递到了负载上，而高次谐波被"过滤"掉了。为了更直观地认识到谐振网络的基波传递功能，我们将输入电压的方波进行了快速傅里叶分解（Fast Fourier Transformation，FFT），为了更好地进行对比，同时也对输出电压进行快速傅里叶分解，如图 3-31 所示。

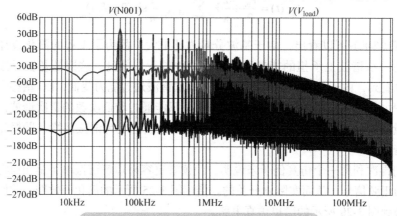

图 3-31　输入电压和输出电压的 FFT 结果

从图 3-31 中可以看到，输入电压的基波分量幅值和输出电压重合，而其他高次谐波分量都有不同程度的衰减，这说明谐振网络是起作用了，并与预期的一致。但我们也要看到，由于其他高次谐波的能量被衰减，并不是所有的能量都被 FHA 分析法包含进来，所以这种工程近似方法一定存在误差。

3.3.3　现存各种各样的 LLC 设计参考资料

绝大多数工程师入手 LLC 设计，都是从主流芯片厂家给的资料开始。随着近年来论坛、自媒体及各种线上线下培训等的展开，网络上也流传着许多经验丰富的工程师的计算指南，但在国内影响力最大的要数美国弗吉尼亚理工大学（官方缩写为 Virginia Tech）电力电子系统工程研究中心李泽元教授的弟子——杨波于 2003 年发表的博士毕业论文《Topology Investigation of Front End DC/DC Power Conversion for Distributed Power System》，现在仍然可以在其官方网站上下载得到。翻译成中文标题为《分布式电力系统前级 DC-DC 变换器拓扑研究》，其中详细研究和分析了谐振式变换器的拓扑理论，更有几个章节专门论述了 LLC 拓扑，由于其通俗易懂的讲解，再加上整个论文都被翻译成中文，故在工程师心目中有很高的地位。

LLC 的谐振状态工作过程分析是一个复杂而且需要很细心的过程，初接触此拓扑的研发人员可以说是对此相当困扰，因为现在市面上所有的书籍和应用资料中，对于 LLC 的谐振工作过程的分析都是比较复杂的，诚然，LLC 本身的工作状态是多变而且时序相关性很强的，不同的时序情况下存在不同的状态过程。MOSFET 的开关情况，谐振单元中电压、电流流动方向，寄生参数在过程中的作用，换流过程以及死区状态等。由于存在上下两个功率 MOSFET，以及寄生电容、寄生体二极管等参与工作，这些都是初入门的工程师不曾碰到的问题。目前 ST/ 仙童 /ON/ TI/ 英飞凌 /NXP 等的一些资料或者一些学位论文对各个状态有一定的理论分析，但这些都成为了拦路虎，理论状态分析是大多数电源设计人员都头痛的一个问题。而从工程行业来讲，在各大电源相关论坛上也有一些有经验的工程师分享和贡献了他们的思路，所以在本书中对其各种时序不做深入分析。

值得注意的一点是：不同厂家在给出 LLC 设计指导时，有些参数的定义并不具有统一性，对于品质因数、增益、电感比等的原始定义需要看清楚，防止出现交叉验证时对应不上的情况。

3.3.4　FHA 的缺陷和误差

作为一种谐振式变换电源，其分析方法不同于常规的 PWM 控制方式，所以其分析方法也较为复杂。目前市面上对于 LLC（谐振变换器）的分析方法，基本上都停留在近似的方法，当然这对于工程化设计而言是足够的，若想从理论高度精确建模分析，此近似方法会存在一定的误差，如我们看到的图 3-31 所示，高次谐波的能量被忽略掉了，这样的话，如果电路中的电流离标准正弦越远时，误差也就越大。当前鲜有资料谈及 FHA 的误差，因为这涉及大量的实验和验证，再加上受器件的容差影响很大，故大家研究极少，笔者从众多资料中找到如下一些关于 FHA 误差的资料。

1）杨波的博士论文章节附录 B 中给出了 FHA 分析方法和仿真分析方法的误差对比如图 3-32 所示，FHA 方法的误差如图 3-33 所示。

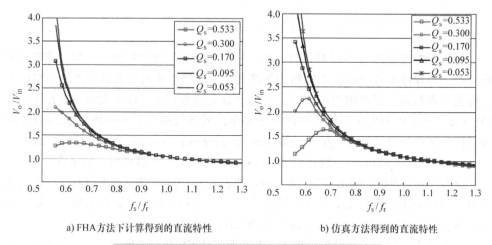

a) FHA 方法下计算得到的直流特性　　　　b) 仿真方法得到的直流特性

图 3-32　FHA 和仿真情况下的 LLC 直流特性对比

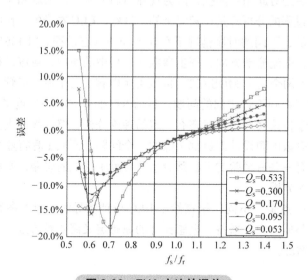

图 3-33　FHA 方法的误差

从图 3-33 可以看到，在谐振频率处的误差最小，而随着工作频率偏离谐振频率，误差均会增大。这从波形中也可以理解，当工作于谐振频率时，波形是完美的正弦，所以不存在误差，而随着频率偏差，高次谐波增加，这显然会影响 FHA 分析方法的精度。而采用仿真的办法，虽然能够实现精确，但很耗费时间。所以论文作者建议，采取两种方法结合的办法，即前期设计时，即 FHA 简单分析为主，如果需要进行优化设计的话，可以进一步采用仿真方法来精确设计。

2）TI 的 Hong Huang 发表的《Designing an LLC Resonant Half-Bridge Power Converter》，其中也提及了关于测试和 FHA 简化分析的对比（见图 3-34）。

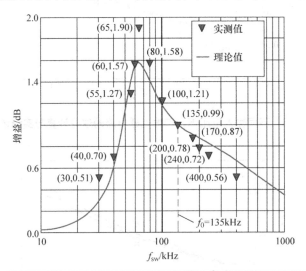

图 3-34　FHA 和实际样机测试时的对比（资料来源：TI）

同样可以看到，在谐振频率处的理论值和实际测试值符合度很好，而偏离谐振频率时，误差增加，这和杨波博士的结论一样。

3）Thomas Duerbaum 博士 1997 年的论文《基波近似分析方法及其设计约束》中也对不同的工作条件中的误差进行了相关分析。

在以下图 3-35 ~ 图 3-37 中：

第一组输入电压为 180V 时，实线为理论计算值，"○"为实物测量值；

第二组输入电压为 200V 时，虚线为理论计算值，"+"为实物测量值；

第三组输入电压为 300V 时，虚点线为理论计算值，"×"为实物测量值。

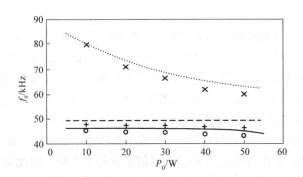

图 3-35　不同输入电压下，工作频率的理论计算和实测误差

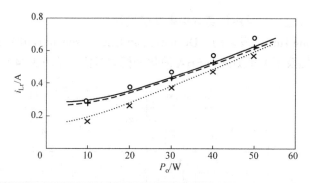

图 3-36 不同输入电压下，谐振电感电流的理论计算与实测误差

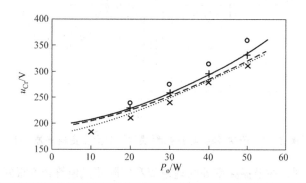

图 3-37 不同输入电压下，谐振电容电压的理论计算与实测误差

基于现状，对于 LLC 等谐振变换器而言，工程领域至今没有出现特别好的办法，回到电路本身，一般我们设计的工作频率基本上也在谐振频率点附近，所以 FHA 方法仍然不失为一种工程近似的比较理想的方法。

3.4 工作状态的变化

3.4.1 不同情况下的增益

假设 $m = 3$、$f_{r1} = 100\text{kHz}$、$f_{r2} = 57\text{kHz}$，根据增益 M 的表达式，可做出图 3-38。从图 3-38 上可以看到，当开关频率处于谐振频率 f_{r1} 附近时，LLC 的电压增益特性几乎独立于负载，这也是 LLC 相比于 SRC 的突出优势。因此在设计的时候，大家理所当然地把工作频率设定在谐振频率 f_{r1} 的附近。实际上，由于各种寄生参数、器件误差等因素，我们很难真正看到在理论计算的谐振频率处的工作状态。

从图 3-38 中还可以看到，LLC 的工作范围跟峰值增益有关，随着负载变轻（R_{ac} 变大），Q 值下降，工作频率向 f_{r1} 移动，峰值增益随之下降。因此我们在设计的时候都会选择最低输入电压且是最大输出负载的情况下去设计谐振网络，并且在峰值增益满足的情况下，再留 10% ~ 20% 的余量，确保开机瞬态或者 OCP 的情况下也能稳定的 ZVS 工作。

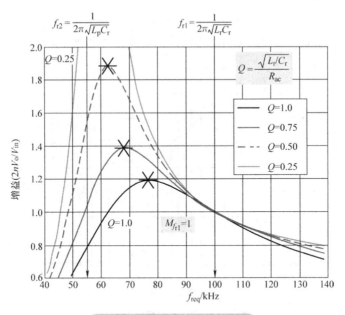

图 3-38 LLC 典型增益曲线

增益函数和简化模型是 LLC 设计的重中之重，对于一个固定的 LLC 变压器来说，f_n 和 Q 是固定的，由于多维变量的确定性比较困难，我们可以先固定一个参数，再在这个基础上确定另一个参数。如图 3-39 ~ 图 3-42 所示，选择不同的 k 值，可以看到不同的 Q 和 M 关系（来源于 TI 资料汇总）。

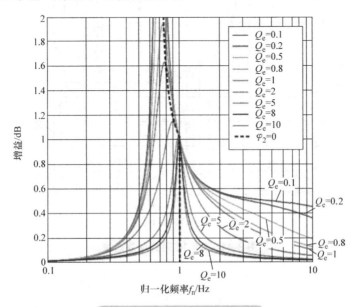

图 3-39 $k = 1$ 时的增益曲线

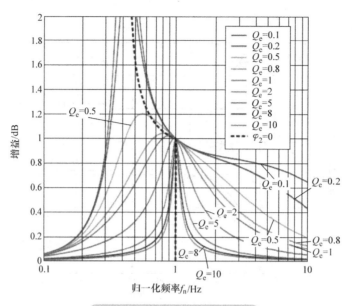

图 3-40　$k = 5$ 时的增益曲线

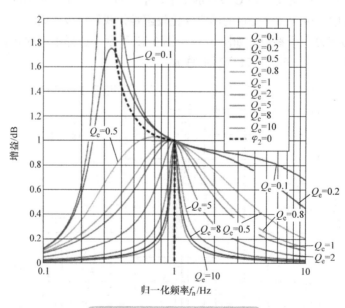

图 3-41　$k = 10$ 时的增益曲线

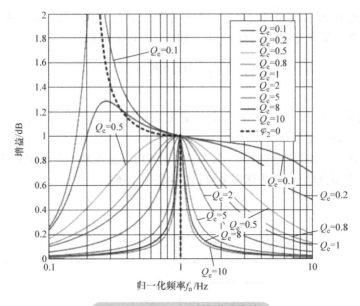

图 3-42 $k = 20$ 时的增益曲线

以上 4 个图不会一一对应到实际设计,在设计的时候需要根据实际情况设定,但不妨碍我们得出下面的结论:

1)增益始终大于 0;

2)增益是类似一个凸曲线形状,不同的 f_n 和 Q,最终在谐振点 f_{r1} 处汇集于一点,此时增益为 1;

3)对于给定的 Q 值,选取的 k 值越大,能得到的增益越低,为保证能在全负载范围内都能满足电路所需增益,就不能选取过大的 k 值,这也是很多设计指导书内推荐 k 值范围在 3 ~ 10 的原因之一;

4)对于一个给定的 k 值,增加 Q 值会让曲线簇变得集中,相当于工作在一个较窄的频率控制区间,这是我们期望得到的结果,但是同时带来的缺点是:当负载变化的时候增益变化太大,在重载、开机瞬间或者 OCP 的情况下无法达到所需的增益。

3.4.2 ZVS 实现的条件

对于 MOSFET 来说,ZVS 是一种非常理想的工作状态,前面已经明确 LLC 需要工作在感性区才能实现 ZVS,但这只是 ZVS 的一个必要条件。若想实现 ZVS 还需要满足在死区时间内能完成寄生电容的充放电,即

$$I_{m\ min}t_{dead} = \left(2C_{oss} + C_{stary}\right)V_{inmax} \tag{3-9}$$

此处,$I_{m\ min}$ 为死区时间内励磁电感的放电电流峰值最小值;t_{dead} 为死区时间;V_{inmax} 为 LLC 的最大输入电压;$C_{oss1} = C_{oss2} = C_{oss}$ 为 LLC 的上下 MOSFET 的寄生电容;

C_{stary} 为变压器及 PCB 的总寄生电容。值得注意的是 I_{m} 这个参数，我们需要在最恶劣的情况下算得，即最大频率下算得的 I_{m}，如式（3-10）所示：

$$I_{\text{m}} = \frac{(V_{\text{o}} + V_{\text{d}})n}{4L_p f_{\text{sw max}}} \qquad (3\text{-}10)$$

式中，V_{o} 为输出电压；V_{d} 为二次侧整流管的电压降；n 为匝数比；f_{swmax} 为最高工作频率，出现在最小增益处。

ZVS 时序波形如图 3-43 所示，其中，$V_{\text{g\_Q1}}$ 和 $V_{\text{g\_Q2}}$ 为半桥上下 MOSFET 驱动波形；V_{sq} 为半桥开关节点电压；I_{r} 为谐振电流；I_{m} 为励磁电流。

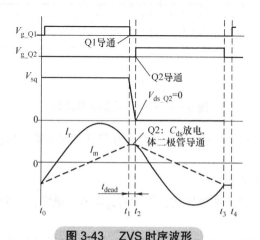

图 3-43   ZVS 时序波形

虽说现在基本上半桥 IC 的死区时间都是可以根据实际情况自适应的，一般在 100～500ns，死区时间越长，上下 MOSFET 的占空比偏小于 50% 就越远，ZVS 的时间也会缩短，即效率会越低，但死区时间并不是越短越好，过短的死区时间需要的放电电流更大才能实现 ZVS，若 $I_{\text{m}} < I_{\text{m min}}$，则无法实现 ZVS，更严重的情况是上下 MOSFET 直通，导致炸机，所以我们在设计的前端应该重点考虑，若无法满足设计要求，则必须更改设计，选取合适的参数。所以满足 ZVS 的充分条件为

$$I_{\text{m}} > I_{\text{m min}} \qquad (3\text{-}11)$$

3.4.3　上谐振或下谐振的选择

LLC 可以工作在下谐振（低于谐振频率，$f_{\text{r2}} < f_{\text{s}} < f_{\text{r1}}$），也可以工作在上谐振（高于谐振频率，$f_{\text{s}} > f_{\text{r1}}$），这两种均是 ZVS 情况，那么我们如何选择比较合理的工作状态呢？如图 3-44 所示，给出三种不同状态下变压器一次电流和二次电流的波形。

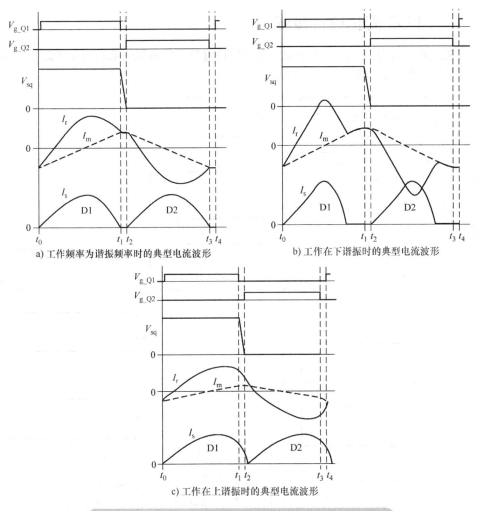

a) 工作频率为谐振频率时的典型电流波形

b) 工作在下谐振时的典型电流波形

c) 工作在上谐振时的典型电流波形

图 3-44　工作在三种不同状态下变压器的典型电流波形

当 LLC 工作在下谐振状态时，二次侧整流管是可以实现软开关的，但此时的输出回路的环流比较大，所以下谐振适合在高压输出的情况下使用（大于 80V）。因为在较高电压的情况下，二次侧整流管只能使用快恢复二极管，其反向恢复的损耗比较大。下谐振还有个好处，就是在负载变化的时候，频率变化范围会比较小，特别是当空载的时候，其频率会受限于谐振频率。

当 LLC 工作在上谐振时，其导通损耗比下谐振要小，输出回路环流比下谐振小，适合使用在低压输出的情况下（低于 80V）。因为在低压输出的时候，二次侧整流管可使用肖特基二极管或者同步整流 MOSFET，此时反向恢复问题已无关紧要。但同时需要注意，此工作状态的工作频率范围比较宽，在轻载或空载的时候频率会飘得比较高，导致输出电压失控，所以一般要求芯片有跳周期功能，防止频率升高导致的电压失控。

3.5 LLC 简化设计步骤

在这里可以用一个流程图来描述整个设计过程，此流程图原始出处来源于 TI 资料，详细工程化设计流程如图 3-45 所示。

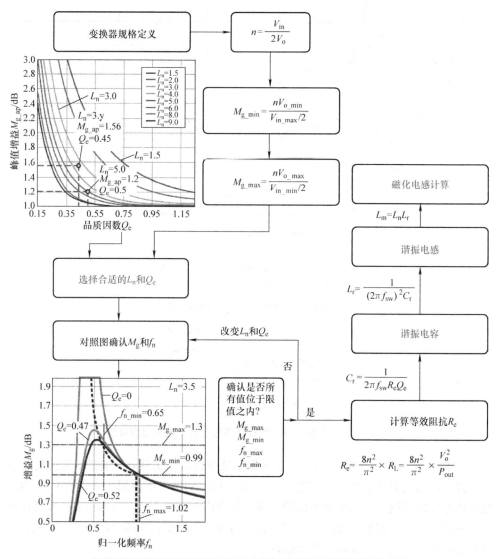

图 3-45 LLC 工程设计流程图（资料来源：TI，笔者整理）

3.6 工程化验证

关于 LLC 电路的器件选择、定性仿真分析、Mathcad 计算等内容，可以参考笔者的《开关电源工程化设计与实战——从样机到量产》一书。

如下原理图 3-46 ～ 图 3-48 为常见的一款 APFC+LLC 电源案例，输出采用了同步整流方式（SR）。

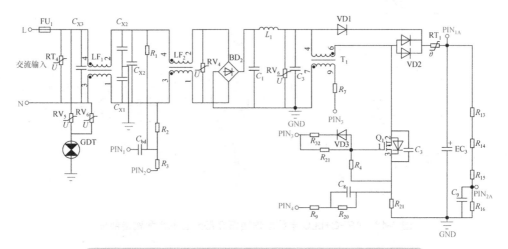

图 3-46　APFC+LLC 电路原理图第 1 部分：Boost APFC 部分

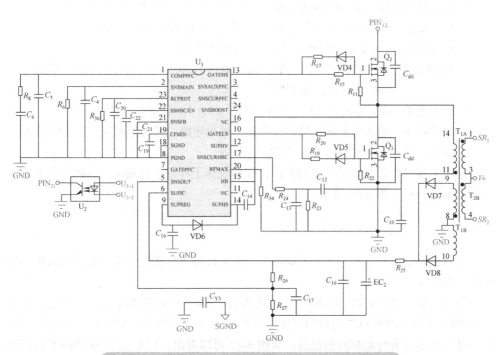

图 3-47　APFC+LLC 电路原理图第 2 部分：半桥部分

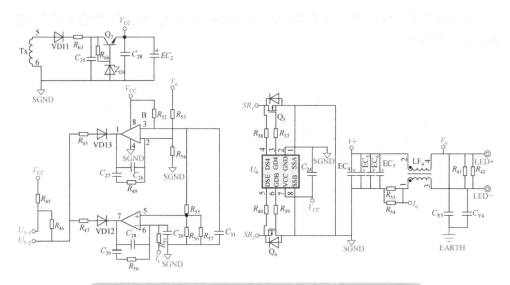

图 3-48　APFC+LLC 电路原理图第 3 部分：反馈和输出部分

本项目主要指标：

- 额定输入电压：AC100 ~ 264V/50 ~ 60Hz
- 额定输出电压：DC28 ~ 36V，输出电流 9A ± 5%，标称输出功率 300W
- 效率要求：η > 90%（满载），输入电压为 AC110V 以及 AC230V
- PF 值要求： > 0.95（满载），输入电压为 AC230V
- THD 要求： < 10%（33V 负载），输入电压为 AC230V < 15%（27V 负载），
　　　　　输入电压为 AC230V
- 雷击要求：4kV 差模（2Ω），6kV 共模（12Ω），8/20μs
- 保护功能：输入欠电压、输出过电压、输出短路、输出过电流、过温保护等
- 认证要求：符合 CCC、UL、FCC、CE 等

基于上述参数和电路最开始的指标，我们制作了样机进行测试，具体部分关键节点波形如图 3-49 ~ 图 3-68 所示。

3.6.1　LLC 稳态关键点波形

先看稳态结果，这是一个开关电源最重要的性能指标测试条件。实际测试中采用电子负载恒压（CV）36V 模式。

其中波形按照自下到上的顺序，C1 通道为上 MOSFET 驱动波形；C2 通道为 LLC 下 MOSFET 驱动波形；C3 通道为谐振电流波形；C4 通道为上下 MOSFET 中点电压波形。以下波形均为与此相同的设置。从图 3-49 可以看出，LLC 上下 MOSFET 波形基本对称，工作频率高于谐振频率，称为上谐振，也称为 CCM 模式。

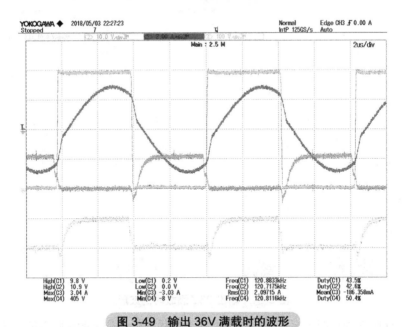

图 3-49 输出 36V 满载时的波形

稳态情况下，实际测试负载为电子负载 CV 30V 模式。

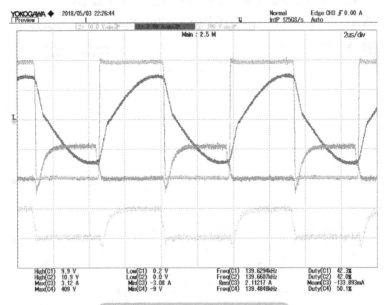

图 3-50 输出 30V 满载时的波形

稳态情况下，实际测试负载为电子负载 CV 28V 模式。

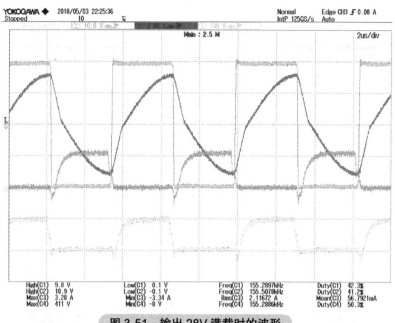

图 3-51   输出 28V 满载时的波形

由于此时 3 种负载（宽范围负载）下的工作频率都是高于谐振频率的，所以都能实现 ZVS。

同时观察对应的同步整流开关管（SR MOSFET）上的波形。

稳态情况下，实际测试负载为电子负载 CV 36V 模式。

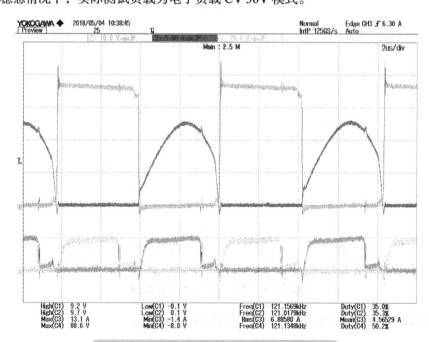

图 3-52   输出 36V 满载时同步整流相关波形

其中波形按照自下到上的顺序，C1 通道为 SR 高端 MOSFET 驱动波形；C2 通道为 SR 低端 MOSFET 驱动波形；C3 通道为 SR 低端 MOSFET 电流波形；C4 通道为 SR 低端 MOSFET 电压波形。以下波形的设置均相同。

稳态情况下，实际测试负载为电子负载 CV 30V 模式。

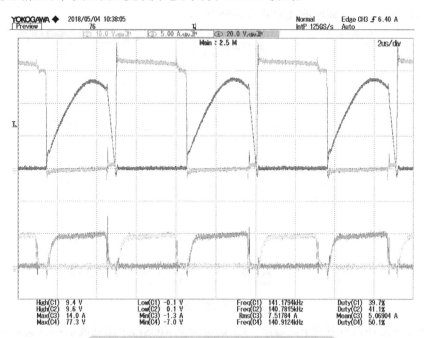

图 3-53 输出 30V 满载时同步整流相关波形

稳态情况下，实际测试负载为电子负载 CV 28V 模式。

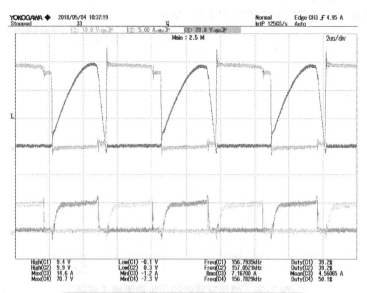

图 3-54 输出 28V 满载时同步整流相关波形

从以上的测试波形可以看出，上下 MOSFET 波形对称，设计很好地满足了谐振的条件。同时可以观察到，功率降低时，工作频率升高，电流峰值变大，这是因为谐振腔的阻抗随着工作频率的增加而增加，但谐振腔不参与功率转换，增加的能量纯粹在做环流交换。

稳态情况下，空载时的波形如图 3-55 所示。

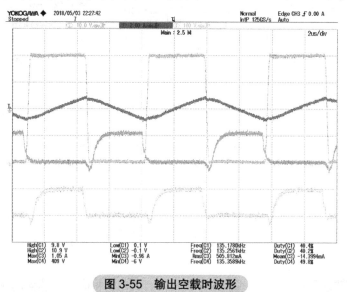

图 3-55　输出空载时波形

其中波形按照自下到上的顺序，C1 通道为上 MOSFET 驱动波形；C2 通道为 LLC 下 MOSFET 驱动波形；C3 通道为谐振电流波形；C4 通道为上下 MOSFET 中点电压波形。以下波形设置均相同。

稳态情况下，空载时的波形如图 3-56 所示。

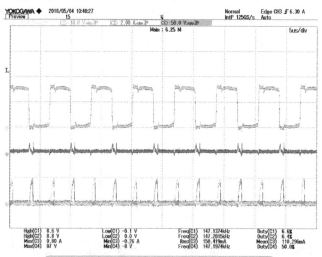

图 3-56　输出空载时的同步整流相关波形

其中波形按照自下到上的顺序，C1 通道为 SR 高端 MOSFET 驱动波形；C2 通道为 SR 低端 MOSFET 驱动波形；C3 通道为 SR 低端 MOSFET 电流波形；C4 通道为 SR 低端 MOSFET 电压波形。

3.6.2　LLC 其他工况下的波形

我们来看短路下的情况，因为短路是一个电源系统中比较严苛的条件，系统短路情况下的波形，出现了打嗝（间隙工作）状态，这极大地降低了系统中的损耗。

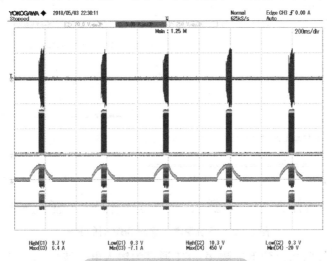

图 3-57　输出短路时的波形

其中波形按照自下到上的顺序，C1 通道为上 MOSFET 驱动波形；C2 通道为 LLC 下 MOSFET 驱动波形；C3 通道为谐振电流波形；C4 通道为上下 MOSFET 中点电压波形。

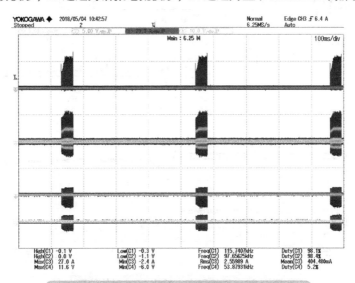

图 3-58　输出短路时同步整流 MOSFET 的波形

其中波形按照自下到上的顺序，C1 通道为 SR 高端 MOSFET 驱动波形；C2 通道为 SR 低端 MOSFET 驱动波形；C3 通道为下 MOSFET 电流波形；C4 通道为下 MOS-FET 电压波形。

再回到瞬态响应，其中开机满载状态是开关电源比较严苛的一种情况。

实际测试负载为电子负载 CV 36V 模式。

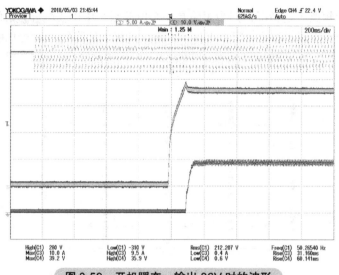

图 3-59　开机瞬态，输出 36V 时的波形

其中波形按照从上到下的顺序，C1 通道为输入电压波形；C4 通道为输出电压波形；C3 通道为输出电流波形。以下波形设置均相同。

瞬态情况下，实际测试负载为电子负载 CV 30V 模式。

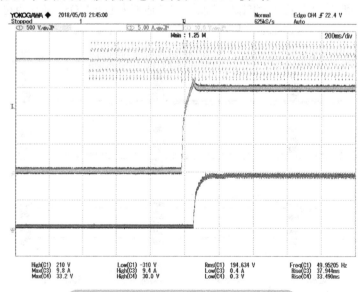

图 3-60　开机瞬态，输出 30V 时的波形

瞬态情况下，实际测试负载为电子负载 CV 28V 模式。

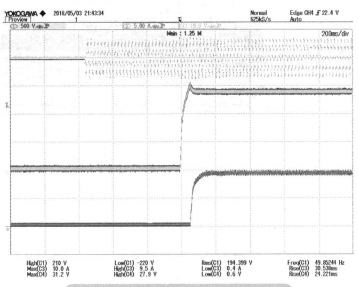

图 3-61   开机瞬态，输出 28V 时的波形

可以看到在启动时刻，在 3 种不同负载下，负载输出电流均无过冲现象，证明系统所带的软启动功能有效。

瞬态情况下，实际测试负载为电子负载 CV 36V 模式。

其中波形按照自下到上的顺序，C1 通道为上 MOSFET 驱动波形；C2 通道为 LLC 下 MOSFET 驱动波形；C3 通道为谐振电流波形；C4 通道为上下 MOSFET 中点电压波形。以下波形设置均相同。

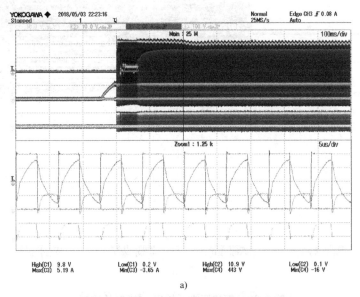

a)

图 3-62   开机瞬态，输出 36V 时的波形

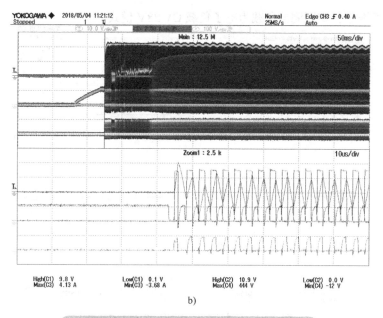

b)

图 3-62　开机瞬态，输出 36V 时的波形（续）

图 3-62 中，a 图即为开机时进入稳定时的情况，而 b 图即为开机状态的瞬间波形展开，以下图中示波器设置均相同。

瞬态情况下，实际测试负载为电子负载 CV 30V 模式。

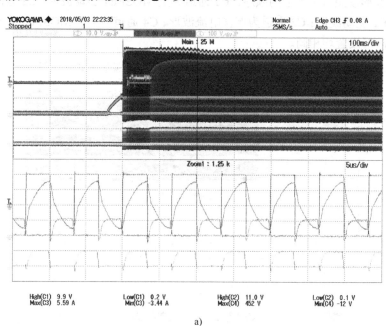

a)

图 3-63　开机瞬态，输出 30V 时的波形

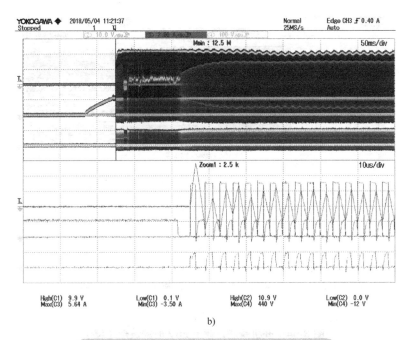

b)

图 3-63　开机瞬态，输出 30V 时的波形（续）

瞬态情况下，实际测试负载为电子负载 CV 28V 模式。

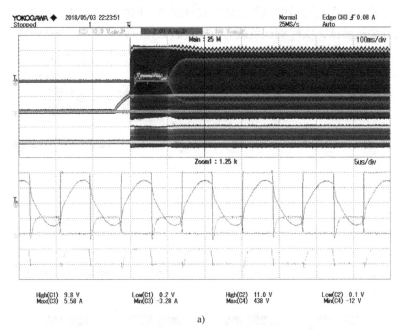

a)

图 3-64　开机瞬态，输出 28V 时的波形

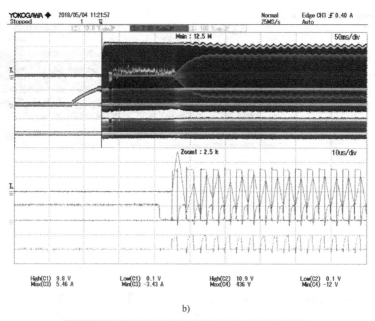

b)

图 3-64   开机瞬态，输出 28V 时的波形（续）

通过图 3-59 ~ 图 3-64，可以看到，开机时无二次启动状态，上下 MOSFET 工作时序正常，且开机过程中没有进入容性工作模式，系统能正常进入稳定工作条件。

而重复开关机则是检验电源的稳健性和可靠性，同样在样机中进行了测试。

重复开关机测试，实际测试负载为电子负载 CV 36V 模式。

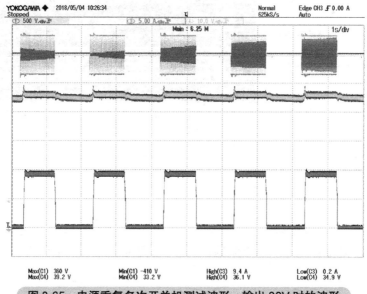

图 3-65   电源重复多次开关机测试波形，输出 36V 时的波形

其中波形按照从上到下的顺序，C1 通道为输入电压波形；C4 通道为输出电压

波形；C3 通道为输出电流波形。以下波形设置均相同。

重复开关机测试，实际测试负载为电子负载 CV 28V 模式。

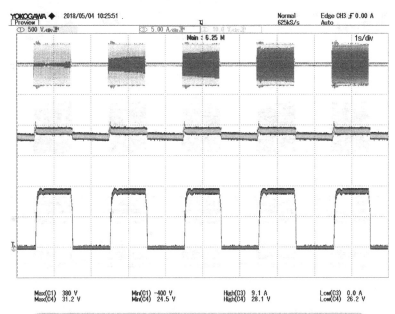

图 3-66　电源重复多次开关机测试波形，输出 28V 时的波形

重复开关机测试，实际测试负载为电子负载 CV 36V 模式。

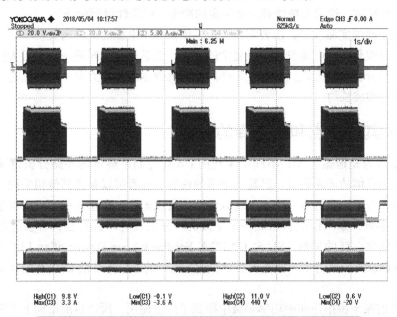

图 3-67　电源重复多次开关机测试波形，输出 36V 时的波形

重复开关机测试，实际测试负载为电子负载 CV 28V 模式。

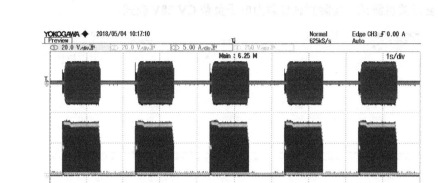

图 3-68　电源重复多次开关机测试波形，输出 28V 时的波形

　　重复开关机启动，上下 MOSFET 工作正常，谐振电容的电流无过冲现象，无大小波，工作稳定，说明系统能够承受一定的冲击，可靠性得到验证。

　　通过上面的实测波形，读者需要知道，评估一个电源的好坏需要在不同工况下进行，这个过程是整个电源设计中最复杂的一环，也是最费时间的一环，因为这里涉及大量的波形分析和实际调试，对工程师的能力挑战也最大，大家一般也是在这个过程中不断学习和成长的。

3.7　其他难点和可选择的方案

　　LLC 因为是谐振工作，不同于常规的 PWM 控制，整体的环路分析也变得更为复杂，关于具体的环路设计，已超出本书的内容，读者可以参考其他相关论文和工程应用资料。需要说明的是，由于其变频特性、负载的变化和输入的变化均对系统工作点有较大影响，如果仅把它当成一个常规的产品去设计环路补偿，容易忽略了其隐含的频率偏移，TI 的文献《SU SLUA582A–Feedback Loop Design of an LLC Resonant Power Converter》提出了一种基于实测和计算混合的方法来补偿 LLC 环路，读者可以参考。

　　LLC 谐振半桥拓扑在中功率等级中得到了广泛使用，所以目前市面上有许多可用的 LLC 芯片，但遗憾的是，绝大多数都是非国内公司的产品，所以资料也更多的是以英文的形式呈现，笔者汇总过在 2021 年以前的主流 LLC 芯片生产企业，基本上有 10 家公司左右，国内有部分电源芯片公司开始涉及这个领域，但仍然在可靠性、品牌影响力等方面相对乏力。因为这不同于前面两章所讲解的内容，前两章内容所涉及的芯片基本上被国内本土公司占据绝对的市场份额，但 LLC 芯片，特别是电流型控制芯片，在时序控制和逻辑控制等方面国外半导体公司已积累了大量专利，这种壁垒暂时无法突破，可以看到，国产芯片在这方面想超越国外半导体企业还需要较长的时间。新颖的芯片不断涌现，数字化芯片也越来越多，正是电源的多样性要求才推动了整个电源芯片行业的进步。

3.8　参考文献

[1] R L Steigenvald. High frequency resonant transistor dc-dc converters[C]. IEEE Trans. Ind. Electron，1984，3：181-191.

[2] R L Steigerwald. A comparison of half bridge resonant converter topologies[C]. IEEE Transactions on Power Electronics，1988，3：174-182.

[3] T Duerbaum，G Sauerlaender. Analysis of the series-parallel multi-resonant LLC Converter - Comparison between first harmonic approximation and measurement[C]. European Conference on Power Electronics and Applications，1997，2：174-178.

[4] JUNG J H，KWON J G. Theoretical Analysis and Optimal Design of LLC Resonant Converter [C]. 2007 European Conference on Power Electronics and Applications，2007.

[5] CHOI H S. Design Consideration of Half-bridge LLC Resonant Converter [J]. Journal of Power Electronics，2007，7（1）：13-20.

[6] ONSEMI. Design Considerations for a Half-bridge LLC Resonant Converter[C]. Onsemi technology analysis，2008.

[7] DUERBAUM T. First Harmonic Approximation Including Design Constraints [C]. Telecommunications Energy Conference，1998：321-328.

[8] YANG B. Topology Investigation for Front End DC/DC Power Conversion for Distributed Power System[D]. Virginia Polytechnic Institute and State University，2003.

[9] LU B，LIU W D，LIANG Y，et al. Optimal Design Methology for LLC Resonant Converter[C]. APEC 2006：533-538.

[10] HUANG H. Designing an LLC Resonant Half-Bridge Power Converter [C]. Power Supply Design Seminar，2011.

[11] 熊日辉，姜利亭. 一种LLC谐振变换器的磁集成结构设计方法 [J]. 中国计量大学学报，2017（4）：516-521.

[12] 詹亮，苏建徽，刘硕. 基于LLC谐振的AC-DC变换器应用研究 [J]. 电气传动，2016（9）：35-38.

[13] 胡海兵，王万宝，孙文进，等. LLC谐振变换器效率优化设计 [J]. 中国电机工程学报，

2013（18）：48-56.

[14] 张澧生．LLC 谐振变换器软开关边界理论及最小死区设计 [J]. 华东师范大学学报（自然科学版），2015（6）：90-100，107.

[15] 王镇道，张一鸣，李炳璋，等．全桥软开关 LLC 变换器模型与设计 [J]. 电源技术，2017（11）.

[16] 包尔恒．LLC 谐振变换器空载输出电压漂高问题分析解决 [J]. 电力电子技术，2013（1）：26-27.

[17] 鲍晟，陈明鹏，潘海燕．基于 LLC 谐振变换器和准谐振 PWM 恒流控制的 LED 驱动电源设计 [J]. 电子设计工程，2014（17）：70-72，75.

[18] 高海生，雷宝．基于 LLC 谐振的 150W LED 驱动电源设计 [J]. 华东交通大学学报，2014（1）：124-129.

[19] 秦海迪．LLC120WLED 驱动器的设计与实现 [D]. 杭州电子科技大学，2013：1-85.

第4章
电磁兼容（EMC）与安规认证工程化设计

电磁兼容（Electro Magnetic Compatibility，EMC）是玄学还是科学？EMC是测出来的还是设计出来的？在本章你会看到一些很有趣的事实，同时也会看到EMC问题的解决并不都是那么难。

4.1 易混淆的概念

EMC虽然看似简单，但它其实包含了两大方面：电磁干扰（Electro Magnetic Interference，EMI）和电磁耐受度（Electro Magnetic Susceptibility，EMS），这也是众多工程师容易忽略的一个概念。虽然电源工程师天天在讨论着，其实大多数情况下要么或多或少地选择性忽略它们之间的关系，或是没有理解这其中的概念关系。本书希望在这里做简单描述，作为一个约定条款，希望读者在基本概念上要严谨地对待。

EMI指设备本身对外的干扰不能超过标准的限制，即这是出于对外界产品的保护，产品本身不能够具备强大的（主动攻击）干扰能力。EMS指设备能承受一定的外界干扰，主要是电网其他设备等不可抗拒干扰因素，这是从产品自身的角度来考虑，即自卫能力。一个具有EMC良好设计的设备，应该具有较低的主动攻击能力，但自卫能力很强，这与一般的概念不同，因为这个主动攻击对外界而言是一个不友好的情况，所以这个能力越低越好。

总之，产品的EMC要求，用通俗的语言来说：做到"我不犯人，人不能犯我"。回到本章最开始的话题，只用EMI来代替掉EMC是很不严谨的说法。EMC分类如图4-1所示。

图4-2清楚地表明了EMC测试中间包括很多项，而我们一般只关注了其中几项，但是真正完整的EMC报告中，这些项目都是需要测试的。对于电源适配器和LED电源，我们关注的一般在辐射发射、传导发射、谐波电流、ESD和浪涌这几个项目。具体的请参照相应的标准，但这不是本书的重

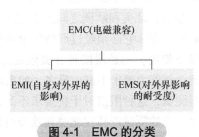

图 4-1　EMC 的分类

点。至于 EMC 与其他安规认证等易混淆的概念，请参考《开关电源工程化设计与实战——从样机到量产》。

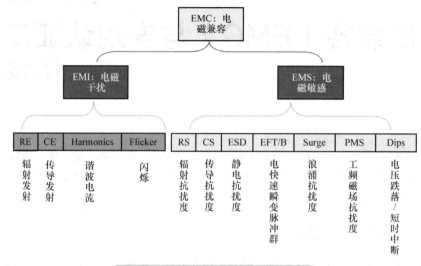

图 4-2　EMC 测试项目列表（部分）

4.2　A 类和 B 类

一般地从标准限值上来看，我们会看到有 A 和 B 两种分类，这也是我们选择测试标准的前提，因为 A 类和 B 类使用场合不同，所以在 EMC 的要求中也变得不同。

一般来说，A 类是指在工业环境，频繁切换大感性负载或大容性负载的环境，大电流并伴有强磁场环境等。B 类是指居民区、商业区及轻工业环境，例如：居民楼群、商业零售网点、商业大楼、公共娱乐场所、户外场所（如加油站、停车场、游乐场、公园、体育场）等。此外，住宅 B 类限值比工业 A 类限值基本上要严格 10dBμV。这主要是考虑到工业信号源和住宅电视接收机之间可能存在的墙壁（墙壁能产生额外的衰减）。

A 类和 B 类的区别延伸到 CE 的抗干扰度免疫要求（因为 FCC 没有此要求，所以这个区别在北美不适用）。对于抗干扰度，工业 A 类限制比 B 类住宅限制更严格，这反映了从 EMC 的 EMS 角度来看，工业环境更加恶劣。

最后，北美和欧洲之间关于此定义存在细微差别。在北美，如果设备将被广泛用于家庭，那么它必须经过严格的 B 级限值的测试。在欧盟，如果设备在家庭或轻工业环境下使用，则必须按照 B 类限制进行辐射测试，B 类限制要求干扰能力更为严格，但抗干扰能力要求不高。反之，如果设备在重工业环境中使用，则必须按照 A 级限值进行测试，这种限值对干扰要求不高，但对抗干扰能力要求非常严格。还有关键的一点是，你的测试产品在北美和欧洲可能会被划分成不同的类别。所以最为保险的做法就是咨询 EMC 测试实验室或 EMC 认证测试工程师。

这里实例说明，现在对于 LED 灯具，特别是出口北美地区，考虑到北美地区的人口成本，许多 LED 灯仍然要考虑兼容旧时的荧光灯系统，也就是说很多出口北美的 T8 LED 灯需要同时带有镇流器才能工作，那么 LED 灯的 EMI 测试就要充分考虑到镇流器系统（更高层面的灯具系统）的工作场合，它们一般用于工业场合，所以可以使用 A 类标准来测量，但是也可能被用于家用，这种情况下，从市场角度来看，符合最终目标的应用场景才是我们需要考虑的，所以在这种场合 A 类测试即可，但有时为了拓宽市场渠道，设计时可以用最严格的标准进行测试，当然这在很大程度上会带来成本的升高。现实情况中，仍然有许多小型公司由于对标准的理解不到位，最后在产品周期的最后端才发现有问题，要么重新再来，要么面临着被召回的风险。

目前在市面上，存在这样的情况，主要是集中在北美使用的场合，电压范围一般是 120~277V，有时厂商在 120V 时采用严格的 B 类标准，而 277V 时测试时采用的是 A 类标准，无可厚非，这种的确是一种讨巧的方法，但细想起来，总是有一种为了通过认证而通过认证的感觉。

4.3　电磁干扰（EMI）测试过程中遇到的问题

如果读者熟悉 EMI 测试过程，或者在 EMI 检测实验室里有过 EMI 整改的经验，就会觉得 EMI 实验室测试过程是一个十分值得说道的事。并不是每个公司都会建 EMI 实验室，传导实验室的成本一般在几十万，而辐射屏蔽室（暗室）一般是百万级的投资，而且需要专门人员来操作，这样对于小公司或是设计公司而言，成本过高，所以一般都是在外部第三方实验室进行测试。而基于现在的行情，EMI 测试费用比较昂贵，传导和辐射测试费用一般在 500~1000 元 /h，而且还需要预约时间。所以如果不提前知道测试中的一些细节的话，或者用通俗的话来说，称之为"坑"，浪费成本太大。

4.3.1　测试实验室里的秘密

测试场地，对于传导而言，我们只需要一个"安静"的环境，但对于辐射测试而言，电波暗室则是一个复杂的工程，一般的 10m 场动辄几百万的投资建设，维护费用也贵，所以选择一个合适的测试场地很关键，当然机构资质、测试人员的素质也是很重要的。

EMI 测试是一个需要高度经验和技术的过程，整个测试过程包括仪器的校准、测试设备的摆放、连接线、接收仪器微调、前置衰减器的使用、测试标准的选取、测试配套软件的使用、精细读值（点）、报告的生成等多个环节，在有限的时间内必须一气呵成。所以对测试人员要求都比较高，一个好的 EMI 测试工程师能够快速地判别整个过程中的异常情况，以及快速完成操作。有时候一些经验不够的测试人员，或是长期测试疲劳时会犯一些错误，因为 EMI 仪器基本上是人停机不停，EMI 测试机构也是双班操作，在交接班过程中，以及上下不同客户测试过程中，存在着输入电压不同、频率不同、测试标准（限值）不同、接地与不接地不同，以及二线与三线的不同等，所以读者在进行 EMI 测试时，先检查和确认自己产品的各项输入条件要求。

4.3.2   6dB 裕量的故事

如图 4-3 所示，是我们经常看到的 EMI 测试结果曲线，通常会有两个限值曲线，除了实际结果还有一条裕量线。是不是很好奇，我们经常听到 EMI 需要 6dB 的裕量，为什么呢？如图 4-3 所示的测试结果图中，也都默认给出一个 6dB 的裕量曲线，为什么恰好是 6dB，而不是其他值呢？在回答这个问题之前，我们来理解一个换算单位，因为实际上我们测 EMI 是测量的噪声信号，噪声信号都很小，在信号领域中，我们一般用对数和分贝形式来描述噪声信号。

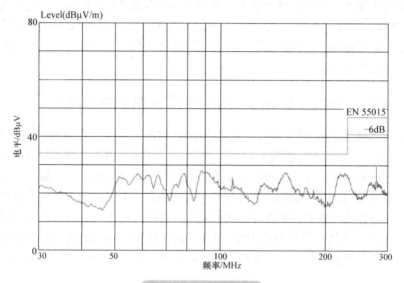

图 4-3   6dB 裕量线

dB 基本上是一个比例数值，也就是一种倍数的表示单位。也就是测试数据与参考标准的相对差异表示，具体换算如下：

dB = 10log（P1/P2）= 20log（V1 / V2）

dBmV=20log（Vout /1mV），其中，Vout 是以 mV 为单位的电压值

dBμV=20log（Vout /1μV），其中，Vout 是以 μV 为单位的电压值

V1 是测试数据，V2 是参考标准。例如，V1 数据是 V2 的 2 倍，就是 6dB（P 代表功率，V 代表电压）。dBV 是以 1V 为 0dB 参考标准，dBμV 是以 1μV 为 0dB 参考标准（一般所说的信号强度 dB 或 dBμ，其实就是 dBμV）。

$$U = 20\log_{10}\left(\frac{u}{u_0}\right) \qquad u_0 = \begin{cases} 1\text{V} & [\text{dBV}] \\ 1\mu\text{V} & [\text{dB}\mu\text{V}] \end{cases} \qquad (4\text{-}1)$$

我们可以得到实际噪声幅值与 dBμV 之间的转换关系如图 4-4 所示，转换表见

表 4-1：

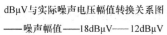

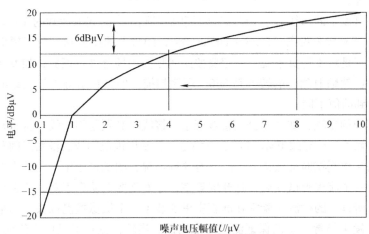

dBμV与实际噪声电压幅值转换关系图

——噪声幅值——18dBμV——12dBμV

噪声电压幅值*U*/μV

图 4-4　噪声电压幅值与 dBμV 之间的转换图

表 4-1　噪声电压幅值与 dBμV 之间的转换表

噪声幅值 *U*/μV	*U*/dBμV
0.1	−20
1	0
2	6.020599913
3	9.542425094
4	12.04119983
5	13.97940009
6	15.56302501
7	16.9019608
8	18.06179974
9	19.08485019
10	20

可以看到，如果我们要将测量到的噪声从 18dBμV 减少到 12dBμV，即为 6dBμV，对应的噪声幅值水平从 8μV 变成了 4μV，即减小了一半。所以对于这个流传已久的行业习惯，现在这里简单解释如下：

1）6dB，在最终的 EMI 结果图中实际上为 6dBμV 的差；

2）6dB 的电路中的现实结果就是，实际的噪声幅值减少一半；

3）6dB 的裕量是为了系统集成而留下的空间，当然也可以要求更大的裕量，不过这对成本和设计难度要求更高。

4.3.3 EMI 测试过程的小技巧

在 EMI 测试过程中，存在一些小的技巧，如布线、测试设备的摆放位置、所用的一些附件等。

现场测试设备的布线对于 EMI 的传导和辐射测试有时起着微妙的作用。

同时测试时待测设备（Device Under Test，DUT）的摆放角度对于辐射也有一定的影响，特别是对于灯具来说，一定要按照实际使用场合进行摆放，如发光角度、面的位置等，虽然辐射测试的转台是 360° 环绕扫描，但是辐射源由于天线的接收度不同而导致得到的值不同。

一些其他的事项，如对于公共接线端子，接线时必须稳固接线，特别是一些高频接线处，接触不良会导致 EMI 频谱的不稳定，容易出现误判或者浪费时间和金钱。

由于暗室里测试时无法进入，时常有这种情况，测试过程中，测试人员经常发现结果异常，一个流程测试完后，打开屏蔽室，才发现要么功率不对，要么负载断开等低级错误，所以有的检测实验室在屏蔽室里加装了一个摄像检测探头，用来监控测试过程中是否发生异常，从而保证测试的准确性。当然，在暗室里加入任何其他仪器 / 产品都需要考量其对测试结果的影响程度，这可以通过测量暗室里的背景噪声来进行评估。

在 EMI 测试里，经常可以看到 800~900MHz 会出现一些尖峰，当然现在我们都已经知道这是手机 GSM 信号的干扰所致，所以在测试过程中出现单个尖峰的话，则需要进行干扰定位排除。如图 4-5 中所示的方框内区域的尖峰即为手机 GSM 干扰，而其他尖峰如 1/2/3 处的呈扩展状，则是真正的辐射噪声过高。

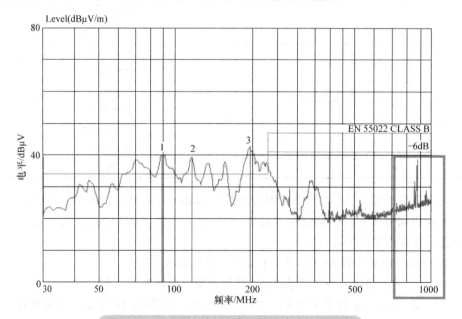

图 4-5　EMI 测试过程中出现的非真实尖峰噪声

4.3.4　CDN 代替测试方法

耦合 / 去耦网络（Coupling Decoupling Network，CDN）是我们常用的一个替代暗波辐射的办法，它仅限照明产品使用。对于电气照明设备等小型待测设备，CISPR 15（EN 55015、GB 17743）标准规定，CDN 法是辐射发射测量方法的替代法，用 CDN 测量共模端子电压能缩短测试时间并节省场地费用（可以在无屏蔽的室内进行）。CDN 法的原理是对于小型 EUT，引线上由共模电流引起的辐射发射，远远大于受试物表面向外的辐射。由于 CDN 能提供稳定的共模阻抗，因此可以通过测量共模电压推导出辐射发射。CDN 法可以测量的频率范围为 30~300MHz。CDN 法测试辐射的设置如图 4-6 所示。真实 3m 场（或 10m 场）天线法辐射发射测试布置图如图 4-7 所示。

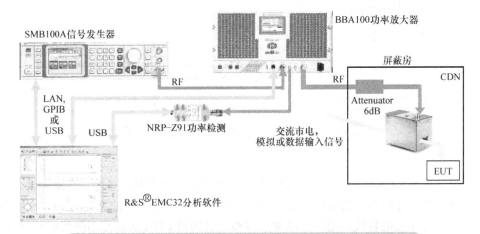

图 4-6　CDN 测试辐射的设置图（资料来源：Rohde & Schwarz）

图 4-7　真实 3m 场（或 10m 场）天线法辐射发射测试布置图

由于电波暗室对场地和资金投入的要求比较高，而 CDN 代替法可以在无屏蔽的室内进行，节省场地费用。当受试物满足 CISPR 15 标准附录 B 中的相关要求时，CDN 法则可作为设备在 30~300MHz 频率上的辐射骚扰测量的替代方法。

CDN 法布置如图 4-8 所示。受试设备放置在非导电的高度为 10cm 的木块上，木块放置在接地金属板上，金属板尺寸比 EUT 至少大 20cm。EUT 通过一根长为 20cm 左右的电源线缆与适当的 CDN 相连接。应使用非导电的支撑件使得电缆离金属板的距离为 4cm。CDN 安放在金属板上，其 RF 输出端通过一个 6dB、50Ω 衰减器连接到测量接收机。

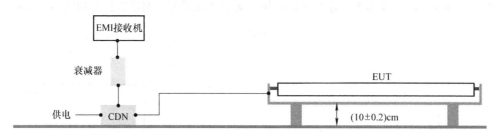

图 4-8   照明设备 CDN 法辐射发射测试布置图

天线法与 CDN 法对应不同的测试原理、测试场地和测量设备等，以及客观存在的不确定性，导致两者之间的差异必然客观存在。相对于传统的天线法，CDN 法应该不是一种完美的替代，第三方电磁兼容检测机构对 CDN 法的使用仍然相对谨慎，在 30~300MHz 频率范围内电磁兼容辐射骚扰测试主要还是用天线法进行。虽然 CDN 法与天线法之间存在一定的差异，因为其测试不具有方向性，但 CDN 法在产品设计初期仍有其不可忽视的优势，可以为整改提供一定的借鉴思路，在照明产品中，还是许多公司和认证机构选择这种方法来评估辐射。更主要的是，此种测试装置和实验场合，对于一般的公司也能承受，所以如果去一些照明公司实验室参观，你会发现很多公司都配备了 EMI 传导测试和 CDN 测试台。不得不认识到一个问题，由于 CDN 法最初由欧洲标准人员提出，一直在欧洲产品中得到使用，而中国的 EMC 标准一般也是遵循欧洲标准，故现在国内也开始接受 CDN 代替暗室的测试方法，但是 CND 法受引线长度、设备高度、布线方法所限，不能很好地反映出实际情况，有时与暗室法相距甚远。所以目前北美 FCC 测试仍然不认可这种方式。

4.4 工程设计中 EMC 的考虑

4.4.1   EMC 与产品成本的关联度

如图 4-9 可以看到，这是一个典型的电源产品设计流程图，从设计概念开始，就要考虑 EMC 的影响，其实可以看到 EMC 的设计过程和产品其他方面设计是同步的。当产品设计方案选定后，需要对设计进行评审，此时 EMC 设计也应该是其中的一部分。一旦原型样机出来后，需要进行 EMC 预测试，这可能是一个迭代过程，因为从原型样品到投入生产过程中，设计可能会存在一定的更改，而每一次更改，都需要评估其 EMC 的影响。当产品定型后，就可以进入试生产，同时也要准备将产品送到具有认证资质的实验室进行合规性测试。EMC 设计成本和产品周期的关系如图 4-10 所示。

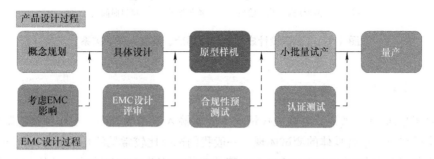

图 4-9　电源产品设计的整个过程（包含 EMC 设计）

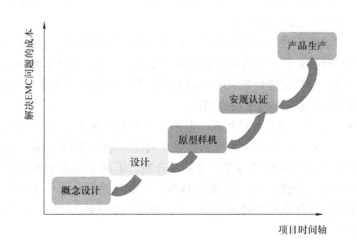

图 4-10　EMC 设计成本和产品周期的关系

正因为 EMC 要求基本上是产品的强制要求，所以在量产之前必须要符合要求。图 4-11 可以看到，当产品越接近后期，为了解决 EMC 问题而付出的代价也越大，有可能是呈指数增长，这也是为什么需要强调 EMC 设计的原因，如果在产品初期不给予重视，后面多次迭代操作，如 PCB 改版、EMC 器件增加的话造成的成本更高。

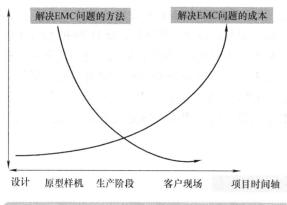

图 4-11　EMC 设计成本、产品周期、解决方案的关系

4.4.2　工作频率的选择

对于单级 PFC 来说，满载工作情况下随着输入电压的升高，工作频率也随之升高，这里在第 1 章有具体的测试体现，一般我们选择比较常见的是最低输入电压和最大输出负载时刻的频率为 50~130kHz。建议工作频率为 60kHz 左右，这样的好处是，在第一个工作频率时刻，EMI 已经是往下的趋势，2 倍频率的时候为 120kHz 左右，3 倍频率时候是 180kHz，躲过 150kHz 的界限，剩下的由工作频率引起的干扰已经大幅度减小，这样传导就比较容易处理了。

选择的频率过低，在最低电压并且满足设定的最大磁通量的情况下，需要更多的圈数和比较大的磁心骨架才能满足基本的设计要求，并且较低频率的时候需要更大的EMI 滤波器才能压制相同能量带来的 EMI 问题，同时带来的后果是成本高、体积大，与现在市场追求的小型化和高集成度相悖。

选择的频率过高，则与上述相反，但由于大部分单级 PFC 的芯片内部有最高频率限制（基本在 130kHz 左右）的机制，对于高出限制频率的范围，全部通过芯片内部限制，如此会造成能量的亏损，芯片温升高，不利于电源整体的稳定性，频率过高也不利于 EMI 的处理。所以市场上基本上大多数的设计，最低工作频率一般在50~130kHz 之间，但会避开 75kHz 这个频率，因为其 2 倍频为 150kHz，而 150kHz 正处在传导限值的转换点。

对于两级方案来说（QR-Boost 加 DC-DC），一般最低输入情况下频率设置范围在35~70kHz，Boost 的工作频率也会随着输入电压的升高而升高，当电压升高到某个点处，工作频率开始降低，类似于开口向下的抛物线。而后级的 DC-DC 因为 Boost 的前级，所以 DC-DC 的输入电压为固定值。Boost 在波谷周围的时候频率非常高，而且此时的工作模式为 DCM 模式，震荡较多，所带来的 EMI 成分更大，在两级方案的EMI 处理中，一般重点处理 Boost 级。图 4-12 所示的测试波形为最低电压输入，满载输出的情况下的 EMI 曲线。可以从图 4-12 中看到，现在的工作频率接近 40kHz，刚好完美的"躲"过限值，如果再往前一点，可能需要通过其他的方式去压制 EMI 曲线，所以我们可以选择在 35kHz 或者 60kHz 左右。35kHz 的 3 倍频仍小于 150kHz，可以轻松"躲"过这个限值，而 60kHz 的 2 倍频小于 150kHz，同样也可以作为可选方案。同时，我们需要考虑的是 Boost 这一级磁心的尺寸，在不同的使用环境和项目要求中，我们需要综合考虑。

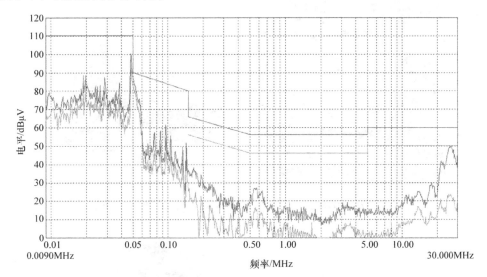

图 4-12　开关频率的选择可以避免在低频段超标

前面频率的选择只是说了对于传导的部分，接着我们说下辐射的部分。频率的高低对于辐射的影响更明显，dv/dt、di/dt 越大，会导致 EMI 噪声越多，常说的开关管慢开快关就是类似的原理，除了效率外，一部分就是为了保证 EMI 能顺利通过。慢开快关跟频率的高低有类似关系，在相同的时间内，频率高的开关的次数更多，带来的 EMI 噪声成分更多，若在最低输入情况下采用了比较高的频率，在高压输入的某点就会有非常高的频率，这样将导致辐射量提升，增加了 EMI 整改的难度。通常对于 PFC 电感，我们都会选择外包"十字架"闭合铜箔屏蔽接到对应的地，横向和纵向的磁力线全部被隔开并导入"地"，降低辐射干扰。

选择过低的工作频率，需要更大的 EMI 器件，变换器发热量大、效率低，辐射比较容易通过；选择过高的工作频率，需要的 EMI 器件较小，驱动开关损耗和反向恢复的损耗增加，效率低，辐射难通过。选择频率的高低各有优缺点，需要折中考虑。当然这里说的频率高低都只针对变频 DCM/QR 和定频 CCM 这三种情况，若是全程软开关状态的拓扑不考虑在列，已超出本书的范围，这里不再赘述。

现在流行小体积快充充电器，而所选择的频率越来越高，有些快充充电器的工作频率可达 300kHz，这样电磁干扰是一个严重的问题，所以需要在更小的产品体积内放置足够的 EMC 器件，这样才能满足基本的 EMC 要求，由于大量的磁性器件和吸收器件的加入，在一定程度上会导致效率降低。如图 4-13 所示，我们看到不同品牌的设计对于 EMC 器件的配置均不同，有的用一级，有的用了两 / 三级，目前这些快充充电器已经拿到了认证报告，意味着能够满足相关 EMC 法规的要求。

a) 三星65W快充充电器拆解图

b) REMAX 100W氮化镓充电器拆解图

c) OPPO原装65W氮化镓快充充电器拆解图

d) 贝尔金20W氮化镓充电器拆解图

图 4-13　不同的快充充电器中所用 EMC 器件分布（资料来源：充电头网拆解报告）

4.4.3　具体案例分析

4.4.3.1　器件及参数的影响

这里利用第 2 章的实际电源样机进行 EMI 测试，如图 4-14 和图 4-15 所示，合理的设计使得 AC 100V 和 AC 240V 输入时刻巧妙避开对应的限值点，EMI 能顺利通过。

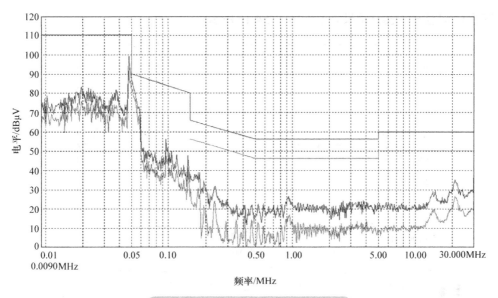

图 4-14　AC 100V 输入时传导结果

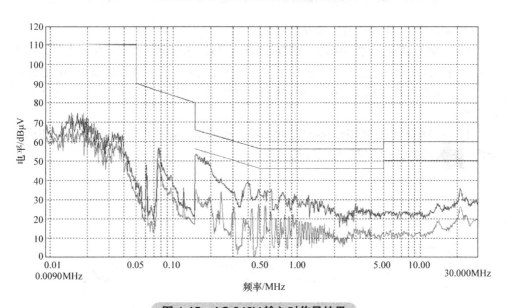

图 4-15　AC 240V 输入时传导结果

　　对比图 4-14 和图 4-15 可知，准谐振情况下，输入电压增加而频率也随之增加，所以在高压输入时频率点尖峰向高频偏移。同时由于高压输入时，输入电流减小，对应的干扰能量也减少，相应的 9~150kHz 的 EMI 结果要优于低压输入时的情况。

　　接下来看辐射的表现情况，因为是欧洲地区使用的照明类产品，我们可以采用 CDN 法来测试结果，如果产品是出口至北美地区，还是遵循平常的暗室法。不同情况下的 CDN 法辐射测试结果如图 4-16~ 图 4-19 所示。

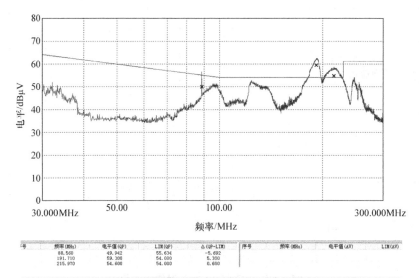

号	频率(MHz)	电平值(QP)	LIM(QP)	△(QP-LIM)	序号	频率(MHz)	电平值(AV)	LIM(AV)
	88.560	49.942	55.634	-5.692				
	191.710	59.300	54.000	5.300				
	215.970	54.600	54.000	0.600				

图 4-16　CDN 法辐射测试结果（驱动开通电阻用 51R，关断电阻 10R）

图 4-16 为 CDN 法辐射，分析 3 个点：

1）90MHz 附近的单一尖峰，可能是由于环境因素引起，如走线接触不好，可以忽略；当然读者朋友们也可以验证这个尖峰到底是否由产品产生，最简单的办法是多次测试，或是 EMI 测试工程师采用一定的滤波衰减，对比测试即可知道是否是外界干扰所致。

2）191MHz 和 215MHz，频谱是包络状，而非单一频率点（这和 1）完全不同），分析一般为开关引起，以下加以确认。

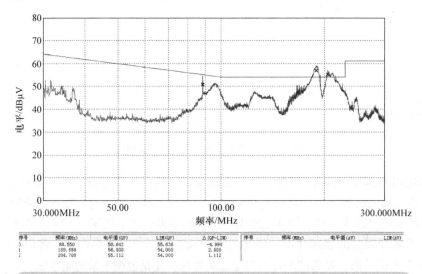

序号	频率(MHz)	电平值(QP)	LIM(QP)	△(QP-LIM)	序号	频率(MHz)	电平值(AV)	LIM(AV)
3	88.550	50.642	55.636	-4.994				
1	189.880	56.800	54.000	2.800				
1	204.700	55.112	54.000	1.112				

图 4-17　CDN 法辐射测试结果（驱动开通电阻用 100R，关断电阻 10R）

从 51R 变为 100R，有一定效果，但不就很明显，证明主要的原因不是驱动的快慢。

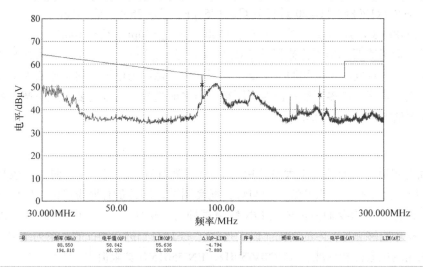

图 4-18 CDN 法辐射测试结果（更换 PFC 的 MOSFET 为安森美 FQPF18N50）

更换 PFC 的 MOSFET 后解决，原来是英飞凌 IPA60R400CE，改为安森美 FQP-F18N50，封装一样，改善效果非常明显。

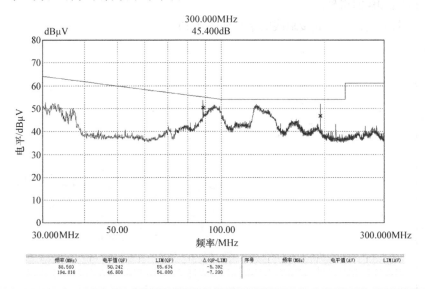

图 4-19 CDN 法辐射测试结果（更换 PFC 的 MOSFET 为英飞凌的 IPP60R190P6）

将 PFC 的 MOSFET 换成 IPP60R190P6，也比原来的 IPA60R400CE 效果好。这两种 MOSFET 同样都是 Coolmos，证明并不单是由于 Coolmos 自身特性导致的超标，还与具体的内部结构有关。

查阅以上三款 MOSFET 规格书的数据进行罗列对比：

- IPA60R400CE（TO220 封装）：C_{iss}=700pF，C_{oss}=46pF，C_o=30pF；
- IPP60R190P6（TO220 封装）：C_{iss}=1750pF，C_{oss}=76pF，C_o=61pF；
- FQPF18N50（TO220 封装）：C_{iss}=2530pF，C_{oss}=76pF，C_o=150pF。

从上面最直观的能看出来影响 EMI 的参数是 C_{iss} 和 C_{oss}，可作为后续整改辐射的一个参考点，这同时也给我们一个警示，近几年全球电力电子物料（包括主动或被动器件）供货紧张，许多工程师面对不同替代料之间选择，所以需要对此高调重视，经过多项评估方可导入替代料。

4.4.3.2　系统接地与否的影响

我们知道，工业环境中大量使用的 LED 日光灯管，在工厂生产时，一般只考虑 L/N 两线，而没有第三根地线，但与灯具配套测试，灯具备有地线接地，所以有时存在一个误区，以为我们只需要接 L/N 线测试即可，但实际上需要对最终客户进行了解，这样才能够满足实际的情况。以下是对此 LED 灯管进行测试的一系列结果。

采用测试条件和标准：AC 230V/50Hz，EN 55015 B 类限值。

测试产品：LED 日光灯，满载功率 20W，T8 全塑灯管，但塑料灯管内部存在长条形铝散热片。

测试结果：有地线与无地线差 10dB，接地线后测试发现已超过限值，去掉地线后有 10 多个 dB 的裕量。

LED 灯管与灯具一起接地线的结果如图 4-20 所示。

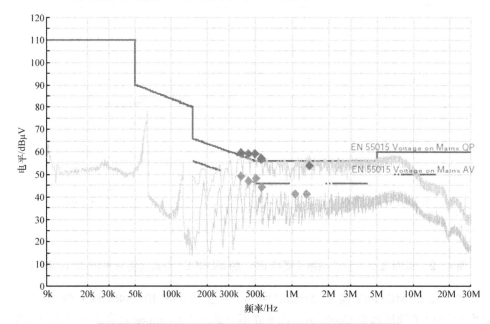

图 4-20　整体传导 EMI 测试结果（三线输入，灯具接地）

LED 灯管与灯具一起不接地线的结果如图 4-21 所示。

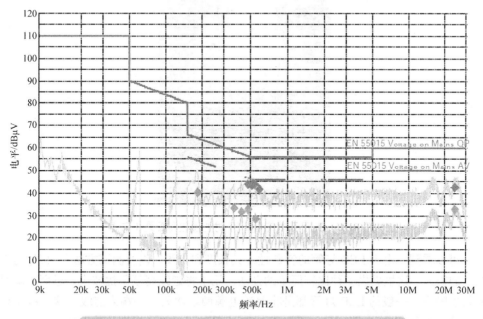

图 4-21　整体传导 EMI 测试结果（二线输入，灯具不接地）

显而易见，由于接了地线，灯管与外壳之间形成的寄生电容也产生了差模噪声，这需要我们在 LED 灯管的驱动设计时要提前考虑，留下裕量，并和灯具一起配合测试。由于 LED 灯管和测试板之间的容性耦合不确定，所以我们需要尽量减少高频信号对地（测试板）进行干扰。如图 4-22 和图 4-23 是一个实物的摆放和配置测试图。

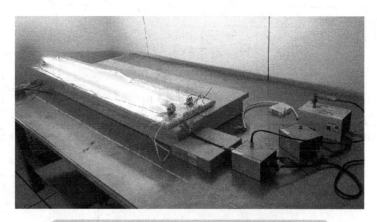

图 4-22　实际测试传导 EMI 时的摆放和配置（一）

图 4-23　实际测试传导 EMI 时的摆放和配置（二）

　　可以看到，由于 LED 灯管的特殊性（其长度和走线，以及测试方法），接地与否的影响很大。这里提供一种比较简单的办法，用于将走线高频干扰减少，进而减弱对地共模噪声。一般的 LED 灯管都是将驱动电源两端摆放，一端为前级，这一级主要包括输入级和 EMC 电路；另一级置于 LED 灯管的另一端，这即为功率转换级，两端之间通过中间走线连接，这走线需要经过 1m 甚至更长的距离，如果走线上存在高频分量的话，则对于 EMC 很不利，如图 4-24 所示。

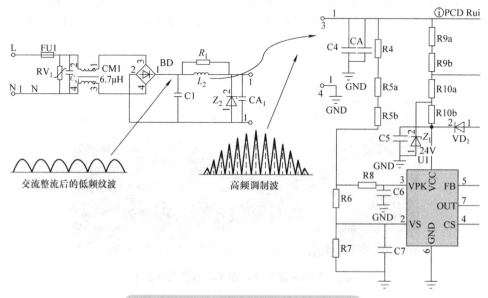

图 4-24　LED 灯管电源实际电路信号分析

可以看到，EMC 这级如果采用现有的电路配置的话，由于 L_2/C2/CA$_1$ 的存在，会形成 PI 型滤波，电感 L_2 之后的波形上面叠加了开关信号的高频调制，此信号对于 EMI 会产生不利影响，所以我们需要对器件布局进行优化，很简单的办法就是，如上图 4-24 中的箭头所示，我们将差模电感 L_2 移到功率级一侧即可。如下图 4-25 是改进前后的信号流向图。

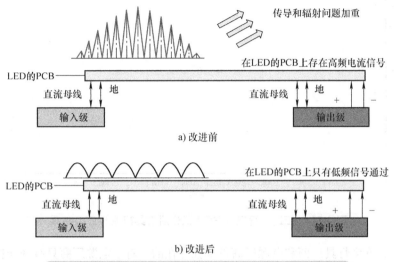

图 4-25　LED 灯管电源实际干扰和优化后的电路信号链

当然，为了验证这种设计优化的有效性，我们直接进行了实际模拟测试，在相同的负载和输入条件下，对两种不同的电源布局进行了 EMI 传导测试，分别如下图 4-26 和图 4-27 所示。

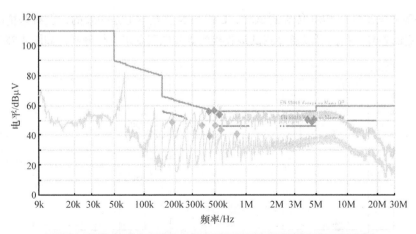

图 4-26　LED 灯管电源 PCB 未进行优化灯具接地的 EMI 结果

可以看到，整个中频段（1~10MHz）的 EMI 传导发射得到了抑制，这种方法并不需要增加任何 EMI 器件，只是简单地调整 PCB 布局即得到了很大的改善。

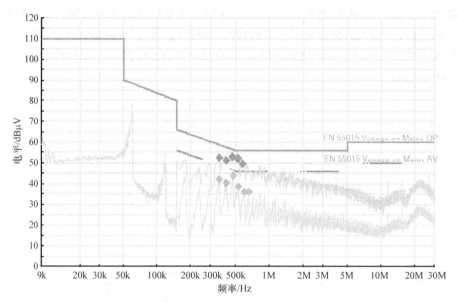

图 4-27　LED 灯管电源 PCB 优化后灯具接地的 EMI 结果

目前，许多灯具厂商和电源厂商是单独存在的，对于电源厂商只有两线接入，而与灯具配套时，由于灯具外壳为地线，总体配套下来，EMI 问题变得异常恶劣。在二类电源与一类灯具组合使用的情况下，如果电源厂商当初没有考虑到地线的影响的话，会变得很难处理，这个问题目前在行业中也日渐严重。

4.4.3.3　EMI 测试 L 与 N 线差异

一般的电源进行 EMI 传导测试时，L 线和 N 线基本上是一致的，但有些情况下会存在一定的差异，我们可以通过测试接收机的等效电路图来进行分析，如图 4-28 所示。

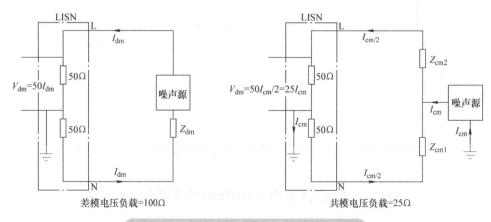

图 4-28　LISN 中的共模和差模负载示意图

可以看到，共模电压负载为 $25\,\Omega$，而差模电压负载为 $100\,\Omega$，从而得到对应的 L 线和 N 线上的噪声电压（测试时不区别差模电压还是共模电压）如下：

$$V_{\mathrm{L}} = 25I_{\mathrm{cm}}+50I_{\mathrm{dm}} \qquad V_{\mathrm{N}}=25I_{\mathrm{cm}}-50I_{\mathrm{dm}} \tag{4-2}$$

可以看到，如果不考虑任意 EMI 滤波器存在的话，L 线上的噪声电压要高于 N 线上的噪声电压，这取决于差模电流的大小，L 线和 N 线还是存在细微的差异。

4.4.3.4　神奇的磁环

如果整改过 EMI 的读者可能会注意到，在第三方 EMI 实验室，经常可以看到有许多磁性材料供应商提供了一些免费的样品，其中很多是磁环，如图 4-29 所示。这种磁环一般用于高频辐射的抑制，很多工程师用其作为抑制 EMI 的最后一个绝招。因为简单易操作，只需要在输入或是输出线上绕几圈即可以看到很明显的效果，这对于测 EMI 时争分夺秒的过程来讲，也不失为一个好的办法。当然，对于磁环供应商而言，这是一个极好的营销策略。因为磁环种类千差万别，所以工程师最终还是得需要重新找到测试时的磁环供应商。

如图 4-30 是一个灯具的拆解图，可以看到驱动前级的 EMI 防护不足，这可能是因为驱动是第三方公司外购的，而第三方公司并没有在这上面花太多的成本和精力，这样在系统就存在很大的风险。下面进行 EMI 辐射测试，得到结果如图 4-31 所示。

图 4-29　EMI 高频信号抑制磁环

图 4-30　灯具内部用驱动拆解图

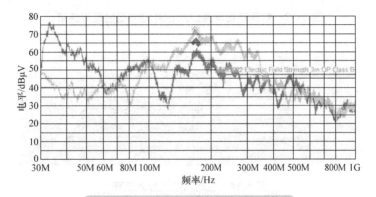

图 4-31　LED 灯具系统测试时的结果

在驱动外部增加 EMI 滤波器如图 4-32 所示，从图 4-33 看来，加入 EMI 滤波器，系统 EMI 结果要改善很多，这是情里之中的，但仍然不很理想，这样我们可以试用磁环，因为结果显示在 90~100MHz 处的辐射能量很高，所以对症下药，我们直接选择一个谐振频率为 100MHz 的磁环加在输入线上，如图 4-34 所示。加入磁环和 EMI 滤波器后的辐射结果如图 4-35 所示。

图 4-32   在驱动外部增加 EMI 滤波器

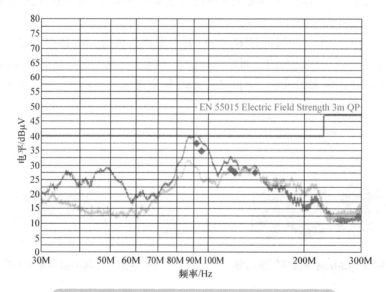

图 4-33   灯具驱动电源加入 EMI 滤波器的辐射结果

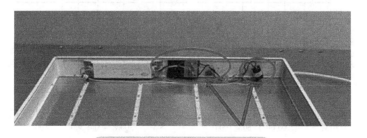

图 4-34   在输入线上加入磁环

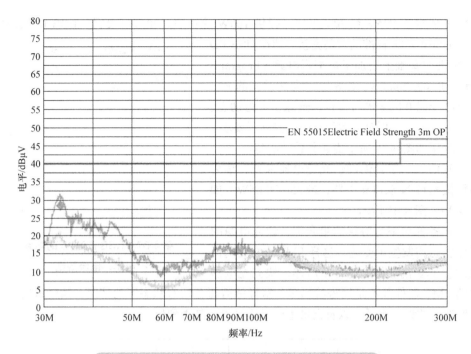

图 4-35　灯具加入磁环和 EMI 滤波器后的辐射结果

灯具厂家直接采用外置磁环后的结果表明这种方法很好，对于整机组装厂家来说，这是一个比较简单的方法，唯一的缺陷就是成本略高以及如何向终端客户说明这个附件的作用，这就变成了一个客户认可和接受的问题。但厂家为了销售产品，已经解决了这个问题，即将磁环直接组装在线缆里面。如图 4-36 所示。

图 4-36　各种各样的外接 EMI 磁环产品（各种成品后附加的磁环）

4.4.3.5　快充充电器功率变化对 EMC 的影响

USB 功率传输（Power Delivery，PD）协议的出现，彻底改变了现在的供电方案，现在快充充电器的盛行，对于宽负载下的性能提出了严格的要求。如图 4-37 所示，我们可以看到 USB PD 及普通 USB 电源的输出情况，在各种充电协议下，USB 主导的

PD 3.0 要求能从 5V 到 20V 工作，提供 100W 的功率。2017 年 2 月，USB-IF 组织发布了 USBPD 3.0 标准的重要更新，即在 USB PD 3.0 标准的基础上增加了可编程电源（Programmable Power Supply，PPS），而更为严格的 PPS 协议必须以 0.02V 进行步进，这除了考虑动态、效率等的可能，更对电源的准确度提高了要求。

采用如图 4-38 所示更容易看得清楚。

我们以一个具体的快充充电器来看，华为超级快充 GaN 双口充电器，最大功率 65W，如图 4-39 ~ 图 4-41 所示。

在各种功率与协议的组合下，快充电源的工作状态均发生了变化，这样 EMI 的性能同样也发生了变化，如上述章节所述，快充充电器中的 EMC 器件并不是用得特别多，这样能否覆盖所有状态下的情况，这就取决于生产制造商的设计水平，以及批量生产时质量管控是否到位。

USB PD 修订版3.0之1.2版充电规则				
功率 / W	电流 /A			
	5V	9V	15V	20V
$0.5 \leqslant X \leqslant 15$	$X \div 5$	不适用	不适用	不适用
$15 \leqslant X \leqslant 27$	3	$X \div 9$	不适用	不适用
$27 \leqslant X \leqslant 45$	3	3	$X \div 15$	不适用
$45 \leqslant X \leqslant 60$	3	3	3	$X \div 20$
$60 \leqslant X \leqslant 100$	3	3	3	$X \div 20$

图 4-37   USB PD 3.0 的功率、电压、电流规则

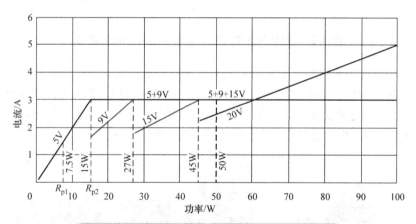

图 4-38   USB PD 3.0 的功率、电压、电流规则

双口智能输出，最大输出65W[1]

USB-A单口输出功率
40W Max
5V1A、5V2A、5V4A、9V2A、
10V2.25A、10V4A

USB Type-C单口输出功率
60W Max
5V3A、9V3A、12V3A、
15V3A、20V2A、20V3A

USB-A+ USB Type-C双口输出总功率
65W Max
（60W Max+5W Max 或
40W Max+22.5W Max）[2]

图 4-39   华为超级快充充电器输出功率分配情况一（资料来源：华为宣传资料）

1. 要获得最大输出功率，需搭配5A原装数据线，具体充电速率由设备本身决定。对于交流输入低于180V以下的国家和地区，最大总输出将降至45W功率，即USB Type-C + USB-A=40W Max+5W Max。

2. 当USB Type-C口给笔记本电脑+ USB-A口给支持华为超级快充(10V4A、10V2.25A规格)的手机同时充电时，输出功率为USB Type-C + USB-A=40W Max+22.5W Max。

图 4-40　华为超级快充充电器输出功率分配情况二（资料来源：华为宣传资料）

* 充电器USB-A口兼容SCP、FCP、PPS及QC充电协议，充电器USB-C口还支持PD协议，可以给笔记本电脑进行充电。部分非标准SCP、FCP、PD、PPS或QC2.0协议的设备不能快充，QC2.0协议只支持5V/9V两个电压档位输出。USB-A口支持（手机、平板、耳机、手表）等设备充电，USB-C口支持（电脑、手机、平板、部分耳机、手表）等设备充电。

图 4-41　华为超级快充充电器协议支持情况（资料来源：华为宣传资料）

4.4.3.6　照明产品功率变化对 EMC 的影响

随着现在照明产品对于多种工作模式的要求，调光的照明产品越来越多，包括传统的晶闸管调光，或是分段式调光，还是智能数字化调光，FCC 或是 IEC 标准在这方面也有定义在不同组合下的 EMC 要求，实际上操作起来比较复杂，不同组合导致测试工作量很大。中国的 CCC 标准（于 2018 年 7 月 1 日正式实施的 GB/T 17743—2017《电气照明和类似设备的无线电骚扰特性的限值和测量方法》）也有要求，如图 4-42 所示。但有一个现实的问题是，一般 LED 电源或是适配器电源在设计时，均是以满载或是接近满载去优化设计，而当接近空载或是极轻载时，为了满足能效要求，频率会改变，这样可能会造成 EMC 性能恶化。照明产品 EMC 问题目前主要体现在如下几个方面：

8.1.4　调光控制器

8.1.4.1　总则

如果照明设备含有一个调光控制器或由一个外部装置调光,那么测量骚扰电压时应用下列方法：

——对于直接改变电源电压的调光控制器,类似于调光器,电源端、负载端和控制端的骚扰电压(如有)应按照 8.1.4.2 和 8.1.4.3 规定加以测量。

——对于通过镇流器或转换器调节光输出的调光控制器,电源端和控制端的骚扰电压(如有)应在最大和最小光输出时加以测量。

9.1.4　调光控制器

如果照明设备含有一个内装的调光控制器或由一个外部装置控制调光,辐射电磁骚扰应用下列方法测量:

对于通过镇流器或转换器调节光输出的调光控制器,应在最大和最小光输出时测量。

图 4-42　GB/T 17743—2017《电气照明和类似设备的无线电骚扰特性的限值和测量方法》中关于调光控制器电源的 EMC 测量

1.为了替换传统的电子镇流器系统而导致 EMC 问题

现在许多 LED 灯是用于代替传统荧光灯系统的，而对应的功率基本为荧光灯系统功率的一半甚至更小，这样如果前面的电子镇流器存在的时候，接上 LED 光源的话，很可能会让电子镇流器工作于不稳定区域，因为对于非调光的荧光灯系统，电子镇流器一般工作于满载，也是基于满载设计电路，而 LED 灯的代替，严重改变了电子镇流器的电路特性，所以很容易导致系统层面 EMI 不满足要求。即使是一个不带电子镇流器的电源，功率降低到一定程度后，工作时候的频率和特性会发生变化，例如从连续工作变为跳周期工作，这也可能导致 EMI 在低功率时超出限值。

2.切相调光类产品的 EMC 问题

实际上由于调光器在市场上广泛存在，特别是北美地区，所以现在有种现象就是为了降低成本和减少设计复杂度，灯具厂家只能保证裸灯（即不带调光器）的 EMC 性能，却不管接入调光器时的 EMC 性能，这其实是严重脱离实际使用情况的。如图 4-43 和图 4-44 所示分别为一个 LED 球泡灯带调光器和不带调光器的 EMI 传导测试结果。可以看到，调光器的加入恶化了 EMI 性能，所以此产品需要进一步整改方能满足真正的客户使用环境。但我们也同时意识到，因为调光器种类繁多，如果要保证所有调光器组合时均能符合要求，这样会造成成本和周期都变得不可接受，所以企业从品质角度上来讲，能做的就是尽量去满足多种不同应用情况下的调光器要求。

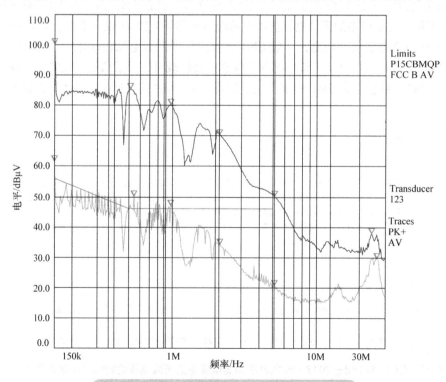

图 4-43　LED 球泡灯带调光器测试 EMI 的结果

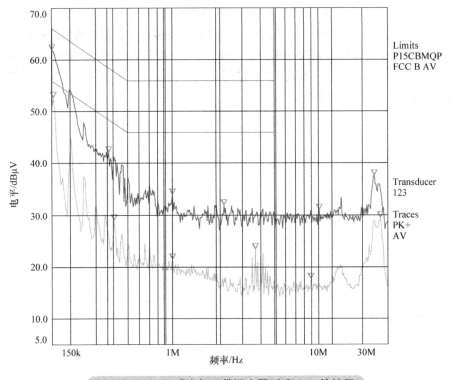

图 4-44　LED 球泡灯不带调光器测试 EMI 的结果

3.宽范围输出产品，以及各种智能调光产品，或是有线调光驱动的 EMC 问题（如 0~10V、1~10V、智能数字化调光电源等）

我们以一个实例来看，以飞利浦照明的室外防水电源可调电流低压系列规格书为例（见图 4-45），这种设计主要是为了降低库存数量，尽量用一款电源覆盖更多的负载，即窗口型负载输出特性，这也是目前 LED 电源厂家广泛采用的一种方式，给下游灯具配套厂家提供的选择性更多，也更方便。

图 4-45　飞利浦照明的室外防水电源可调电流低压系列规格书

　　观察图 4-46 和图 4-47，可以看到，输出电压和电流均有一定的窗口，这样从表面上看的确是减少了库存产品，下游厂家选择时也更傻瓜式，但在研发时进行测试是相当痛苦和烦琐的事情，每个功率点的 EMC 微调，并且涉及效率、成本，甚至厂商是否会真正在每一个工作点都对 EMC 进行测试，也是一个良心拷问。这是目前灯具厂家面临的一个比较头痛的问题。

输出范围参考

不同输出电流下的输出电压范围

电源		2.10A	2.45A	2.80A	3.15A	3.50A	3.85A	4.20A	4.55A	4.90A	5.25A	5.60A
200W	最大电压			71	63	57	52	48	44	41	38	36
	最小电压			18	18	18	18	18	18	18	18	18
150 W	最大电压		61	54	48	43	39	36	33	31			
	最小电压		18	18	18	18	18	18	18	18			
100W	最大电压	48	41	36	32	29	26	24					
	最小电压	12	12	12	12	12	12	12					

不同输出电压下的输出电流范围

电源		12V	18V	24V	30V	36V	42V	48V	54V	60V	66V	72V
200W	最大电流		5.6	5.6	5.6	5.6	4.8	4.2	3.7	3.3	3.0	2.8
	最小电流		2.8	2.8	2.8	2.8	2.8	2.8	2.8	2.8	2.8	2.8
150 W	最大电流		4.9	4.9	4.9	4.2	3.6	3.1	2.8	2.5		
	最小电流		2.45	2.45	2.45	2.45	2.45	2.45	2.45	2.45		
100W	最大电流	4.2	4.2	4.2	3.3	2.8	2.4	2.1				
	最小电流	2.1	2.1	2.1	2.1	2.1	2.1	2.1				

图 4-46　电源输出调节范围

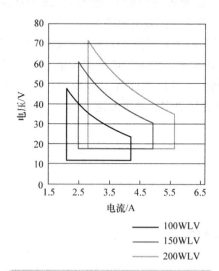

图 4-47　电源输出功率调节窗口曲线

4. 地线的接入导致的 EMC 问题，这在前面章节中有过讲解。

4.5　工程设计中对安规的考虑

4.5.1　安规的本质意义

安全规范（安规）的基本目的是建立设计准则，以保证操作人员和维修人员不会遇到以下任何潜在危险：

- 电击危害：由于电流通过人体而产生危害，生理上的反应可以从简单的惊吓到心脏停止跳动。
- 能量危害：虽然电压很低而不足以产生电击，但电流足以导致灼伤。
- 火灾危害：虽然这可能是其他故障造成的次要影响，但要避免其扩展或传播到相邻的元器件或设备。
- 与热有关的危害：在正常操作条件下可能接触到的物体表面或元器件上的高温。
- 机械相关的危害：由于与尖锐的边缘或棱角接触而导致的伤害，以及活动部件或物理上的不稳定等情况而导致的伤害。

安规代表着安全规范的要求，电子电气产品在各国认证当中都会有对安规的相应要求，其必要性有：

1）要满足法律法规的需要，在一部分国家和地区通过法律的形式进行规定，在其境内生产和销售的特定产品必须符合特定的认证，如我国法律规定在中华人民共和国境内生产和销售的部分家用和类似用途的电器必须通过中国强制认证，即 CCC 认证；日本通过《电气产品安全法》规定特定电气产品必须通过 PSE 认证；我国台湾地区规定进口的电气产品必须通过 CNS 认证。有规定某类产品必须通过安全认证而未取得相应的认证，则不可以在相应的国家和地区进行销售，强行生产和销售则属于违法行为，一经执法机构发现，则会被查处。

2）合同的需要，有些认证并不一定是法律法规所要求的，而是来自客户的要求，如 UL 认证，在美国的联邦法律中并没有规定在美国销售的普通家用电器一定要有 UL 认证，但基本所有做出口美国的产品在下订单的时候都会要求厂家为产品申请 UL 认证，没有通过 UL 认证的客户则下不了订单。

3）竞争的需要，同样的产品如果其中有的厂家申请并取得了较高知名度的认证机构的认证，则这个厂家的产品一定会得到更多的商机，在竞争中会有更大的优势。

4）企业改进产品设计的需要，有些企业为产品申请安规认证，是为了借助认证机构的专业测试人员的专业知识，来帮助企业发现产品在设计方面存在的安全隐患，并予以纠正，达到改进产品设计的作用。

以上几点谈及的都是市场因素，存在即合理，安规要求的存在，就是在最低程度上满足基本安全的需求，为产品的基本安全问题设立警戒线，超过警戒线的产品，即认为存在安全风险隐患，不推荐或不可使用。

4.5.2　主要安规标准

在《开关电源工程化设计与实战——从样机到量产》一书中笔者提到过，标准的背后存在利益的关联，对于我们在本书中涉及的产品，一般涉及如下标准，这里不对标准的具体内容进行描述，只是为大家提供一个汇总，以下所提及的标准，没有标准版本信息，请参考最新版本，同时请注意，国标与 IEC/EN/UL 等标准有时存在一定的时效性和内容差异性，并非 100% 沿用。

• GB 4943.1—2011《信息技术设备　安全　第 1 部分：通用要求》，它也代表着 IEC/EN/UL 60950—1 此类标准。

• IEC/EN 60065《音频、视频及类似电子设备　安全要求》，对应国标 GB 8898—2011。

• IEC/EN/UL 62368.1《音频 / 视频、信息和通讯技术设备　第 1 部分：安全要求》，对应的国标正在进行中。

• IEC/EN 60335.1《家用和类似用途电器的安全　第 1 部分：通用要求》，对应国标 GB 4706.1—2005。

• UL 1310《Class 2 电源设备安全标准》。

• IEC/EN 61347—2—13《灯的控制装置第 2-13 部分：LED 模块用直流或交流电子控制装置的特殊要求》，以及对应国标 GB 19510.14—2009《灯的控制装置　第 14 部分：LED 模块用直流或交流电子控制装置的特殊要求》。

• IEC/EN 61347—1《灯的控制装置　第 1 部分：一般要求和安全要求》，对应国家标准为 GB 19510.1—2009。

• IEC/EN 60598—1《灯具　第 1 部分：一般安全要求与试验》，对应国标 GB 7000.1—2015。

• IEC 62560《普通照明用 50V 以上自镇流 LED 灯—安全要求》，对应国标 GB 24906—2010。

• IEC 62776《双端 LED 灯（替换直管形荧光灯用）安全要求》，对应国标 GB/T 36949—2018。

• UL 8750《用于照明产品的 LED 装置》，国内无相关标准对应。

• UL 1993《自镇流灯泡以及其适配器》，国内无相关标准对应。

4.5.3　熔断器、熔断电阻器、铜箔等

熔断器（或称之为保险丝）是最简单的电路保护器件。熔断器的作用是在电路因发生短路等故障而产生异常电流时切断电路，防止设备、元器件烧坏或引发火灾等。关于熔断器，在作者的另一本书中已有详细的描述，请参考《关电源工程化设计与实战——从样机到量产》。熔断器工作机理如图 4-48 所示。

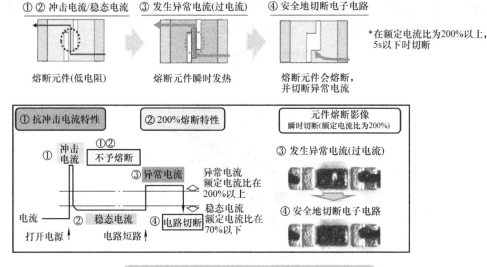

图 4-48　熔断器工作机理（资料来源：松下）

作为消费性电子产品，其量之大，任何一点成本上的压缩都能带来极大的收益，这也是许多厂家在不断提高产量的同时要考虑降低成本的可能，现行的智能制造与成本息息相关，动辄百万量级的产品的生产往往会使得产业链想出更多的方法来维持利润。而熔断电阻器（也称之为熔丝电阻器、绕线式保险丝电阻等）则是这一典型代表。熔断电阻器在无意中起到了三重作用。

- 抑制雷击浪涌
- 抑制开机浪涌电流
- 熔断功能（类似于常规的熔断器）

正是这样的功能存在，让大家越来越多地使用这个器件，特别是在小家电、小功率充电器、照明产品领域。在说明这个器件之前，我们来看它与熔断器的区别到底在哪里，如图 4-49 所示。熔断电阻器结构图如图 4-50 所示。

	熔断器	熔断电阻器
正常时的功能	电流通路	电阻器
异常时（过载时）的功能	熔断	熔断
熔断原因	过电流	过功率
熔断特性	速断（准确度高）	慢断（有偏差）

图 4-49　熔断电阻器和熔断器的差异

熔断电阻器为电阻器赋予了熔断特性，电流一旦超过热熔断值其熔丝就会断开，防止半导体器件及电阻本身烧坏、起火。熔断电阻器适用于电路需要具备一定的电阻值，且希望在发生异常时熔断的部位不发生冒烟和起明火的情况。其反应一般比普通熔断器慢，因此在需要快速切断电路时不能使用。实际上这在 UL 1412—1999《收音机和电视类设备用熔丝电阻器和限温电阻器》中对其进行了详细规定，如果需要用此类器件来实现常规熔断器的功能，必须要满足此标准。

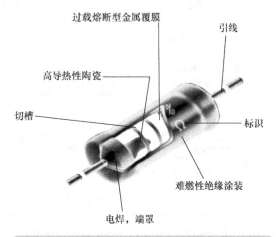

图 4-50　熔断电阻器结构图（资料来源：松下）

在这个器件中，发生过电流（熔断）的时刻至关重要，它被定义为当熔断时间对熔断电阻器施加超过规定的负载时，阻值显著增大，使流过熔断电阻器的电流下降到最初试验电流的 1/50 以下时，称为熔断。电阻器从被施加超过规定的负载时，到发生熔断时所需的时间，称为熔断时间。这种性能称为熔断特性，如图 4-51 所示为熔断时间要求。

额定电流倍率(倍)		熔断时间 /s
0.25W	$R<1\Omega$: 6　$R\geqslant1\Omega$: 8	≤30
0.5~3W	$R<1\Omega$: 5　$R\geqslant1\Omega$: 6	≤30
(1W~3W) x	$R<1\Omega$: 4　$R\geqslant1\Omega$: 5	≤30

图 4-51　熔断电阻器的熔断时间

在传统的线绕电阻器中，电阻器内核中的陶瓷棒被用作线绕元件的散热器，这能够延缓熔断，直到足够高的温度使涂层裂开并使接近于熔断之处的空气发生分离。如果在电源的峰值电压下，在接近边缘处出现电离，它可以在元器件本体外部启动瞬时放电，释放超过熔断电阻器所需的能量。尽管对于大部分的应用而言，电流的开放是安全的，但随着水泥层的裂开，会发出"嘣"的响声，这是一种不被接受的非安全操作，通常响声是作为一种不被安规接受的异常表现。一些顶尖厂商，针对这种情况，如威世推出了新的产品：安全电阻器（或 AC 主输入电阻器）。它采用特别选择的电阻绕线和特别的涂层材料，以保证在过载情况下的安全和无声熔断运作。当采用 AC 主电压时，电阻在熔断时不会发出"嘣"的响声。特别开发的漆涂层符合标准硅水泥在热绝缘与电子绝缘方面的特性。这就使新开发的产品能够更加轻松地满足 UL 认证的要求，同时省去了将额外的熔断器与输入电阻相连的需求。

同时在最新的标准 CQC 1626—2020《开关电源 - 性能　第 1 部分：通用要求及试验方法》中，也有一项对此熔断电阻器的使用有明确要求（见图 4-52）。

4.2.2　熔断电阻器半短路

使用熔断电阻器的开关电源应符合图4-52所示的要求。

项目	等级	
	1级	2级、3级
熔断电阻器半短路	熔断电阻器熔断，外壳未变形	熔断电阻器熔断，外壳最大形变区域直径不得超过10mm

图 4-52　CQC 标准对熔断电阻器的要求截图

我们来看一下，实际熔断电阻器的失效情况，一般的电阻的绝缘镀层不是好的绝缘材料，所以我们经常会在其上覆盖一层 UL 认证的绝缘热缩套管，而此套管却不是简单的一套了之。下面以不装热缩套管、分开在两端装热缩套管、热缩套管全包裹来看在过载情况下的外观情况和电流变化过程（见图 4-53 和图 4-54），电阻为常规 33Ω、1W 熔断电阻器，施加 10 倍额定功率，即 10W 功率。

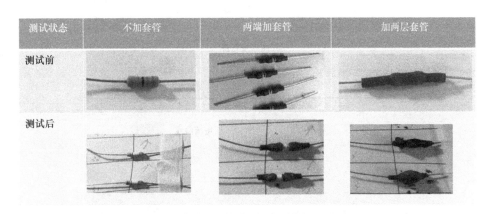

图 4-53　不同情况下测试前后的外观情况

可以看到，熔断电阻器表现出的一致性还好，随着温度的增加，电阻逐渐增大，最后熔断电阻器断裂开。

从实验结果可以看到，热缩套管、塑料外壳等的存在均使得结果更糟糕，结果就是出现碳化。从实验结果还可以看到，热点均出现在电阻本体的中点，所以综合看来，不加套管，或是分开套上套管的安全风险要小于全部用套管包裹，实际上，现行许多产品仍然直接粗暴地全部套上套管。

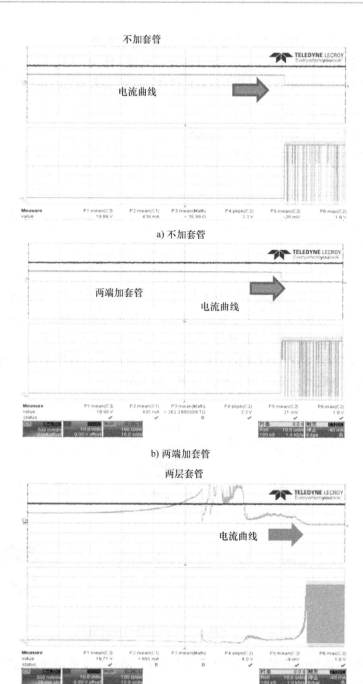

图 4-54　熔断电阻器在施加过载功率时的电流变化过程（其中通道 P1
为施加电压，通道 P2 为测得电流，通道 P3 为计算得到的瞬间电阻）

如果考虑另一个极端，有些人想到了，既然熔丝就是合金材料，很多读者都经历过用粗锡丝甚至铜丝充当熔丝的年代，那我可以直接用 PCB 上的铜箔来用作熔丝吗？至少 PCB 铜箔作为采样电阻，以及平面变压器绕组已得到广泛应用。如图 4-55 所示为老式刀开关和瓷插式熔断器。

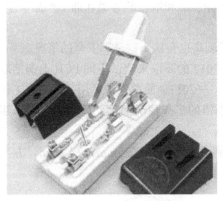

图 4-55　老式刀开关和瓷插式熔断器

如果说上述的老式刀开关是简单粗暴的方式，再来看一下，国内某些产品的应用实例吧，这些都是在电源产品中看得到的。图 4-56 所示为用 PCB 走线代替熔丝的实例。

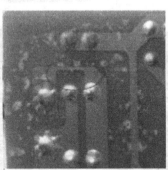

图 4-56　用 PCB 走线代替熔丝的实例

还有一种特殊的情况，在照明产品（如镇流器、驱动电源）中，采用 PCB 走线作为熔丝，使用这种设计一般会呈现两种极端形式，即一种是不顾安规认证，纯粹为了成本而省掉熔断器这个元器件，在一些不注重产品质量的公司会采用这种方式；而另一种则是利用自己多年的生产经验和研发设计经验，在对 PCB 熔丝的设计以及生产工艺的管控达到了很精湛的情况下使用，并在对应的位置加上防火、灭弧装置。在一般电源的设计中，作者不建议采用此方式，因为小小的一条 PCB 走线，蕴含着太多的不安全因素。

从标准层面，如 IEC 61347—1—2017《灯的控制装置　第 1 部分：总则和安全要求》虽然没有明确说电源需要使用熔丝，但要求单一故障安全，以及满足爬电及电气间隙距离，在故障下实验结果要求：

1）分断能力测试时，电源中没有火焰，或是融化物出现，用 ISO 4046—4—2002《纸、纸板、纸浆及其术语、词汇　第 4 部分：纸和纸板的等级和加工产品》中 4.187 规定的一层薄纸包裹，不能引燃此测试纸；

2）如果在炸裂过程中导致连接器端子剥离也会认为这是不安全的情况。

基于此，我们实际按 IEC 61347—1—2017 的要求来测试不同 PCB 上铜箔取代时的情况，具体标准要求请参考 IEC 61347—1—2017，简单来说，用一个正常工作的电压直接来测试，这里只是为了体现 PCB 铜箔的工作情况而示例，这里一共采用 4 种方案来验证，测试条件一致。

方案 1：在 FR4 材料的 PCB 上直接画铜箔走线，长 5mm，宽 2mm。方案 1 下的测试情况如图 4-57 所示。

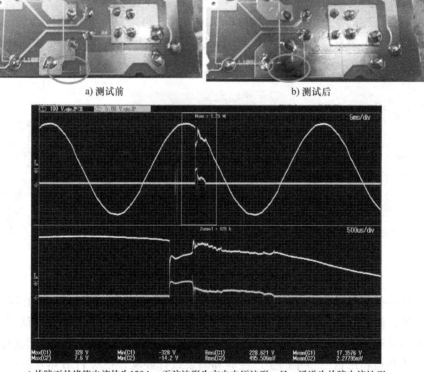

a）测试前　　　　　　　　　　　　　　b）测试后

c）故障下的峰值电流约为120A，正弦波形为市电电压波形，另一通道为故障电流波形

图 4-57　方案 1 下的测试情况

方案 1 结果：如果没有观察到熔融物质，这一步测试下的情况可以认为是安全的。

方案 2：在 FR4 材料 PCB 上直接画铜箔走线，长 5mm、宽 2mm，但在 PCB 边缘开槽。方案 2 下的测试情况如图 4-58 所示。

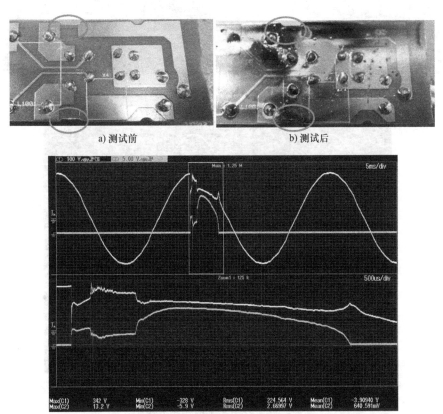

a) 测试前　　　　　　　　　　　　　　b) 测试后

c) 故障下的峰值电流约为260A，正弦波形为市电电压波形，另一通道为故障电流波形

图 4-58　方案 2 下的测试情况

方案 2 结果：如果观察到熔融物质，PCB 边槽为等离子体提供了额外的路径，但产生了更大的故障电流。与方案 1 相比，这是一个更糟糕的解决方案。

方案 3：在 FR4 材料 PCB 上直接画铜箔走线，长 5mm、宽 2mm，但在走线上覆盖胶（SMT 专用乐泰胶水）。方案 3 下的测试情况如图 4-59 所示。

方案 3 结果：如果没有观察到熔融物质，和方案 1 类似，这一步测试下可以认为是安全的，但可以知道，工艺要求提高了，成本增加了。

方案 4：在 FR4 材料 PCB 上直接画铜箔走线，长 15mm、宽 2mm，弯曲走线。方案 4 下的测试情况如图 4-60 所示。

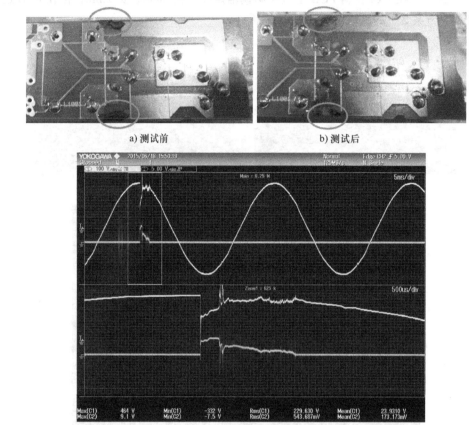

c) 故障下的峰值电流约为260A，正弦波形为市电电压波形，另一通道为故障电流波形

图 4-59 方案 3 下的测试情况

a) 测试前

b) 测试后

图 4-60 方案 4 下的测试情况

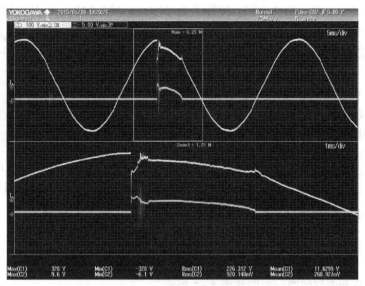

c) 故障下的峰值电流约为260A，正弦波形为市电电压波形，另一通道为故障电流波形

图 4-60　方案 4 下的测试情况（续）

方案 4 结果：如果没有观察到熔融物质，和方案 1 类似，这一步测试下可以认为是安全的，但可以知道，PCB 工艺复杂，且不可控，不如方案 1 有效。

现在看来，方案 1、3、4 都貌似至少在分断能力上是可以的，现在再加一项测试，即用纸巾包裹看看是否会有引燃的可能性。很不幸的是，对方案 1 进行多次样品测试，均发现在纸巾上留下燃烧点。证明此种测试仍然不能通过安规要求，如图 4-61 所示。

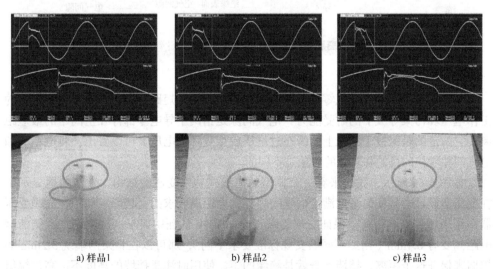

a) 样品1　　　　　　　　b) 样品2　　　　　　　　c) 样品3

图 4-61　用规定纸巾包裹后测试的结果

综合来看，方案 1 需要加强，实际上为了防止有熔融物质，以及炽热点燃纸巾，一般会在上面增加一个阻燃树脂盖，此方案在昕诺飞（原飞利浦照明）、欧司朗等厂商的电子镇流器中广泛采用，如图 4-62 所示。

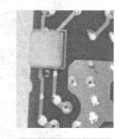

至止，可以看到，目前市场上能作为熔断功能的设计，按照安全系数从高到低来排列为：熔断器 > 熔断电阻器 > 铜箔。熔断器和熔断电阻的使用需要带有相对应的认证，并且需要在认证证书有效期内使用。对于铜箔来说，安规上并不认可其熔断的有效性和可靠性，因其受影响的因素多且不可控。此铜箔 PCB 走线作为熔丝，远没有这么简单，对 PCB 材料、应用场合、设计能力等均有严苛的要求，一般不建议使用。

图 4-62　PCB 铜箔走线熔丝盖子

4.5.4　爬电距离与电气间隙的真实情况

爬电距离和电气间隙示意图如图 4-63 所示。

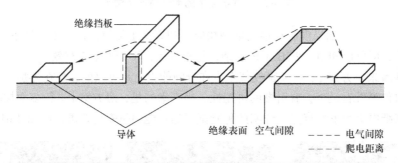

图 4-63　爬电距离和电气间隙示意图（资料来源：《电源设计基础》）

爬电距离是指两个导电零部件沿绝缘材料表面的最短距离，它考核绝缘在给定的工作电压和污染等级下的耐受能力；电气间隙是指两个导电零部件在空间中的最短距离，它防范的是跨接于绝缘上的瞬态过电压或重复峰值电压。可以看出，爬电距离和电气间隙考核的目的和防范的对象是不同的。

如图 4-64 所示，我们来看一个典型的离线式功率变压器结构，它清楚地显示了在变压器设计时是如何考虑满足电气间隙和爬电距离要求的，挡墙一般用在高频变压器中用来增加安全距离，保证安规要求。比如 VDE 认证中要求一次侧到二次侧的爬电距离要有 6.4mm（当然不同的安规标准要求不同），那可以在骨架两端绕 3.2mm 的挡墙来保证这个距离，挡墙本身就是绝缘的了。使用时注意挡墙的高度不可高过绕组的高度。还有绕线时线不可上挡墙，否则就会减少甚至失去 3.2mm 的距离，另外绕组引出线最好加套管。

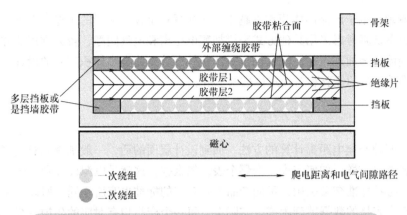

图 4-64　反激式变压器的结构图（资料来源：《电源设计基础》）

加挡墙胶带应属加强绝缘，用以保证产品的爬电距离，一次侧和二次侧之间存在较高电压时，在绕组两端或一端加上挡墙胶带，是防止电通过绕组边缘和骨架间的缝隙爬过导致铜线漆皮击穿的措施。理论上只要该绕组距离骨架边墙有一定距离即可，因此不一定必须靠边。但是挡墙胶带不靠边，就会占用太多的绕线空间，漆包线可能就绕不进了。现在很多变压器骨架开模时已经保证了这部分距离则无需加挡墙，这种我们一般称之为安规变压器，一般是定制化变压器，且出现在小型化产品的场合。当然，二次侧可以用三重绝缘线，就不用挡墙了，但是一般三重绝缘线的线径较粗，能绕的圈数就少了许多，而且成本也高很多，这就需要考虑如何取舍。特殊要求的安规变压器实物图如图 4-65 所示。

图 4-65　特殊要求的安规变压器实物图

随着现在电子产品的体积越来越小，例如现在市场上火爆的快充充电器，设计的时候不得不认真考虑采用其他方式来增加爬电距离和电气间隙，较为常用的方法有开槽增加挡墙、增加麦拉片、模具筋位一体化外壳等，此类小体积产品的设计，极大地考验了设计人员的经验和对安规标准的了解。

4.5.5　绝缘耐压与距离的确定

电气间隙与爬电距离计算的方法，回到设计层面的话，一般是查表对应好再去设计，二者方法一样。如何查表，查哪个表，怎么查，这就是电源设计者比较迷糊的一个问题。各种标准交叉引用，不同产品类别对应的标准也有所不同，所以大家经常对各种标准中表格的数据感到困惑。实际上，每一个产品均有对应的防护等级、污染等级、绝缘材料、PCB 板材、气候等条件定义，如果我们分析最常规的消费品充电器（如快充充电器、适配器等），一般的使用条件并不是太严苛，所以这已有如下所列的成熟的流程体系来管控。

1）选择绝缘类型；

2）根据绝缘类型以确定冲击耐受电压要求；

3）考虑海拔、环境条件（即确定污染等级）的影响；

4）评估电路中的工作电压，应在综合考虑冲击耐受电压、稳态有效值电压、暂态过电压和重复的峰值电压之后，选择最大的电气间隙；

5）查表确定电气间隙与爬电距离。

可以看到，电路中的工作电压的确定是最为关键的一步，这也是安规认证机构做的事情，机构收集器件、原理图、PCB 版图、空白 PCB、PCBA，以及实际完整样品来进行必要的测量和评估。

通常，需要评估电路中所有点之间和所有工作条件下可能出现的最高电压大小。这个最高测量电压定义为这两点的工作电压。电源变压器一次侧和二次侧之间的电压，或是电源一次侧和地之间的电压，通常作为电源额定输入电压范围的上限。

图 4-66 的示意图显示了一个简化的离线式电源原理图，其中变压器和光耦合器都提供了绝缘保护。在一次侧的所有点以相线或中性线为参考点，对于地而言，一次侧任何一点上都可能呈现危险电压，其最高值分别用图 4-66 中的数字 1 和 2 所在位置表示。然后，将这些点对地以及所有二次侧的点（例如图 4-66 中的数字 3、4、5 和 6 所在的位置）之间的电压进行交叉测量（当然这只是其他一部分点，安规机构不可能对所有的电气位置进行电压测试，所以会先按原理图进行筛选确定）。所以我们有几种典型情况可以看到：

1）对一次侧而言，最高电压可能出现在输入电压的两端，或者测得的更高电压，如对于反激式变换器而言，开关管节点处的电压就要高于输入电压。

2）当二次侧为 SELV、ELV 等信号电路时，在确定一次侧和二次侧的工作电压时，这些电路的电压视为零。

3）抗电强度实验所施加的电压（如 4U+2.75kV、2U+1kV 等），也和电路间的峰值工作电压有关。

下面以三个例子来说明，这均是指 PCBA 上器件层面，而非 PCB 板材自身的要求。

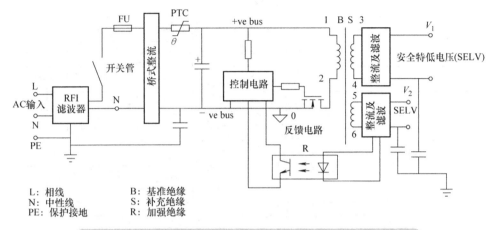

L：相线　　　　　B：基准绝缘
N：中性线　　　　S：补充绝缘
PE：保护接地　　R：加强绝缘

图 4-66　离线式电源的一般构架（资料来源：《电源设计基础》）

例 1：

材料级别为 3；绝缘等级要求为加强绝缘；污染等级为 2；过电压类别为 Ⅱ；有效值工作电压为 265V；峰值工作电压为 400V；产品输入有效值电压为 265V。按标准 IEC 60950—1，查表可以知道，耐压要求为 AC 3000V；爬电距离要求为 5.3mm；电气间隙要求为 4mm。

例 2：

材料级别为 3；绝缘等级要求为基本绝缘；污染等级为 2；过电压类别为 Ⅱ；有效值工作电压为 265V；峰值工作电压为 400V；产品输入有效值电压为 265V。按标准 IEC 60950—1，查表可以知道，耐压要求为 AC 1500V；爬电距离要求为 2.7mm；电气间隙要求为 2mm。

例 3：

材料级别为 3；绝缘等级要求为基本绝缘；污染等级为 2；过电压类别为 Ⅱ；有效值工作电压为 320V；峰值工作电压为 400V；产品输入有效值电压为 240V。按标准 IEC 60950—1，通过图 4-67，查表可以知道，耐压要求为 AC 1500V；爬电距离要求为 3.2mm；电气间隙要求为 2mm。

下面以几个简单的例子来说明安规机构到底怎么测量这个距离。很多标准，如 GB 4943.1—2011、GB/T 19212.1—2016、GB 8898—2011 等都存在类似的要求，我们一般以 GB 4943 为主要标准，因为它是遵循 IEC 和 UL 的标准演变而来。从图 4-63 的定义示意图可以看到，测量距离时经常会碰到开槽，在这些标准中，对槽的宽度进行了有效定义，如图 4-68（GB 4943.1—2011 附录 F）所示。

RMS工作电压有效值 /V	污染等级								
	1[a]	2	1[a]	2			3		
	材料分类								
	PCB		其他材料						
	I, II, IIIa, IIIb	I, II, IIIa	I, II, IIIa, IIIb	I	II	IIIa, IIIb	I	II	IIIa, IIIb 参考注释
10	0,025	0,04	0,08	0,4	0,4	0,4	1,0	1,0	1,0
12,5	0,025	0,04	0,09	0,42	0,42	0,42	1,05	1,05	1,05
16	0,025	0,04	0,1	0,45	0,45	0,45	1,1	1,1	1,1
20	0,025	0,04	0,11	0,48	0,48	0,48	1,2	1,2	1,2
25	0,025	0,04	0,125	0,5	0,5	0,5	1,25	1,25	1,25
32	0,025	0,04	0,14	0,53	0,53	0,53	1,3	1,3	1,3
40	0,025	0,04	0,16	0,56	0,8	1,1	1,4	1,6	1,8
50	0,025	0,04	0,18	0,6	0,85	1,2	1,5	1,7	1,9
63	0,04	0,063	0,2	0,63	0,9	1,25	1,6	1,8	2,0
80	0,063	0,10	0,22	0,67	0,9	1,3	1,7	1,9	2,1
100	0,1	0,16	0,25	0,71	1,0	1,4	1,8	2,0	2,2
125	0,16	0,25	0,28	0,75	1,05	1,5	1,9	2,1	2,4
160	0,25	0,40	0,32	0,8	1,1	1,6	2,0	2,2	2,5
200	0,4	0,63	0,42	1,0	1,4	2,0	2,5	2,8	3,2
250	0,56	1,0	0,56	1,25	1,8	2,5	3,2	3,6	4,0
320	0,75	1,6	0,75	1,6	2,2	3,2	4,0	4,5	5,0
400	1,0	2,0	1,0	2,0	2,8	4,0	5,0	5,6	6,3
500	1,3	2,5	1,3	2,5	3,6	5,0	6,3	7,1	8,0
630	1,8	3,2	1,8	3,2	4,5	6,3	8,0	9,0	10
800	2,4	4,0	2,4	4,0	5,6	8,0	10	11	12,5
1 000	3,2	5,0	3,2	5,0	7,1	10	12,5	14	16

图 4-67　查表法确定爬电及电气间隙距离（基本绝缘要求）

附　录　F
（规范性附录）
电气间隙和爬电距离的测量方法
（见 2.10 和附录 G）

图 F.1～图 F.18 所示的电气间隙和爬电距离测量方法是用来对本部分所规定的要求进行说明。

在图 F.1～图 F.18 中，X 值在表 F.1 中给出。当所示距离小于 X 值时，则测量爬电距离时缝和槽的深度忽略不计。

只有当所规定的最小电气间隙为大于或等于 3 mm 时，表 F.1 才有效。如果要求最小电气间隙小于 3 mm，则 X 值为下述值中较小者：

——表 F.1 中相应值；或

——所规定最小电气间隙值的 1/3。

表 F.1　X 值

污染等级 （见 2.10.1.2）	X mm
1	0.25
2	1.0
3	1.5

图 4-68　槽宽 X 值的有效定义

例1：图 4-69 所测量的路径包含一条任意深度、宽度小于 X、槽壁平行或收敛的沟槽。直接跨沟槽测量爬电距离 dr= AB+BC+CD 和电气间隙 dl=AB+ BC+CD。

例 2：图 4-70 所测量的路径包含一条任意深度、宽度大于或等于 X、槽壁平行的沟槽。电气间隙就是"视线"距离，dl= AB+ BE+EF。爬电距离是沿沟槽轮廓线伸展的通路，dr =AB+ BC+ CD+ DE+EF。

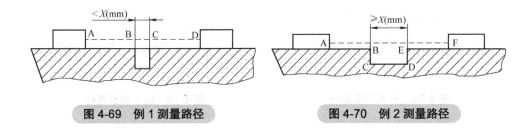

图 4-69　例 1 测量路径　　　　图 4-70　例 2 测量路径

例 3：图 4-71 所测量的路径包含一条宽度大于 X 的 V 形沟槽。电气间隙就是"视线"距离，dl= AB+BG+GH。爬电距离是沿沟槽轮廓线伸展的通路，但沟槽底部用长度为 X 的连杆"短接"，dr=AC+CD+DE+EF+FH（其中 DE=1mm）。

例 4：图 4-72 所测量的路径包含一凸台。电气间隙是越过凸台顶部最短直达空间通路，dl= AC+CD+DF。爬电距离是沿肋条轮廓线伸展的通路，dr=AB+BC+CD+DE+EF。

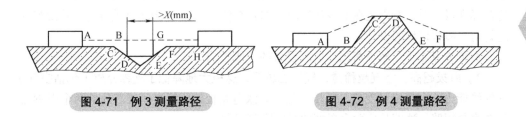

图 4-71　例 3 测量路径　　　　图 4-72　例 4 测量路径

例 5：图 4-73 所测量的路径包含一条未粘合的接缝，该接缝的两侧各有一条宽度小于 X 的沟槽。爬电距离和电气间隙是如图所示的"视线"的距离，dl=dr=AB+BC+CD。

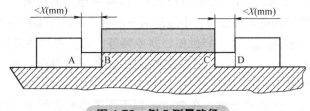

图 4-73　例 5 测量路径

例 6：图 4-74 所测量的路径包含一条未粘合的接缝，该接缝的两侧各有一条宽度大于或等于 X 的沟槽。电气间隙是"视线"的距离，dl=AD+DE+EG。爬电距离是沿沟槽轮廓线伸展的通路，dr=AC+CD+DE+EF+FG。

例 7：图 4-75 通过未粘合接缝的爬电距离小于越过挡板的爬电距离，dr=AC+CF+EF+FG+GH。电气间隙是越过挡板顶部最短直达空间距离，dl=AB+BD+DH。

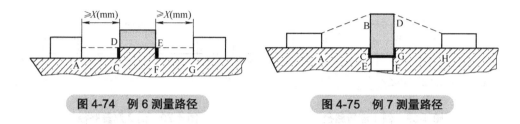

图 4-74　例 6 测量路径　　　　　　　图 4-75　例 7 测量路径

更复杂的实例请参考邓振进的论文《GB 47931—2007 标准中电气间隙和爬电距离》或是相关标准的示例。

4.5.6　海拔的影响

我国国家标准 GB 4643.1—2011《信息技术设备 安全 第 1 部分：通用要求》，这是广泛使用的一份标准，已经对海拔适应有了要求，可以看到现在很多设备、充电器上都会加标这样的一句话：电源适配器仅限海拔 2000m 以下安全使用。究其原因，现行产品在设计时，特别是在安规认证时，都是在低于海拔 2000m 时进行的，并没有特意针对高海拔区域的设计。

我们先基本上了解下海拔对电气设备的一般影响。

1）海拔越高，空气越稀薄，气压也越低，这极大地降低了绝缘介质（包括空气）的绝缘能力，电气绝缘变差。气压越低，导致电路板的两线之间或芯片的两个引脚之间越容易短路，这即是后面会提到的爬电距离问题。

2）海拔越高，越容易发生凝露，同样会降低电子设备的爬电距离。

3）海拔越高，空气也越稀薄，造成散热性能下降，而现在大功率充电器，服务器电源很多，这都需要加以考虑。

基于这几点的要求，可以看到海拔对电气设备有很大的影响，当然还存在其他一些情况，如高海拔的电离辐射等，不过这对一般性消费电子类产品不会构成严重的影响。真正高海拔使用的产品，如机柜、服务器等，都需要评估其影响。图 4-76 和图 4-77 所示为 GB 4943.1—2011《信息技术设备 安全 第 1 部分：通用要求》中对于海拔使用的警示要求。

海拔主要对电气间隙有影响，在 2000m 以下不考虑海拔影响，但 2000m 以上就要考虑，主要方法就是需要乘以一个海拔系数做降额，具体见图 4-78 所示的 GB/T 16935.1—2008《低压系统内设备的绝缘配合　第 1 部分：原理、要求和试验》中的海拔修正系数。可以看到，在 5000m 海拔处，电气间隙需要比平常的设计多留 50% 的裕量。

附 录 DD
（规范性附录）
标准中新增加的安全警告标识的说明

DD.1 关于海拔高度安全警告标识

标识含义：加贴该标识的设备仅按海拔 2000m 进行安全设计与评估，因此，仅适用于在海拔 2000m 以下安全使用，在海拔 2000m 以上使用时，可能有安全隐患。

图 4-76 GB 4943.1—2011 中对于海拔使用的警示要求 1

仅适用于海拔2000m以下地区安全使用。

2000m ᠪᠠᠷ ᠳᠣᠭᠤᠷᠠᠳᠬᠢ ᠭᠠᠵᠠᠷ ᠣᠷᠤᠨ ᠳᠤ ᠬᠡᠷᠡᠭᠯᠡᠬᠦ ᠳᠦ ᠯᠠ ᠠᠶᠤᠯ ᠦᠭᠡᠢ᠃

རྒྱ་མཚོའི་ངོས་ལས་མཐོ་ཚད་རེ2000ནས་ཀྱི་འོག་ཡིན་ན་ར་ར་ཉེན་ཁ་མེད་པར་སྤྱོད་འཐུས།

دېڭىز يۈزىدىن 2000 مېتر تۆۋەن رايونلاردىلا بىخەتەر ئىشلەتكىلى بولىدۇ

Dan hab yungh youq gij digih haijbaz 2000m doxroengz haenx ancienz sawjyungh.

图 4-77 GB 4943.1—2011 中对于海拔使用的警示要求 2

海拔 m	正常气压 kPa	电气间隙的倍增系数
2000	80.0	1.00
3000	70.0	1.14
4000	62.0	1.29
5000	54.0	1.48
6000	47.0	1.70
7000	41.0	1.95
8000	35.5	2.25
9000	30.5	2.62
10000	26.5	3.02
15000	12.0	6.67
20000	5.5	14.5

图 4-78 GB/T 16935.1—2008 中的海拔修正系数

4.5.7 安规标准中的单一故障失效与异常状态

安规测试中经常涉及一个单一故障失效或有误操作的情况，称之为异常状态，这是为了保证当功能失效时，电源仍然处于安全状态，即对操作人员不会造成伤害，但电源本身可以失效。在这里我们来看几份标准中对于此情况的具体描述。

GB 4943.1—2011《信息技术设备 安全 第1部分：通用要求》具有典型性，它也反映着 IEC/EN/UL 60950—1 此类标准，它们为全球信息技术类设备供电电源的核心标准，后续将被 IEC/EN/UL 62368—1 取代。GB 4943.1—2011 和 IEC 61347—2—13/GB 19510.14—2009 中故障异常状态的相关条款分别如图 4-79 和图 4-80 所示。

1.4.14 模拟故障和异常条件

如果要求施加模拟故障或异常工作条件，则应当依次施加，一次模拟一个故障。对由模拟故障或异常工作条件直接导致的故障被认为是模拟故障或异常工作条件的一部分。

当施加模拟故障或异常工作条件时，如果零部件、电源、可消耗材料、媒质、记录材料可能对试验结果产生影响，那么它们应当各在其位。

当设置某单一故障时，这个单一故障包括任何绝缘（双重绝缘或加强绝缘除外）或任何元器件（具有双重绝缘或加强绝缘的元器件除外）的失效。只有当 5.3.4c）有要求时，才模拟功能绝缘的失效。

应当通过检查设备、电路图和元器件规范来确定出可以合理预计到会发生的那些故障条件，示例如下：

　　——半导体器件和电容器的短路和开路；

　　——使设计为间断耗能的电阻器形成连续耗能的故障；

　　——使集成电路形成功耗过大的内部故障；

　　——一次电路的载流零部件和如下电路或零部件之间的基本绝缘的失效：

- 可触及的导电零部件；
- 接地的导电屏蔽层（见第 C.2 章）；
- SELV 电路的零部件；
- 限流电路的零部件。

GB 4943.1—2011

5.3 异常工作和故障条件

5.3.1 过载和异常工作的防护

设备的设计应当能尽可能地限制由于机械、电气过载或失效，或由于异常工作或使用不当而造成着火或电击的危险。

设备在出现异常工作或单一故障（见 1.4.14）后，对操作人员安全的影响应当保持在本部分的含义范围内，但不要求设备仍处于完好的工作状态。可以使用熔断器、热断路器、过流保护装置和类似装置来提供充分的保护。

通过检查和 5.3 规定的试验来检验其是否合格。在开始进行每一项试验前，要确认设备工作正常。

如果某种组件或部件是密封好的，以致无法按 5.3 的规定来进行短路或开路，或者不损坏设备就难以进行短路或开路，则可以用装上专用连接引线的样品零部件进行试验。如果这种做法不可能或无法实现，则应当将该组件或部件作为一个整体来承受试验。

使设备在可以预计到的正常使用和可预见的误用时的任何状况下进行试验。

另外，对装有保护罩的设备，应当在该保护罩在位时，在设备正常空转的条件下进行试验，直到建立起稳定状态为止。

图 4-79 标准 GB 4943.1—2011 中故障异常状态的相关条款

　　IEC/EN 61347—2—13《灯的控制装置—第 2-13 部分：LED 模块用直流或交流电子控制装置的特殊要求》，GB 19510.14—2009《灯的控制装置 第 14 部分：LED 模块用直流或交流电子控制装置的特殊要求》，它遵循 IEC/EN 61347—1《灯的控制装置第 1 部分：一般要求和安全要求》，对应国家标准为 GB 19510.1—2009《灯的控制装置 第 1 部分：一般要求和安全要求》。它们为欧洲和亚太地区的 LED 驱动电源提供核心安规标准。其中故障异常状态相关条款如图 4-80 和图 4-81 所示。

　　14　故障状态

　　　　按照 GB 19510.1—2009 第 14 章的要求以及下述补充要求：

　　　　控制装置带有 ▽ 标志时，应符合附录 C 规定。

图 4-80　标准 IEC 61347—2—13/GB 19510.14—2009 中故障异常状态相关条款

14　故障状态

　　灯的控制装置在设计上应能保证其在故障状态下工作时，不会喷出火苗或熔化的材料，并不会产生可燃气体。10.1 所规定的防止意外接触带电部件的保护措施不应被损坏。

　　在故障状态下工作是指对样品依次施加 14.1～14.4 规定的每一种故障状态，以及由此而必然产生的其他故障状态，并且，每次只允许一个部件置于一种故障状态。

　　一般通过检查受试样品及其线路图就可明确所应施加的故障状态，这些故障状态应以最适宜的顺序依次施加。

　　全封闭式灯的控制装置或元件不打开检查，也不施加内部故障状态。但是如有疑问，应检查其线路图，将输出端短路，或与制造商协商由其提交一专门制作的供试验用的灯的控制装置。

　　如果灯的控制装置或元件是密封在自凝固化合物中，而该化合物又与相应的表面紧密粘结，且没有空隙，则认定其被完全封闭。

　　凡是符合制造商的技术要求不会发生短路的元件，或能消除短路的元件，均不允许跨接。凡是按照

11

GB 19510.1—2009/IEC 61347-1：2007

制造商的技术说明不会产生开路的元件，不应被断开。

　　制造商应提供证据表明，各个元件均能以预期的方式工作，例如，出示符合相应技术要求的合格证。

　　对于不符合有关标准的电容器、电阻器或电感器，应将其短路或断开，采用其中最不利的方式。

图 4-81　标准 GB 19510.1—2009 中故障异常状态相关条款

　　标准 IEC/EN 61347—2—13 在额定输入电压条件下，主要进行如下单一故障测试，每次只模拟一种故障：

　　1）短路或者开路不满足相应 IEC 标准要求的电容、电阻和电感。

　　2）爬电距离 / 电气间隙不符合要求的做相应的短路测试。

3）短路或者开路半导体器件。

4）短路由清漆、瓷漆或者织物构成的绝缘。

5）短路电解电容（用于滤波作用的且符合 UL 60384—14《用于抑制电磁干扰和连接电源的固定电容器标准》要求的 X1、X2 电容可以豁免）。

并且测试完后，需要进行绝缘阻抗 Annex A 的测试，检查是否产生可燃性气体，是否发生材料燃烧或者金属熔融造成的安全危害（用符合 ISO 4046—4：2016《纸、纸板、纸浆及其术语、词汇　第 4 部分：纸和纸板的等级和加工产品》规定的纸巾包裹）。

同时，以下测试在 0.9~1.1 倍额定电压的任何电压值下进行 1h，做短路测试时需分别使用长度为 20cm 和 200cm 的输出线。分别在输出端不带 LED 模块、输出端带两倍的 LED 模块（或等效负载）、输出端短路的情况下进行测试。

对于以上异常测试，在测试中和测试后，控制器不能出现危害安全的缺陷，不能冒烟，不能产生可燃性气体。对于恒流式控制器，输出电压不能超过宣称的最大输出电压。

UL 8750《用于灯具产品的发光二极管光源》中第 8.7 节关于异常测试的内容中，用了大量的篇幅来讲解测试要求、目的及判据要求。它为北美地区 LED 驱动电源的核心安规标准。标准 UL 8750 中的故障异常状态相关条款如图 4-82 所示。

UL8750

8.7.2 器件故障试验

8.7.2.1 当施加模拟短路或开路时，具有电阻、半导体器件、电容器等器件的设备不得出现火灾或电击危险。在准备器件故障测试时，应检查设备、电路图和器件规格，以确定合理预期可能发生的故障状况。例如：半导体器件和电容器的短路和开路，集成电路中内部短路，或电阻开路等。

例外情况1：已确定最大功率水平不超过50 W的电路无需评估器件故障。

例外情况2：由有限火灾和触电危险范围内运行的电源供应的装置不需要进行本试验。

8.7.2.2 每个部件一次短路或开路（每次试验一个故障）。每次试验应持续进行，直到设备不再可工作，或直到明显稳定，通过至少30分钟内来确定（无可见变化或可检测到的热增加）。

例外情况：已评估其抗故障可靠性的部件不需要实施此故障测试。此类器件如：根据光隔离器标准评估的光隔离器，UL 1577，以及根据UL 60384-14《用于抑制电磁干扰和连接电源的固定电容器标准》进行评估的电容器。

图 4-82　标准 UL 8750 中故障异常状态相关条款

UL1993《自镇流灯泡以及其适配器安全标准》作为目前自镇流式的 LED 灯的安全标准，同样对故障异常状态有要求。标准 UL1993 中故障状态相关条款如图 4-83 所示。

UL1993 2021版

SA8.22 LED灯和驱动器异常条件试验

SA8.22.1 在每次试验期间，对于可触及的非载流金属部件，应通过一个3A无延时熔断器接地，被测设备应覆盖双层粗棉布。

SA8.22.2 若出现以下任何一种情况即视为存在火灾或触电风险：
a) 接地保险丝断开，
b) 粗棉布的炭化，
c) 设备中有火焰或熔融物质的排放，
d) 暴露带电部件，或
e) 在随后的介电耐压试验中击穿（如UL 8750或CSA C22.2中第250.13条）

SA8.22.3 除非事先进行了评估，否则应该按照UL 8750或CSA C22.2 No.250.13中规定，对驱动器进行异常条件试验。

SA8.22.4 作为单独的异常试验条件，LED灯若为直流输入，应连接到一个与额定电压相等的交流电源。

图 4-83　标准 UL1993 中故障状态相关条款

现在我们来看几份实际的测试报告中关于爬电距离与电气间隙，以及故障测试的内容。

第一份为常规开关电源适配器，输入 AC100~240V，50~60Hz，0.3A，输出 DC5V：1.0A×2 两组输出，采用的测试标准为 IEC 60950.1，可以看到其测试报告如图 4-84 所示。

从图 4-84 中可以看到，测试过程中，先测得绝缘隔离变压器各引脚上的电压，包括 RMS 电压和峰值电压。接下来再查表核实爬电距离和电气间隙是否满足要求。同时查看故障情况下的电源的表现情况。IEC 60950.1 测试报告节选之单一故障状态如图 4-85 所示。

2.10.2	表：工作电压测量			P：通过
位置		RMS电压 /V	峰值电压 /V	备注
变压器 T1				
引脚 1 ~ 5		225	382	
引脚 1 ~ 6		225	365	
引脚 2 ~ 5		225	370	
引脚 2 ~ 6		225	383	
引脚 3 ~ 5		240	480	
引脚 3 ~ 6		**244**	**472**	最大RMS电压和最大峰值电压
引脚 4 ~ 5		211	353	
引脚 4 ~ 6		211	356	
测试电压: 240V/50Hz				

图 4-84　IEC 60950.1 测试报告节选之爬电距离与电气间隙

2.10.3 和 2.10.4	表: 爬电距离以及电气间隙测量						P: 通过
电气间隙 (cl) 和爬电距离 (cr) 测量位置:	U_{peak} /V	$U_{r.m.s.}$ /V	要求cl /mm	测量cl /mm	要求cr /mm	测量cr /mm	
熔断器 L 和 N 之间的距离	420	250	2.0	2.7	2.5	2.7	
熔断器引脚之间	420	250	2.0	3.1	2.5	3.1	
一次侧和二次侧的距离	476	244	4.2	>5.0	5.0	>5.0	
变压器T1磁心到C4的距离	476	244	4.2	>5.0	5.0	>5.0	
C1走线到外壳距离	420	250	4.0	>5.0	5.0	>5.0	
测试电压: 240V/50Hz							

2.10.5	表: 绝缘穿透距离测量					P: 通过
绝缘穿透距离 (DTI) 位置:	U_{peak} /V	U_{rms} /V	测试电压 /V	要求 DTI /mm	DTI /mm	
外壳	420	240	AC 3000	0.4	2.24	
其他信息: 无						

图 4-84   IEC 60950.1 测试报告节选之爬电距离与电气间隙（续）

5.3	表: 故障条件测试						P: 通过
	环境温度 (℃) ....:				--		—
	EUT供电电源厂商，型号，输出额定等信息 .....:				--		—
器件符号及位置	故障类型	供电电压 /V	测试时间	熔断器(有/无)	熔断器电流 /A	观察现象	
DB1	S-C: 短路	264V/50 Hz	1S	F1	0	F1立即断开，重复10次后，D3损坏，没有危险现象发生。	
C2	S-C: 短路	264V/50 Hz	1S	F1	0	F1立即断开，重复10次后，没有危险现象发生.	
T1二次侧	S-C: 短路	264V/50 Hz	30min	F1	0.041→ 0.007	电源立即关断并自动恢复，没有危险现象，电源没有出现损坏。	
U2 引脚1~2	S-C: 短路	264V/50 Hz	30min	F1	0.007	电源立即关断并自动恢复，没有危险现象，电源没有出现损坏。	
U2 引脚3~4	S-C: 短路	264V/50 Hz	30min	F1	0.004	电源立即关断并自动恢复，没有危险现象，电源没有出现损坏。	
C5	S-C: 短路	264V/50 Hz	30 min	F1	0	电源立即关断并自动恢复，没有危险现象，电源没有出现损坏。	
D3	S-C: 短路	264V/50 Hz	30 min	F1	0	电源立即关断并自动恢复，没有危险现象，电源没有出现损坏。	
输出端	S-C: 短路	264V/50 Hz	30 min	F1	0	电源立即关断并自动恢复，没有危险现象，电源没有出现损坏。	
输出端	O-L: 开路	264V/50 Hz	4h	F1	0.057→ 0.006	最大输出电流1.25A，1.35A 关机，没有危险现象发生，电源没有出现损坏。 T1 绕组温度: 92.3℃ T1 磁心温度: 94.6℃ 环境温度: 25.0℃	

图 4-85   IEC 60950.1 测试报告节选之单一故障状态

第二份测试报告是 LED 驱动电源，输入 AC220~240V，输出 32W，0.7/0.75A，

42V，采用标准为 IEC 60598—1 和 IEC 61347—1，IEC 61347—2—13，可以看到其测试报告如图 4-86 和图 4-88~ 图 4-90 所示。对应 PCB 上的点如图 4-87 所示。

条款: 18 (16) 爬电及电气间隙距离				
样品编号: LED-05	U_{mains} /V	240	频率 /Hz	50
交流（50/60Hz）正弦电压的最小距离: 1) 带电部件不同极性 2) 带电部件和可触及金属部件永久固定 3) 带电部件和宜称保护的绝缘部件外部的可接近表面不依赖于灯具				
爬电距离测量点	RMS 电压/V	测量距离 /mm	限值 /mm	结果
PTI ≤ 600				
1	250	3.04	2.50	通过
PTI > 600 (需要合规性文件)				
不与电源线导电连接的印制电路板(PCB)上导体之间的最小距离				
爬电距离测量点	峰值电压/V	测量距离 /mm	限值 /mm	结果
距离计算公式:log(d)=0.78log(V_{peak}/300)，d的单位为mm，最小值为0.5mm，V电压的单位为伏特				
2	360	3.99	1.15	通过
3	360	0.87	1.15	短路测试通过
4	376	0.91	1.19	短路测试通过
5	672	1.21	1.88	短路测试通过
6	10	0.28	0.50	短路测试通过
7	425	1.08	1.31	短路测试通过
8	238	1.17	0.83	通过
7	113	1.18	0.50	通过
8	671	1.21	1.87	短路测试通过

图 4-86　IEC 61347—2—13 测试报告节选之爬电及电气间隙距离

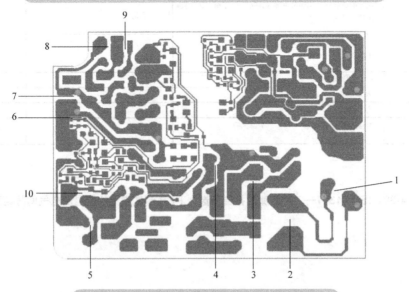

图 4-87　电压测试所选择的 PCB 上不同位置点

L. 11 爬电距离及电气间隙

条款	测试	测量值≥法规要求值/mm	判据
L.11 (1&2)	输入和输出电路之间的绝缘	☐ 基本绝缘 ☑ 双重/加强绝缘	P: 通过
	a) 输入电路的带电部分和输出电路的带电部分	6.0 (> 5.0)	P: 通过
	b) 输入或输出电路和接地金属之间的绝缘穿透距离 (DTI)		不适应
	c) 输入与输出电路 之间的绝缘穿透距离(DTI)	0.165 (> 0.24*2/3)	P: 通过
L.11 (3)	输入相邻电路间的绝缘		不适应
	输出相邻电路间的绝缘		不适应
L.11 (4)	外部电缆和软线连接端子之间的爬电距离和电气间隙, 不包括输入和输出电路端子之间的爬电距离和电气间隙	8.0 (>5.4; 输入) 8.0 (>3.6; 输出)	P: 通过
L.11 (5)	基本绝缘或补充绝缘		P: 通过
	a) 不同极性的带电部件	3.0 (> 2.6)	P: 通过
	b) 带电部件和外壳 (如果打算连接以保护带电接地)		不适应
	c) 可触及的金属部件和与软电缆或软线直径相同的金属棒 (或缠绕在电缆或软线周围的金属箔, 插入入口套管、固定点等)		不适应
	d) 带电部件和内部中间金属部件		不适应
	e) 中间的金属部分和外壳		不适应
L.11 (6)	加强或是双重绝缘		P: 通过
	本体和带电部件之间或标准要求的地方 (不包括输入和输出绕组之间的绝缘)	5.1 (> 5.0)	P: 通过
	在输出电路的主体和带电部件之间, 如果有防止瞬态电压的附加保护措施		不适应
L.11 (7)	绝缘穿透距离		不适应
	a) 基本绝缘		不适应
	b) 补充绝缘		不适应
	c) 加强绝缘 (不包括输入和输出电路之间的绝缘)		不适应

图 4-88   IEC 61347—2—13 测试报告节选之 PCB 测试点上的爬电及电气间隙距离

条款: 14 (14) 故障状态

负载/测试条件

负载/测试条件
- 额定输出电压供电
- 在 t_c 温度点下测试
- 故障状态如下:
1. S/C 短路爬电距离和电气间隙测试中标记的点;
2. 半导体器件S/C 短路或 O/C 开路;
3. 覆盖油漆、瓷釉或纺织物的绝缘层短路S/C;
4. 电解电容 S/C 短路;
5. 其他器件S/C 短路或 O/C 开路,如电容、电阻、电感等。
- 在故障测试下,不能有火焰或是易燃气体出现,以及出现材料融化等现象。
- 对于标识有 ▽ 符号的LED控制器,灯的控制器外壳温度在任何情况下,均不能超过标识值,附录C的要求需要满足。
- 在故障测试时,控制器的输出电压不能超过额定输出电压的115 %。

测试数据

测试点之间	无火焰或易燃气体	无材料融化	绝缘阻抗≥1MΩ	可接触到的部件是否带电	结果
爬电距离和间隙试验中带有 "FC" 标记的点短路测试					
半导体器件之间短路或断开（如适用）					
D1	是	是	>100MΩ	是	P: 通过
D5	是	是	>100MΩ	是	P: 通过
D6	是	是	>100MΩ	是	P: 通过
D8	是	是	>100MΩ	是	P: 通过
D9	是	是	>100MΩ	是	P: 通过
D11	是	是	>100MΩ	是	P: 通过
D12	是	是	>100MΩ	是	P: 通过
D14	是	是	>100MΩ	是	P: 通过
D17	是	是	>100MΩ	是	P: 通过
Q1	是	是	>100MΩ	是	P: 通过
Q2	是	是	>100MΩ	是	P: 通过
Q3	是	是	>100MΩ	是	P: 通过
Q7	是	是	>100MΩ	是	P: 通过
Q10	是	是	>100MΩ	是	P: 通过
Q11	是	是	>100MΩ	是	P: 通过
U1	是	是	>100MΩ	是	P: 通过
U3	是	是	>100MΩ	是	P: 通过
Z2	是	是	>100MΩ	是	P: 通过
电解电容短路					
C2	是	是	>100MΩ	是	P: 通过
C4	是	是	>100MΩ	是	P: 通过
覆盖油漆、瓷釉或纺织物的绝缘层短路					

图 4-89　IEC 61347—2—13 测试报告节选之单一故障状态

第三份测试报告是关于 LED 灯的, 系统功率 80W, 输入电压为 AC100~277V, 50/60Hz, 采用标准为 UL1993, 可以看到其测试报告如下, 因为北美灯具对于绝缘采用的是耐压的形式来检验, 所以首先测量的是 PCBA 上的电气间隙是否满足耐压等级。UL1993 测试报告节选之 PCBA 耐压测试点如图 4-91 所示。

条款: 15 变压器热量 (正常状态和异常状态) & 附录 C
　　　L.6 热量
　　　L.7 短路以及过载保护

负载/测试条件

负载/测试条件

- 0.9～1.1 倍额定电压 (选择1.06倍额定电压)
- 在 t_c (或 t_a)时测试

cl. 15.2 正常工作 & L.6 热量
cl. 15.3 异常状态 & L.7 短种以及过载保护
cl. 故障状态 & 附录 C & ▽

测试数据　LED-03

测试位置	温度测量值					温度限值	判据
	正常工作	▽ 故障状态(开路/短路)	异常状态				
			开路	短路	二倍负载		
T_a	44.6			44.3			
T_c	71.1			46.8		75	P:通过
变压器 表面	72.1			44.2		90	P:通过
PCB	99.7			48.1		130	P:通过
L5 线圈	99.7			58.6		120	P:通过
L5 磁心	85.7			48.8		120	P:通过
El-Cap (C4)	84.0			47.9		105	P:通过
El-Cap (C6)	81.3			48.4		105	P:通过
光耦 (U3)	86.6			50.1		110	P:通过
输出接线端子	79.6			48.8		90	P:通过

图 4-90　IEC 61347—2—13 测试报告节选之单一故障状态下温升测试

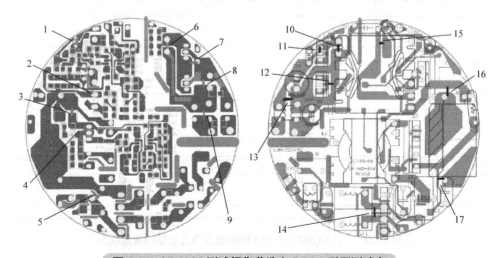

图 4-91　UL1993 测试报告节选之 PCBA 耐压测试点

在最大供电电压 AC277V 下，对各位置点工作电压的测量和确定结果如图 4-92 所示。工作电压确定如图 4-93 所示。

故障测试如图 4-94 所示。

测试结果

机种型号	80W 型号:M01		样品编号:	A14
PWB电路板测试点	测量的电压 V_p/V	DC测试电压 ($2V_p$+1000)/V	PWB电路板测试点	测量的电压 V_p/V	DC测试电压 ($2V_p$+1000)/V
1	23.6	1047.2	10	186	1372
2	4	1016	11	220	1440
3	1.6	1003.2	12	186	1372
4	460	1920	13	47	1094
5	340	1680	14	280	1056
6	220	1440	15	4	1016
7	220	1440	16	360	1720
8	49	1098	17	440	1880
9	1.6	1003.2	—		

图 4-92　UL1993 测试报告节选之 PCBA 耐压测试结果

电压测量结果

为保安技术人员注意：如果对地进行测量，请勿使用隔离电源为基准请选器仪表1 试流量必测以地泰考的电源供电。

样品编号	A15
测试点	电压/(kV)
BD1, pin-1	284
BD1, pin-2	215
L2, PIN-1	291
L2, PIN-3	318
L2, PIN-5	21
L2, PIN-6	8
T2, PIN-1	71.6
T2, PIN-2	2
T2, PIN-7	403
T2, PIN-8	0.48
T2, PIN-9	450
T2, PIN-12	37.9
VO +	45.8
VO -	1.57

Pin 743 of T2	225
Pin 843 of T2	36.7
Pin 143 of T2	55
Pin 743 of T2	143
Pin 943 of T2	193
Pin 843 of T2	143
Pin 1243 of T2	127
Pin 743 of T2	122
Pin 843 of T2	121
Pin 943 of T2	280
Pin 1243 of T2	127
Two pins of CY1	121

图 4-93　UL1993 测试报告节选之工作电压确定

LED灯和振动异常状态-例状:

测试参数:

机种型号	电源电压	
	(V)	(Hz)
80W	277	60

测试结果

在异常情况应在单拉的样品上进行，若非各方何意在测一样品上进行一次以上的试验。

机种型号	样品编号	故障描述	测试现象记录
80W	A23	ZNR1, 短路	输入0A, 0W, 供险丝断开, 不能自动恢复, 没有其他损坏
	A24	ZNR2, 短路	输入0A, 0W, 供险丝断开, 不能自动恢复, 没有其他损坏
	A25	BD1, 1-2, 短路	输入0A, 0W, 供险丝断开, 不能自动恢复, 没有其他损坏
	A26	C5, 短路	输入0A, 0W, 供险丝断开, 不能自动恢复, 没有其他损坏
	A27	C14, 短路	输入0.01A 1.5W, 测试7.5小时后能自动恢复
	A28	C18, 短路	输入0.07A 4W, 测试7.5小时后能自动恢复
	A29	C21, 短路	输入0.046A 0.33W, 测试7.5小时后能自动恢复
	A30	C22, 短路	输入0.052A 2.5W, 测试7.5小时后能自动恢复
	A31	C24, 短路	输入0.23A 1.5W, 测试7.5小时后能自动恢复
	A32	U1, 6-9, 短路	输入0.04A 0.30W, 测试7.5小时后能自动恢复

A33	U1, 6-8, 短路	0.05A 2.5W, 测试7.5小时后能自动恢复
A14	U1, 3-6, 短路	0.073A 4.5W, 测试7.5小时后能自动恢复
A35	U1, 3-7, 短路	输入0.28A 76W, 正常工作2.5小时
A36	U1, 1-2, 短路	输入0A, 0W, 保险丝断开, 不能自动恢复, 没有其他损坏
A37	U1, 1-2, 短路	输入0A, 0W, 保险丝断开, 不能自动恢复, 没有其他损坏
A38	D4, 短路	输入0.066A 0.5W, 测试7.5小时后能自动恢复
A39	T2, 8-12, 短路	输入0.044A 0.45W, 测试7.5小时后能自动恢复

测试结果符合要求。

[ ] 其他现象:
测试日期:2020-12-18

图 4-94　UL1993 测试报告节选之单一故障状态

从上面的故障异常测试可以看到，在安规认证测试时，需要准备大量的样品以应对不同的故障选择点，同时这个选择又受认证工程师的水平制约，可能抽测的点并不能严格反映出产品的安全性能，所以大家在设计之初，需要多做理论思考，以及实际评估，笔者也多次说过，认证标准是最低要求，产品需要更完备和更全面的考量，这涉及的内容超出本书的范畴，有兴趣的读者可以自己查找相关资料或是与笔者进行讨论。

4.6 统一的标准 IEC 62368—1

全球市场变幻莫测，市场准入政策也一直在日新月异的转型过渡中。自 IEC 发布 IEC 62368—1：2010 以来，至今已经有 10 个年头。期间，IEC 又发布了 IEC 62368—1：2014 和 IEC 62368—1：2018，全球很多国家和地区也相继做出规划和调整，其中以欧盟的动作最为迅速。2018 年 10 月 4 日，国际电工产品委员会（IECEE）正式发布了安全标准 IEC 62368—1：2018《音频 / 视频、信息和通讯技术设备第 1 部分：安全要求》。本小节仅在市场准入条件和标准出台层面给予介绍，而不涉及具体的产品设计层面，部分内容引自其他网站，如需要进一步的内容，请联系笔者。IEC 62368—1 概览如图 4-95 所示，IEC 62368—1 覆盖产品范围如图 4-96 所示。

图 4-95   IEC 62368—1 概览（资料来源：CUI 公司官网）

标准 IEC 62368—1：2018 将完全取代标准 IEC 62368—1—2014 以及传统的安全标准 IEC 60950—1、IEC 60065。全球关于 IEC 62368—1 的接受及切换时间情况如图 4-97 所示。

IEC 62368—1 是一套国际安全标准，适用于信息和通信技术（ITE）和视听（AV）应用中采用的电子设备，其最大的特点是，它结合并取代了长期有效的 IEC 60950（ITE 应用）和 IEC 60065（AV 应用）标准。该标准独辟蹊径，采用基于危害的安全工程学（Hazard-based Safety Engineering，HBSE）原理，使用三段式模型来识别危害并确定合适的安全措施，最终实现产品安全，该标准为现代电子设备和零部件制造商带来了真正的优势。HBSE 运用三段式模型描述了能源、能量转移机制，如图 4-98 所示，或安全防护措施如图 4-99 所示，以及耗能设备之间的联系，从而直观地展示了危害和安全措施。

涵盖产品

新标准范围广泛，涵盖消费类和企业技术产品，其中包括：

信息技术：

计算产品，网络产品和外围设备：交换机、服务器、路由器、扫描仪、计算机、笔记本/笔记本电脑、平板电脑和终端。

通信技术：

智能手机、电话、移动电话、网络基础设施设备和IP外围设备。

消费类电子产品：

可穿戴式产品、家庭影院系统、电视机、监控器、相机、音乐播放器、游戏机、乐器和虚拟现实（VR）产品。

专业音频技术：

电动扬声器、混音器、放大器和信号处理器。

办公用品：

复印机、碎纸机、投影仪和打印机。

组件：

内部和外部电源、显卡、网卡、主板、激光器、电池和硬盘驱动器。

图 4-96　IEC 62368—1 覆盖产品范围

国家/地区	对应的地方标准	地方标准发布日期	执行日期
美国	UL62368-1 Ed.3	2019/12/13	2020/12/20
加拿大	CAN/CSA C22.2 No.62368-1:19 第3版	2019/12/13	2020/12/20
欧盟	EN62368-1 Ed. 2	2020 年	2020/12/20
英国	BS EN62368-1 Ed.2	2020 年	2020/12/20
澳大利亚和新西兰	AS/NZS 62368:2018	2018/2/15	2022/2/15
墨西哥	NMX-I-62368-1-NYCE-2015	不适用	不适用

图 4-97　全球关于 IEC 62368—1 的接受及切换时间情况
（截至 2021 年 3 月，资料来源于 CUI 公司官网）

HBSE 的重点已经不再是证明已达到的预定规范，而是要求产品制造商证明已考虑了已知危害并且产品设计可在预期的环境中安全使用。然而，IEC 62368—1 等标准尽管是基于危害制定的，但不需要像 IEC 60601—1 等标准那样进行风险分析。

HBSE 原则在识别任何潜在有害的能量来源，以及能量可能转移给用户的机制的同时提出防止这些转移发生的适当方法，通过这种方式保护设备用户。HBSE 的范围涵盖了常规运行和故障状态。对于已采取的安全措施，防止因电能（电击）或灼伤直接引起的疼痛或伤害，和 / 或防止发生可能导致疼痛、伤害、死亡或财产损失的电气火灾。重要的是，HBSE 还会衡量安全措施的有效性。

基于以下三段式模型（见图 4-99）完成危害和安全措施分析："能源—转移机制—身体部位"和"能量来源—安全措施—身体部位"。下列各图更加清晰地说明了以上概念：

图 4-98   HBSE 直观地展示了耗能设备可能接触哪些潜在有害的能源

图 4-99   HBSE 三段式模型支持采用灵活的方式设计安全功能

在 IEC 62368—1 标准中，用户可能接触的能量级别分为 ES1、ES2 和 ES3。正如下图 4-100 描述的，ES1 是最低级别。分析电气火灾危害和预防措施时也采用类似的增长梯度。

能量来源	身体效应	可燃物效应
1级	不痛但可察觉	不会引燃
2级	疼痛但不会受伤	可能引燃，但火苗增长和蔓延有限
3级	受伤	可能引燃，且火苗增长和蔓延迅速

图 4-100   能量来源分类

尽管 IEC 62368—1 力争减少条条框框，增加设计人员灵活空间，并确保最终用户得到更安全的产品，但是改为采用 HBSE 是一项重大的理念转变。和往常一样，各大厂商需要消化大量信息以确保自己的产品合规。中国作为电源的大规模生产地，这一标准的影响毋庸置疑，尽早在标准层面深入理解，有助于产品的顺利切入和过渡。

4.7 本章小节

至此，我们需要知道，EMC 问题不是玄学，虽然对于电源本身，对 EMC 问题的建模需要很丰富的理论支持，然后通过仿真等手段去验证设计，这往往就挡住了刚入门的电源工程师。网络资料以及交流的发达，我们也经常可以看到各种资料上都对EMC 问题进行了许多经验总结，但往往 EMC 问题是一个因"机"而异的情况，哪怕同一个 PCB 和原理图，稍微更换一个器件即可造成显著的差异，更不要说每个工程师面对的是基本上完全不同的产品。所以，目前在中小型公司，EMC 问题还是以一种试错的方式在进行，这样的方式严重依赖工程师的经验和能力，所以也是大家的一个痛点，企业研发成本在这里投入很大。本书此章的目的不是提供给大家一个解决方案，实际上也不可能提供出一个归一化的经验。同理，对于安规认证，目前许多生产厂商都没有专门的安规前期审核工程师，这样基本上靠电源工程师自己的经验来把握，而安规标准时刻处于动态更新之中，所以在产品研发之初，搜集产品面临的最新标准，以及尽早进行安规评估是至关重要的。在本章中，给出了大量安规认证时的实例报告，这些报告一般情况下电源工程师很难触及，因为这是在后期由认证机构评估时得到的，如果认证没有异常，不会反馈到电源工程师手上，所以这些报告内容虽然任何一个认证机构都能出具，但不同的认证机构对标准的理解各有不同。所以，安规标准只是针对产品的准入的层面，而产品真正地走向市场，必须经历长期的市场、环境使用端的考验，所以工程化设计中的可靠性设计也是产品中至关重要的一环，读者可以从本书的其他章节中看到对相关内容的讲述。

4.8　参考文献

[1]　钟远生 . LED 照明产品电磁兼容测试项目要求 [J]. 电气技术，2012(5)：92-93.

[2]　舒艳萍，陈为，毛行奎 . 开关电源有源共模 EMI 滤波器研究及其应用 [J]. 电力电子技术，2007(6)：10-12.

[3]　帅孟奇 . LED 驱动电源及其控制技术的研究与应用 [D]. 广州：华南理工大学，2011.

[4]　房媛媛，秦会斌 . 反激式开关电源传导干扰的 Saber 建模仿真 [J]. 电子器件，2014(5)：958-961.

[5]　陈治通，李建雄，崔旭升，等 . 反激式开关电源传导干扰建模仿真分析 [J]. 电源技术，2014(5)：953-956.

[6]　李建婷，熊蕊 . 抖频 - 有效降低开关电源 EMI 噪声容限的技术 [J]. 电源技术应用，2006(5)：40-42.

[7]　卢杰，邝小飞 . 频率抖动技术在开关电源振荡器中的实现 [J]. 物联网技术，2014(12)：39-40，43.

[8]　R. VIMALA，K. BASKARAN，K. R. ARAVIND BRITTO. Modeling and Filter Design through Analysis of Conducted EMI in Switching Power Converters[J]. Journal of Power Electronics，20124(4)：632-642.

[9]　文家昌，叶祥平 . 建设 EMC 测试实验室的技术研究 [J]. 电子测量技术，2013(9)：1-4.

[10]　马海军 . 产品开发过程中的 EMC 设计 [J]. 电子产品世界，2015(11)：39-41.

[11]　符荣梅 . 3 米法半电波暗室 (EMC 检测试验室) 的建设及 EMI 测试技术实践 [J]. 计算机工程与应用，2001(4)：118-120，126.

[12]　S. B. Worm，On the Relation Between Radiated and Conducted RF Emission Tests [C]. 13th Int. Symposium on EMC，Zurich，1999.

第 5 章

研发到智造的经验误区及失效分析

闻道有先后，术业有专攻。本书前几章节有提到过，虽然现在电力电子领域开始了模拟电路、数字电路和模拟数字混合电路三分天下的局面，但国内有近 90% 的电源工程师一开始还是从事模拟电路的研发设计工作，而他们的工作模式一般不外乎于如下几种方式。

就职于小型公司，完全没有人带，自己边找资料，常常出现在各种论坛、QQ 群、微信群，边炸机边学，处于没有人关爱的一种状态，这是最痛苦的一种情况。

就职于中型公司，有前辈老师傅带，有芯片代理厂商或是原厂的 FAE 支持，对于刚入门的工程师来说比较幸运，并不会感到非常茫然，但是这种类型的公司可能缺少标准化和文档化管理。

就职于大型公司，具有完善的流程体系和学习系统，也有各种水平层次的同事带着做项目，原厂技术上门服务，时常有专题技术培训，所以不缺技术上的积累和解惑者。但在这种大公司，也有一个弊端，由于职能的细分化，可能数年专注于某一个细分领域而存在知识面较窄的弊端，螺丝钉工作越来越明显。

我们所工作的行业之中，电力电子相关产品，特别是消费类电子产品，动辄百万、千万级的量产级别，这对于我们工程技术人员而言，对于整个产品设计的流程管控，从一到无穷多的变化过程，这中间的海量知识也需要积累和沉淀。

如何从授人以鱼变成授人以渔，业界也想了很多办法，一时间各种技术论坛、社区、公众号、慕课、专题培训、直播形式等涌现，但后来越来越多的广告商的介入，以及工程师们在技术研究方面的时间比较少，一般都是直接针对性地寻找问题的答案，所以现在反而直接是 QQ 和微信等社交工具成为了主要的信息来源，这往往缺乏沉淀和系统性。而有时这种技巧只是其他人的经验，而不具有普适性。

所以本章也仅是抛砖引玉，希望介绍和引入一些技巧，这些技巧具有一定的通用性，对于初级工程师来说，只需要了解这些模块化设计电路，对于日后更为复杂电路打下基础。这章仅是电源电路设计中的一些小知识点，来源于笔者实践中的整理和经验总结。

在本章中，我们会涵盖两个部分的内容，第一部分为设计过程的经验和误区分析；第二部分为批量生产制造后出现的问题分析（失效分析）。

5.1 示波器应用相关问题

示波器是每一个与电相关的工程师必须接触并且使用频率最高的一个设备，也可能是最先接触到的高价值设备，但因为各种各样的原因，很多工程师们在使用过程中出现了很多的困惑和错误，笔者在此单列一节，用于给大家解释示波器的一些易混淆，或者说经验层面的一些困惑，因为这些知识并不是原创，所以笔者参考了大量示波器生产厂商的公开资料，如罗德与施瓦茨、力科、泰克、是德、鼎阳、周立功、普源等，抽取其精华，以期望给读者一个简单的入门级指导，避免在示波器使用时掉入一些陷阱和误区中。但提醒读者注意两点，在这里，我们不讲解深层次原理，如示波器内部结构、ADC 量化以及信号处理、高精度分辨率、采样定理与 FFT 等，只是从日常使用上进行讲解；第二，考虑到目前读者所接触到的仪器，模拟示波器已经很少有工程师在使用，故这些基本操作也是针对数字存储示波器（Digital Storage Oscilloscope，DSO）。

5.1.1　关于探头

探头按照是否需要供电可分为有源探头（内置放大器，需要外部供电）和无源探头（内部都是无源器件，无需供电），按照测量信号类型可分为电压探头、电流探头、光探头等。下文主要介绍工程师日常测试中经常使用的几种探头，以及在不同的场景下对应探头的选择，请注意，这些内容读者也可以从其他渠道获得，如需要扩展阅读，可以去上述厂家的官网查询详细资料。示波器探头分类如图 5-1 所示。

图 5-1　示波器探头分类

另外，出于品牌策略和销售保护，示波器厂商对于探头的接口开始多样化，就标准的 BNC 接口而言，所有品牌的示波器都能通用。但对具有特殊外观、特殊结构的探头接口而言，一般为专用接口，只能适用于某一品牌，甚至该品牌某一系列的示波器。同时这种探头一般造价昂贵，如果更换示波器品牌或型号，则所有探头都将作废，所以工程师们也需要注意这个问题。

1. 10∶1 高阻无源探头

我们经常使用的是 10∶1 高阻无源探头，它的优点是输入阻抗高，动态范围宽（一般最大可测几百伏）以及价格便宜，缺点是输入电容大且需要补偿。如图 5-2 所示为 10∶1 高阻无源探头原理图。

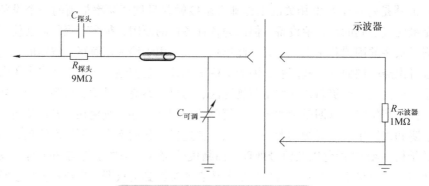

图 5-2　10∶1 高阻无源探头原理图

其中，$C_{可调}$可以认为是线缆的电容、示波器的电容和可调电容的并联等效值。我们需要调节这个电容令 $R_{探头} \times C_{探头} = R_{示波器} \times C_{可调}$，即可实现对探头进行补偿。此外，示波器内也存在寄生电容，同一个示波器的不同通道或者不同示波器的寄生电容都不一样，所以同一个探头接到另外一个通道或者另外一个示波器可能需要再次补偿。需要注意的是：

1）由于负载电容效应的存在，高阻无源探头的高频特性表现不是很好。因此这种探头一般适用于低频的情况，根据图 5-2 所示，示波器也应该选择 1MΩ 的输入阻抗（部分示波器可选 1MΩ 和 50Ω 的输入阻抗。需要测高频时示波器一般选择 50Ω 的输入阻抗）。

2）在 10∶1 探头中经过分压之后示波器收到的信号只有原信号的 1/10，所以示波器需要经过放大之后再显示，这种情况会把示波器本底噪声也放大。探头的 1× 档则不同，在这个档位信号不经衰减直接进入示波器，所以示波器本底噪声也不会放大，故 1× 档位适用于测小信号或者电源纹波。

2. 有源探头

有源探头有输入电容小、带宽高、输入电阻高和无需补偿等优点，缺点是成本较高、需要供电和动态范围窄。

有源探头可以分为单端有源探头、差分探头（有高带宽和高压之分）和电流探头等类型。单端有源探头和差分探头的区别是单端有源探头测试的是测试点对地的参考电平，但是差分探头可以直接测两个测试点之间的相对电位差，不需要和"地"有联系。单端有源探头属于一种特殊的差分探头，但是它不能代替差分探头的工作，例如在进行浮地测量或者要求共模抑制能力的测试时就需要使用差分探头。

（1）单端有源探头。单端有源探头内部有一个阻抗比较高的高带宽的放大器，需要外部供电，所以成为有源探头。它适用于需要高输入阻抗、高带宽的场景，一般能够提供 1MΩ 的输入阻抗和 1GHz 以上的带宽（此时需要示波器选择 50Ω 的输入阻抗进行匹配，但探头本身的输入阻抗还是高阻，如图 5-3 所示）。有源探头的放大器比较接近待测电路，因此环路较小，可以减小一系列的寄生参数，带宽可以做得更高，并且可以驱动较长的线缆。但是由于动态范围不高，很容易被高压破坏，所以使用时应该注意待测电路的电压范围，防止破坏价格比较高的有源探头。

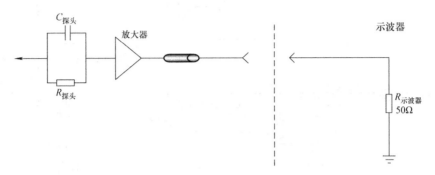

图 5-3　有源探头工作原理图

（2）差分有源探头。差分有源探头的前端放大器是差分放大器，共模抑制比比较高，分为高带宽和高电压的差分有源探头两类。高带宽的差分有源探头主要用于测试高速信号。这种探头的带宽比一般的单端有源探头更高，一般高速的数字信号测试都会使用差分探头。此外，对一些带宽需求不高，但是对动态范围反而有一定要求的场景，如浮地测量、CAN 总线的测量等，这时需要使用高压差分探头。

我们用一张双管正激的电路图（见图 5-4）来描述一下差分电压探头的测量概念。差分探头的前端电路和局部如图 5-5 和图 5-6 所示。

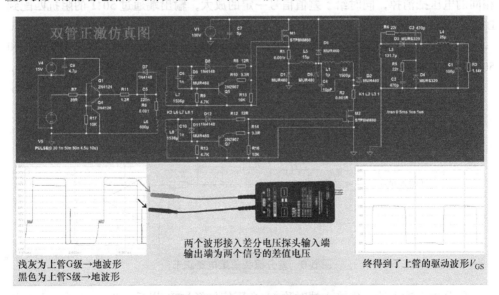

图 5-4　差分探头测量双管正激电路

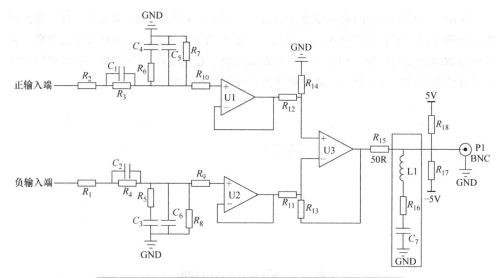

图 5-5　差分探头前端电路原理图（资料来源：东儿科技）

从此内部电路结构上我们可以看到，差分电压探头的基本原理和设计难点在于参数的匹配，为了满足宽带宽（到几百 MHz）下的不同幅值（几 V 到几 kV）的信号准确测量，对内部参数的匹配调节的要求很高。

1）正负输入端通过 R_3、C_1 等电阻和电容把高压信号衰减为对地的低压信号，保证在运放的输入范围；

2）U1 和 U2 为信号的阻抗变换，U3 则是对 U1 和 U2 的信号进行差分处理，把相同的电压抵消掉，同时给予差值信号一定的放大，输出端通过 50Ω 的阻抗匹配到 BNC 接口到示波器；

3）后端添加的 LRC 滤波网络，可以有效抑制输出带宽的大小，比如 100MHz 和 50MHz 的区别。

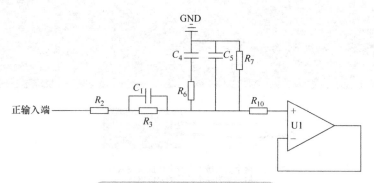

图 5-6　差分探头前端电路细节

仅分析正输入端（负输入端对称），高压信号经过 R_2 以后，R_3 和 R_7 为一条分压支路，C_1 和 C_5（R_6 串 C_4 与 C_5 并联）为一条分压支路。

1）电阻的分压支路决定了低频的分压比例，而电容的分压支路决定了高频的分压比例；

2）R_2 作为输入线的补偿（输入线为一个电感 L），和电容形成 LRC 滤波，补偿输入线的过冲；

3）而为了保证测量较小的信号不被影响，R_3 的电阻很大，比如几 $M\Omega$ 到数十 $M\Omega$，C_1 的电容很小，基本为几 pF；

4）实际波形是由电阻和电容分压共同决定的，如果电容和电阻的分压比例不对，可能在低频测试波形时没有问题，但在高频的时候，边沿脉冲部分可能会大范围的过冲或者欠幅；

5）为了达到电阻和电容的分压比例一致，图 5-6 中的 C_4、C_5、R_7 一般为可调器件，或者多个并联，但是由于 C_1 的容量非常小，精度有限，在者器件安装到 PCB 上以后，会受到寄生参数的严重影响，所以需要加装屏蔽盖或者外壳后才能调试，实际操作显得十分困难；

6）C_1 不能无下限得小，因为寄生参数都会比此电容的容量大。R_3 不能无限制得大，空气湿度或温度漂移足以让电阻的阻值超出设计范围；

7）负输入端的衰减比和正输入端的衰减比不一样的时候，在测量同一个输入信号时，两端衰减电压信号不一致在经过运放差分以后，输出电压残留的信号会很大，这就非常影响共模抑制比，通常只要有一端的可调电容有波动，比如在 1~10pF 波动，在高频共模测试的时候，会发现输出电压残留的信号就非常大。

总结：主要是需要对部分元器件进行精密调节，如果采用机械可调，主要是电路简单，成本低。但是机械可调固有的缺点也非常明显，机械振动和时间变迁都会对本身的参数造成影响，从而影响整体探头的性能。当参数失调的时候，一般情况下只能是返原厂维修。所以数控化调节是很有必要的，可以看到，研发成本更高。数控差分探头功能框图如图 5-7 所示。

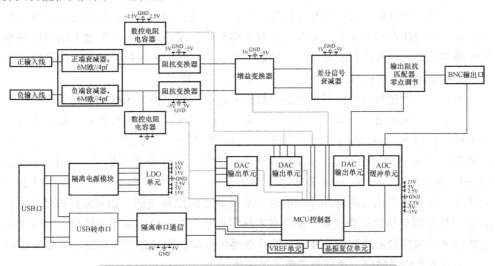

图 5-7　数控差分探头功能框图（资料来源：东儿科技）

3.电流探头

有时候我们在测试过程中还需要测试电流，测试电流有专门的电流探头。示波器基本上就是用来测量电压变化的，所以电流探头实质上是把电流参数按照一定的转化关系转化为电压，然后示波器再根据该电压值得到对应电流的大小。电流探头主要是根据霍尔效应和电磁感应原理将电流信号转化为电压信号。

霍尔效应主要通过电流流过的路径所产生的磁场转化为电压信号进行测量。电压探头中有一个感应环，测试时把这个环套在供电线上，电流探头就能检测出供电线上电流产生的磁场，然后再转化为电压信号。这种探头的好处是可以检测直流电流和交流电流，但是缺点是对于小电流的测量能力有限，但是我们可以通过把待测线缆在感应环里多绕几圈来放大电流产生的磁场，放大倍数等于绕的圈数。

电磁感应是利用电磁感应原理测量电流的，电流探头灵敏度高，带宽也比较高，但是根据电磁感应原理，无法测量直流电流和低频电流。

一个理想的探头模型应该具有输入阻抗无限大、无限带宽、零输入电容、动态范围无限大、零延时等特点，但是现实中没有这种理想的探头。由于各种寄生参数的存在，不同的测试情况导致的测量结果也可能不一样。所以我们在测试时，如果从示波器上看到的波形存在异常的时候，我们首先需要对测试环境、测试仪器设备和测试方法进行检查，如在电源分析时，在测试应力、纹波、动态响应等常规测试时，如果波形违反常规，先不要慌张，很可能是因为前面准备工作没有到位导致，多次重复测试，以及进行对调交叉测试，能够有效地找到问题点。对于示波器及探头，定期校正和补偿修正也是必不可少的。

5.1.2   三剑客：带宽、采样率、存储深度

带宽、采样率和存储深度是数字示波器的三大关键指标。相对于工程师们对示波器带宽的熟悉和重视，采样率和存储深度往往在示波器的选型、评估和测试中被大家所忽视。因为在本书中不会过多着重于对采样理论的描述，只是简单地引用采样等相关的基本原理，计算机只能处理离散的数字信号，在模拟电压信号进入示波器后面临的首要问题就是连续信号的数字化（模/数转换）问题。

采样：一般把从连续信号转换到离散信号的过程叫采样，采样率就是采样时间间隔。比如，如果示波器的采样率是每秒10G次（10GS/s），则意味着每100ps进行一次采样。根据 Nyquist 采样定理，当对一个最高频率为 f 的带限信号进行采样时，采样频率必须大于 f 的两倍以上才能确保从采样值完全重构原来的信号。这里，f 称为 Nyquist 频率，$2f$ 称为 Nyquist 采样率。对于正弦波，每个周期至少需要两次以上的采样才能保证数字化后的脉冲序列能较为准确地还原原始波形。如果采样率低于 Nyquist 采样率则会导致混叠现象。因此在实际测量中，对于较高频率的信号，工程师的眼睛应该时刻盯着示波器的采样率，防止混叠的风险，因此建议工程师在开始测量前先确定示波器的采样率，这样就避免了欠采样。

　　带宽：由 Nyquist 定理我们知道对于最大采样率为 10GS/s 的示波器，可以测到的最高频率为 5GHz，即采样率的一半，这就是示波器的数字带宽，而这个带宽是数字存储示波器的上限频率，实际带宽是不可能达到这个值的，数字带宽是从理论上推导出来的，是数字存储示波器带宽的理论值，与我们经常提到的示波器带宽（模拟带宽）是完全不同的两个概念。

　　那么在实际的数字存储示波器，对特定的带宽，采样率到底选取多大？这通常还与示波器所采用的采样模式有关，这部分知识已经超过本书的范围，请读者自行查阅相关资料。

　　存储深度：把经过 A/D 转换后的二进制波形信息存储到示波器的高速 CMOS 存储器中，就是示波器的存储，这个过程是"写过程"。存储器的容量（存储深度）是很重要的。在存储深度一定的情况下，存储速度越快，存储时间就越短，它们之间是一个反比关系。存储速度等效于采样率，存储时间等效于采样时间，采样时间由示波器的显示窗口所代表的时间决定，所以有存储深度 = 采样率 × 采样时间（可以类比成：距离 = 速度 × 时间）。

　　一句话，存储深度决定了同时分析高频和低频现象的能力。其实我们需要的是长存储深度，但由于功率电子的频率相对较低（大部分小于 1MHz），对于习惯于用高带宽示波器做高速信号测量的工程师来说，往往有一种错觉，电源测量可能很简单，事实是对于电源测量应用中的示波器选择，不少工程师犯了错误，虽然 500MHz 的示波器带宽相对于几百 kHz 的电源开关频率来说已经足够，但很多时候我们却忽略了对采样率和存储深度的选择。比如说在常见的开关电源的测试中，电压开关的频率一般在 200kHz 或者更快，在进行开关管的信号分析，如上升、下降等损耗分析时，开关信号的上升时间约为 100ns 甚至更短（如在 GaN 中，甚至只有 10ns 左右），我们建议为保证精确地重建波形，需要在信号的上升沿上有 5 个以上的采样点，即采样率至少为 5/100ns=50MS/s，也就是两个采样点之间的时间间隔要小于 100/5=20ns，对于至少捕获一个工频周期的要求，意味着我们需要捕获一段 20ms 长的波形，这样我们可以计算出示波器每通道所需的存储深度 =20ms/20ns=1Mpt。同样，在分析电源上电的软启动过程中功率器件承受的电压应力的最大值，则需要捕获整个上电过程（十几毫秒），所需要的示波器采样率和存储深度甚至更高，这即是我们经常进行的瞬态应力分析时所要注意的，合理地选择采样率才能得到真实的波形。

　　笔者经常在不同的电源生产工厂以及一些制造业工厂的研发实验室走访，每次都会特别留意工程师实验台上的仪器，其中，示波器和功率分析仪是我最为关注的两台设备，很遗憾也很尴尬的是，许多工厂的示波器都还停留在 200MHz 带宽，通道存储容量仅 50kpts，这其实对于严格条件下的电源测试远远不够，对一些瞬态变化，高频开关分析无法反映出真实的情况。

　　至此，我们简单进行工程化小结。

　　带宽：带宽选择的总原则，并不是越高越好，而是要能覆盖被测信号各次谐波

99.9% 的能量就足够了，这是从实用性和经济性上的折中。笔者推荐 3~5 倍法则，指的是示波器的带宽是被测信号最高频率的 3~5 倍。

采样率：数字示波器采样率越高，采样速度越快，分辨率越高，测试波形的失真越少，波形越真实，这个是对细节观察最敏感的一个参数，故可以加强要求。

存储深度：存储深度 = 采样率 × 采样时间，它表示示波器可以保存的采样点的个数。提高示波器的存储深度可以间接地提高示波器的采样率，当要测量较长时间的波形时，由于存储深度是固定的，所以只能通过降低采样率来达到，但这样势必会造成波形质量的下降。如果增大存储深度，则可以以更高的采样率来测量，以获取不失真的波形。

带宽、采样率、存储深度，这个铁三角关系无时无刻不在我们示波器的使用过程中得到呈现。

5.1.3　差分电压、浮地测量

工程师现在所使用示波器的外壳、信号输入端 BNC 插座的金属外圈、探头接地线和交流输入电源插座接地线端都是相通的。如果仪器使用时不接大地线，直接用探头对浮地信号进行测量，则仪器相对大地会产生电位差，电压值等于探头接地线接触被测设备点与大地之间的电位差。这将对仪器操作人员、示波器、被测电子设备带来严重的安全危害。

正是由于测量系统中存在不同的地，这种情况下，我们在测试过程中更需要小心，目前大众消费性电子制造业仍然是一个低利润、低门槛行业，所以许多公司研发测试设备投入较少，专门的单独通道隔离示波器还是较少，这样就出现了上一节的各种问题，在测量市电，或是电源的一次侧，以及非隔离电源时，你需要加一级隔离（如隔离变压器，或是采用专用隔离探头）来进行测量，或是带"电"操作。

示波器本身的隔离差分探头总是有意义的，虽然目前价格相对来说比较贵，但在测量安全上来看是最有保障的。同时购置一个 1∶1 的隔离变压器供电也有一定的好处。隔离前后的测量等效示意图如图 5-8 和图 5-9 所示。

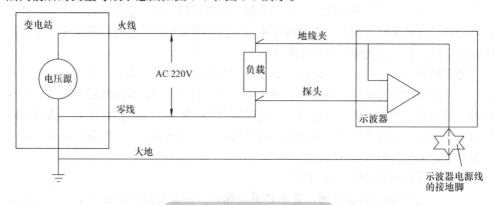

图 5-8　示波器测量的等效图

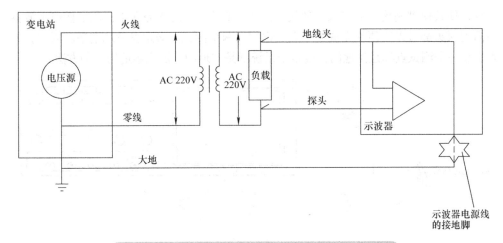

图 5-9　隔离变压器给待测设备供电后的等效测试图

为了避免测试过程中发生漏电，导致被测器件炸毁，甚至示波器本身发生炸毁，目前最常用的有如下几种办法实现浮地测量技术（资料来源：鼎阳科技）：

1）探头之间真正隔离的示波器测量，这种示波器是真正的通道之间隔离，且与电源线隔离，这样需要特别的探头来进行匹配。隔离输入通道示波器为进行浮地测量提供了一种安全可靠的方式。通道间隔离和通道到接地隔离的明显好处是能够同时观察参考不同电压的多个信号；另一个优点是能够在不增加专用探头成本或昂贵笨重的电压隔离器的情况下实现这一点。通道到电源线隔离消除了信号源接地与示波器之间的路径。

2）差分探头测量，差分探头为调整接地示波器进行浮地测量提供了一种安全的方法。除安全性优势外，匹配特殊的探头可以改善测量质量。差分探头提供了均衡的测量输入电容，因此可以使用任意一条引线安全地探测电路中任何点。在比电压隔离器更高的频率上，差分探头的 CMRR 性能一般会更好；另一个优点是可以利用示波器的多条通道同时观察多个信号，参考不同的电压。但探头仍有一条到接地线的电阻路径，因此如果电路对泄漏电流灵敏，那么差分探头可能并不是最佳的解决方案。其他缺点包括增加了采购成本，有时也可能要求独立的电源，这又增加了成本和体积。

3）电压隔离器测量，顾名思义，隔离器在浮地输入与参考地电平输出之间没有直接的电气连接，如光隔离探头。信号通过光学或分路光学 / 变压器手段耦合。电压隔离器为安全测量浮地电压提供了一种手段，由于隔离器没有到地的电阻路径，因此对泄漏电流异常灵敏的应用来说，它们是一个很好的选择。它和差分探头一样，电压隔离器增加了成本，必须使用单独的电源和隔离放大器装置，这样体积也变得更大。

4）"A-B" 二通道相减的测量方式（见图 5-10），业界称之为伪差分测量方式。"A-B" 测量技术可以使用传统示波器及无源电压探头间接进行浮地测量。一条通道测量"正"测试点；另一条通道测量"负"测试点，它们有一个公共地点，二者相减即为测量的浮地电压。示波器通道必须设置成相同的垂直分辨率，探头必须与其匹配一致，使共模抑制比达到最大。使用"A-B"测量技术的优势在于，几乎任何示波器和标配探头都可以简便地完成这一点。记住，两个测试点必须参考地电平。因此，如果任意一个测试点都是浮地的，或整个系统都是浮地的，那么不适用这种方法。

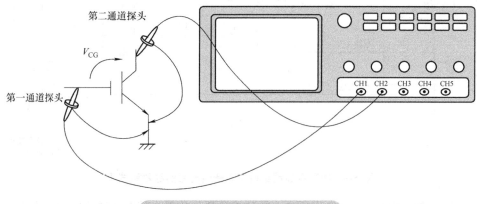

图 5-10　二通道探头相减测量方法

5）"浮地"传统接地示波器（见图 5-11），"浮地"参考地电平示波器把所有可以接触的相同电压的金属（包括机箱、机壳和连接器）作为探头参考引线连接的测试点。但浮地测量，危险电压发生在示波器机箱上，其浮地电压可能有几百伏，这种技术操作起来是有危险的。

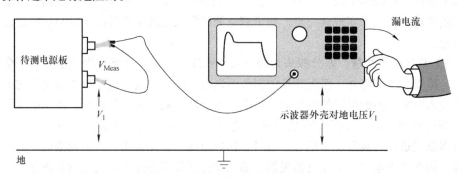

图 5-11　示波器浮地测量方式

5.1.4　纹波电压测试

纹波电压测试（有时称之为输出纹波电压和噪声测试），作为工程应用，我们只需要掌握两个精髓，即减少引入噪声和减少测试环路面积，就可以实现准确的测量。关于这个，基本上每个电源生产制造厂家均会提到这个测试方法：测试输入全电压、输出全负载（空载到满载）条件下充电器的输出纹波电压，示波器限制带宽为 20MHz，采样频率不小于 10kHz/s，输出并联 $10\mu F$、$ESR \leqslant 1\Omega$ 的电解电容和 100nF 的瓷片电容，笔者曾经试图去溯源这个工程方法的来源，对日本的一些标准进行了研究，但遗憾的是并没有得出结论，如果有读者了解，请联系告知。

表 5-1 详细表达了不同测试方法与条件下的测试技巧和结果对比，我们可以直观地研究测试方法的重要性。

表 5-1　不同测试方法与条件下的纹波结果对比（资料来源：芯朋微电子）

测试方法与条件	测试纹波	备注
1）全带宽； 2）示波器探头 10∶1； 3）探头位置输出负载端。	912mV	全带宽底噪和干扰较大
1）带宽 20MHz； 2）示波器探头 10∶1； 3）探头位置输出负载端。	376mV	设置合适带宽，滤除额外噪声干扰
1）带宽 20MHz； 2）示波器探头 1∶1； 3）探头位置输出负载端。	272mV	合理范围内示波器探头衰减比越小，输出电压纹波越小
1）带宽 20MHz； 2）示波器探头 1∶1； 3）示波器探头接在 PCB 端。	224mV	示波器探头测试的位置不同，纹波也不相同
1）带宽 20MHz； 2）示波器探头 1∶1； 3）示波器探头接在 PCB 端； 4）示波器探头使用接地环。	192mV	使用接地环，减小地回路，改善幅频曲线，又能降低电磁辐射的干扰
1）带宽 20MHz； 2）示波器探头 1∶1； 3）示波器探头接在 PCB 端； 4）示波器探头使用接地环； 5）输出端并联电容。	104mV	滤除开关噪声及高频干扰

同一电源只要通过以下几点来调整测试方法，输出纹波电压测量即为真实的水平。

1）示波器带宽限制在 20MHz，限制示波器带宽为 20MHz（大多中低端示波器档位限制在 20MHz，高端产品还有 200MHz 带宽限制的选择），目的是避免电路的高频噪声影响纹波测量，尽量保证测量的准确性；

2）示波器探头位置在电源板端（针对家电或者工业控制等控制板，适配器测试

应该是放在输出线端);

3)设置耦合方式为交流耦合,方便测量,示波器探头衰减比尽量选择 1∶1,没有 1∶1 探头的条件下用 10∶1 探头;

4)示波器探头地线使用接地环(如果没有接地环,可以将地线缠绕在探头正极上),保证探头接地尽量短(测量纹波幅值动辄上百 mV 的主要原因就是接地线太长),尽量使用探头自带的原装测试短针。如果没有测试短针,可以拆除探头的接地线和外壳,露出探头地壳,自制接地线缠绕在探头地壳上,保证接地线长度小于 1cm;

5)输出端并联 100nF/50V 瓷片电容,10μF/50V 电解电容(按实际输出电压选择)。

5.1.5　纹波电流测试

在第 1~2 章,我们都提及过电解电容纹波电流的重要性,现在这里我们讨论下如何准确测量电解电容的纹波电流。如图 5-12 所示,将待测电容连接到导线时要将电容移动至基板的锡面侧,以方便电流探头能够进入,利用图 5-13a 或 b 所示的设置方法测定,此外,尽可能地缩短导线。满载时输出电解电容的纹波电流波形如图 5-14 所示。

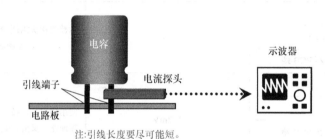

注:引线长度要尽可能短。

图 5-12　电解电容纹波电流测量方法

a)单边线长<6cm

b)每边线长<3cm

图 5-13　电解电容纹波电流测量设置方式

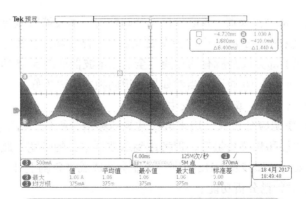

图 5-14　满载时输出电解电容的纹波电流波形

　　在开关电源中，由于所选择拓扑的原因，电解电容中的电流波形是高频和低频的混合波。实际计算电解电容的寿命，一般会进行分解，而且不同的厂家对电解电容的寿命计算公式略有不同，这主要是考虑到不同厂家的电解液配方、工艺、设计能力等不同。由于电解电容寿命的计算在工程领域已有一套成熟的体系，各大电解电容厂商均能且均会提供相关寿命计算和纹波测量指导。我们通过两个 105℃电容器和 85℃电容器的温度与纹波的折算系数来进行说明。更为复杂的情况，读者可以自行参考相关电解电容寿命计算的文献。注意，由于计算方法的复杂性，其已被很多人抛弃，大家可能更喜欢笼统地采用纹波电流来进行估算。一般的纹波电流额定值均是在额定最高频率 100kHz 或是 120Hz 下给出的，所以实际上纹波折算还需要考虑体积、温度、频率等多重因素，如下表 5-2 给出了不同电解电容的纹波电流在不同环境温度下的折算系数，这一点被很多工程人员忽略。

表 5-2　电解电容的温度与纹波的折算系数（资料来源：万裕科技）

105℃电容器

型号	电容环境温度	40℃	55℃	65℃	75℃	85℃	95℃	105℃
SMT 及引线式产品	折算系数	1.73	1.73	1.73	1.73	1.73	1.41	1.0
SNAP-IN 产品	折算系数	2.45	2.45	2.23	2	1.73	1.41	1.0

85℃电容器

型号	电容环境温度	40℃	45℃	55℃	65℃	75℃	85℃
SMT 及引线式产品	折算系数	1.22	1.22	1.22	1.22	1.22	1.0
SNAP-IN 产品	折算系数	1.73	1.73	1.58	1.41	1.22	1.0

5.1.6　示波器未来的形态

　　通过以上内容分析来看，在开关电源应用中，示波器强大的功能和用处，很多工程师只用到了其中很小一部分，而实际上，示波器的高阶功能更为强大，甚至说是一个万能仪器。最近几年，示波器已经集成了环路分析仪，这个功能的集成，让许多公司省去了昂贵的环路分析仪器 / 频谱分析仪器的费用，示波器时域与频域的边界变得模糊，从功能集成来看，示波器可能会发展成如下一体化功能，实际上现在市面上也有一些示波器实现了部分或是所有的功能。全功能示波器如图 5-15 所示。

1）多通道，如 8 或 16 通道，当然如果通道间独立隔离更好；

2）自带波形发生器，或者函数发生器；

3）宽频域频率响应分析仪，用来取代常规的频谱分析仪，对低频类开关电源进行环路分析，如增益和相位裕量等，但考虑到示波器本身的带宽，此内置频谱分析仪的频率可能不会太高，如涉及 GHz 级别，可能会造成成本急剧上升；

4）宽频域实时频谱分析功能；

5）逻辑分析及混合信号分析功能；

6）协议分析功能；

7）其他测量功能，如万用表功能等。

综上，我们希望一台示波器能够减少我们实验台上的其他设备的数量，同时成本也不会上升太多，它能够满足如下所列的要求：

1）电力电子工程师的测试、测量要求；

2）数字、嵌入式、物联网（Internet of Things，IoT）工程师的测试、测量要求；

3）高速数字电路的测试、测量要求；

4）电源完整性和信号完整性的要求。

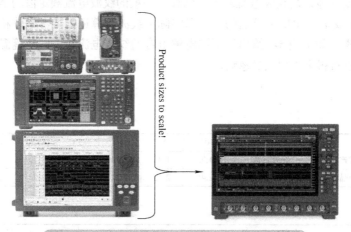

图 5-15　全功能示波器（资料来源：是德科技）

5.2 IoT 辅助电源设计误区

5G 和物联网（IoT）时代已经到来，现在各种智能终端产品已经开始走进我们的生活，无线产品的丰富让我们离万物互联的世界越来越近，现在已经有许多智能插座、灯泡和照明开关均允许我们逐个房间或逐个插座地追踪和控制其能源使用情况，智能音箱可以方便地实现语音及云端控制，车联网也随着人工智能和自动驾驶的融合变得越来越深入。相比互联网时代，物联网时代的终端数量更加庞大。根据 Gartner 发布的数据，2020 年全球物联网终端市场规模达到近 3 万亿美元，保持年均 25%~30% 的高速增长。根据 Machina Research 统计数据显示，2010~2018 年间全球物联网设备连接数高速增长，由 2010 年的 20 亿个增长至 2018 年的 91 亿个，复合增长率达 20.9%，2025 年全球物联网设备（包括蜂窝及非蜂窝）联网数量将达到 251 亿个，万物互联成为全球网络未来发展的重要方向。仅单独照明而言，到 2022 年，全球 LED 照明市场预计将达到 540 亿美元的市场规模，市场总值几乎会翻一番。到 2025 年，售出的所有灯具中将有 25% 成为互联照明系统的一部分，70% 的新建商业楼宇将实现联网照明。IoT 时代物联产品市场规模如图 5-16 所示。

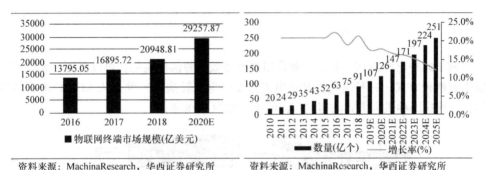

资料来源：MachinaResearch，华西证券研究所
a) 物联网终端市场规模（单位：亿美元）

资料来源：MachinaResearch，华西证券研究所
b) 全球物联网连接数量及预测情况（单位：亿个）

图 5-16　IoT 时代物联产品市场规模（资料来源：华西证券）

那所有这一切与开关电源有什么关系呢？我们所举的实例都已经提供了电源，不过是主功率级的电源。对于智能设备中的传感器、微处理器和无线模块来说，我们需要低电压、低电流的 AC/DC 电源，电压一般在 12V、5V 或 3.3V 这样，而且电流一般在 1A 以内。这些电源通常不需要安全隔离，因为它们一般安装在设备里面，用户通常都接触不到它们。虽然所需要的功率小，但同时也需要电源所占空间要小。在不需要安全隔离的情况下，低功耗降压式电源可提供低成本、高效率的极小体积解决方案。对于智能家居设备以及智能灯具中的无线控制来说，普遍使用的是非隔离 Buck 结构。

我们先来看下主流的无线通信协议模块功耗，见表 5-3 和图 5-17。

表 5-3　现行主流无线通信协议模块功耗

协议	Bluetooth	UWB	ZigBee	WiFi
芯片组	BlueCore2	XS110	CC2430	CX5311
VDD/V	1.8	3.3	3.0	3.3
TX/mA	57	~227.3	24.7	219
RX/mA	47	~227.3	27	215
比特率 / (Mbit/s)	0.72	114	0.25	54

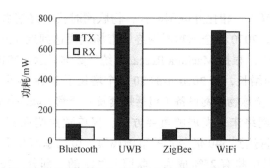

图 5-17   现行主流无线通信协议模块功耗对比

5.2.1   一般指标要求

对于此种电源需求，我们一般采用如下多级电源供电构架，可以看到，无线模块供电有两种方式，一种是直接从市电进行交流电压转换；一种是从 AC/DC 电源再转换，目前这两种供电方式均得到广泛使用，如图 5-18 所示。

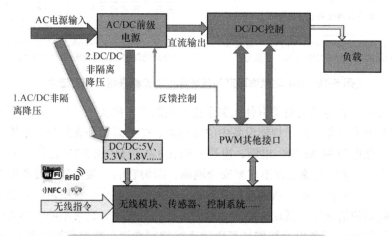

图 5-18   物联网（IoT）设备典型电源供电构架

这样的话，需求就变得很直观了，即从一个输入全电压范围的交流电源转换成一个极低电压的电源，拓扑为非隔离降压浮地拓扑，针对于此应用场合，要求也就很明确了，如下所列是选择一个 IoT 设备辅助电源的考虑清单：

➤ 能处理的功率等级，视不同的通信协议，有的仅需要十几 mA，而有的场合需要几百 mA；

➤ 内置开关管的额定电压水平，一般为 500~900V 不等；

➤ 输出电压的范围及精度；

➤ 线性调整率，因为需要从全电压输入，可能是 AC90~305V 的输入条件；

➤ 效率要求，待机功耗要求；

> ➤ 动态响应，环路稳定性，因为无线模块等设备很可能工作于间隙模式，负载的需要快速变化而不能产生任何不利影响，主要反映在纹波控制以及瞬间大电流抽载能力上；

> ➤ 完善的保护功能，因为它直接供电于控制系统，不希望当有异常发生时会导致控制系统紊乱；

> ➤ 频率的选择，以满足高频小型化设计，并同时具有良好的 EMI 兼容能力；

> ➤ 设计友好，外围元器件少，PCB 空间占用少；

> ➤ 供应链管理、成本、交期，以及是否有 PIN 对 PIN 直接替换的型号，这在未来越来越重要。

当然上述所列的，对于一个芯片来说，很难全部满足，我们只能理想化地要求我们所选择的芯片能尽量多得满足以上要求。现在我们来看看，此类产品的设计难度在哪，因为目前许多芯片公司都有类似的产品，但总体分析下来，都不够完美。

1）产品的稳定性问题，从输入高压的 400V 甚至更高，通过降压输出到 3.3V 或是 5V、12V，其占空比会很小，有时仅为 1% 左右，受限于芯片的关断和开通极限时间，这种情况下系统一般工作于深度 DCM 或是突发工作模式，容易导致系统不稳定或是输出纹波增加；

2）全范围下的线性调整率，有些时候，我们希望通过一级拓扑来实现 5V 或 3.3V 输出，而省掉 LDO，这种情况下，希望纹波小，且动态时超调或是失调也小，这和 1）有点矛盾；

3）效率不高，一般在 50%~60% 左右，这样在某些情况下，待机功耗比较高，一般在 100~200mW 等级，如果想实现更高的待机功耗（10mW 级别），仍然是一个巨大的挑战。

现实中的一般用法如图 5-19 所示。

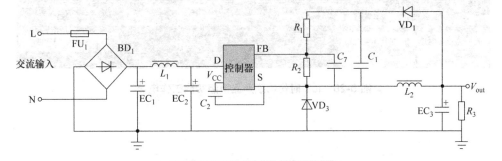

图 5-19　高压浮地降压电路图

$$V_{FB} = V_{C1}R_2/(R_2+R_1) \qquad (5\text{-}1)$$

$$V_{C1} = V_{out} + V_{D3} - V_{D1} \qquad (5\text{-}2)$$

因此有：

$$V_{\mathrm{FB}}=(V_{\mathrm{out}}+V_{\mathrm{D3}}-V_{\mathrm{D1}})R_2/(R_2+R_1) \tag{5-3}$$

而二极管的 V_{F} 与其流过的电流正相关，电流越大，V_{F} 也越大。而流过 VD3 的电流远大于 VD1 中的电流。因此有，$V_{\mathrm{D3}}>V_{\mathrm{D1}}$，一般地，$V_{\mathrm{D3}}-V_{\mathrm{D1}}=0.3\mathrm{V}$ 左右。在 3.3V 的应用中，有：

$$V_{\mathrm{out}}(3.3\mathrm{V})=V_{\mathrm{FB\text{-}ref}}(2.5\mathrm{V})\times(R_1+R_2)/R_2-0.3\mathrm{V} \tag{5-4}$$

可以看到，如果 V_{out} 越大的话，这两个二极管中的压差影响越大。实际应用中，$\mathrm{VD_1}$ 一般选择高 V_{F} 的管子（如慢管 1N4007 之类），而 $\mathrm{VD_3}$ 由于是高频续流管，一般利用快恢复管，这样可以弥补压差的影响。IoT 时代物联产品模组实际工作电流如图 5-20 所示。

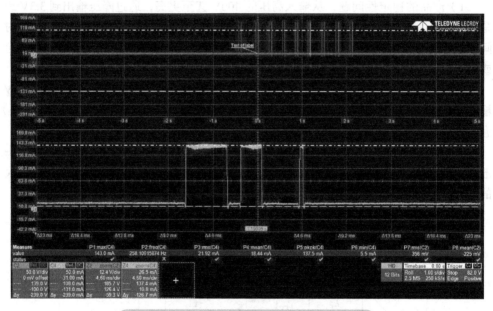

图 5-20   IoT 时代物联产品模组实际工作电流

5.2.2   纹波及动态要求

针对纹波，出于两个因素的考虑：

1）后接模组的供电电压范围，我们随便选择一款 Zigbee 的模组来查看，其供电电压范围如图 5-21 所示，同时，由于复杂系统除了 RF 模块以外，还会在系统中增加其他 MCU，我们也看一下其他 MCU（以 Atmel 的 SAM D20 为例）的绝对最大额定范围和正常工作范围如图 5-22 所示。

供电

项　目	内　容
推荐电源	DC 3.3V/0.5A
工作电压	DC 2.8~3.6V@21dBm/2.2~3.6V@4.5dBm

图 5-21　Zigbee 模组的供电电压范围

绝对最大额定值

符号	参数	最小值	最大值	单位
V_{DD}	电源电压	0	3.8	V
I_{VDD}	流入 V_{DD} 引脚电流	-	92[①]	mA
I_{GND}	GND 引脚电流	-	130[①]	mA
V_{PIN}	相对于 GND 和 V_{DD} 的引脚电压	GND-0.6V	V_{DD}+0.6V	V
$T_{storage}$	存储温度	-60	150	℃

通用工作条件

符号	参数	最小值	典型值	最大值	单位
V_{DD}	供电电压	1.62[①]	3.3	3.63	V
V_{DDANA}	模拟供电电压	1.62[①]	3.3	3.63	V
T_A	温度范围	-40	25	85	℃
T_J	结温	-		100	℃

① BOD33禁用，如果要使能BOD33, 请检查BOD电平值。

图 5-22　Atmel 的 SAM D20 系列 MCU 的绝对最大额定范围和正常工作范围
（资料来源：Atmel）

2）特殊的功能，一般的物联产品，均会需要有数据存储或是处理环节，因为这个过程中会对 MCU 的 Flash 进行操作，所以对供电也有要求，如 MCU 的 BOD（Brown Out Detection）功能，即电源掉电检测功能，当设备电源电压低于设置值时，可对设备进行复位或者产生中断，然后执行相应的操作，这能够增强系统的稳定性。同时，复位功能也是一个极为重要的点，所以对复位电压也同样需要注意。下面仍然以 Atmel SAM D20 系列 MCU 为例进行说明（见图 5-23~ 图 5-25）。

符号	参数	条件	最小值	典型值	最大值	单位
V_{POT+}	V_{DD} 上升复位电压阈值	V_{DD} 以 1V/ms或更慢速率下降	1.27	1.45	1.58	V
V_{POT-}	V_{DD} 下降复位电压阈值		0.72	0.99	1.32	V

图 5-23　Atmel 的 SAM D20 系列 MCU 的上电复位要求（资料来源：Atmel）

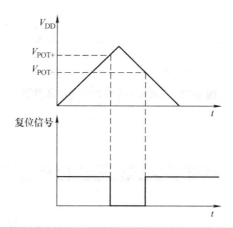

图 5-24　Atmel 的 SAM D20 系列 MCU 的上电复位工作原理（资料来源：Atmel）

BOD33滞环关闭

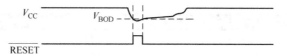

BOD33滞环开启

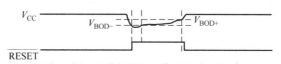

a) BOD33掉电检测功能

符号	BOD33级别	条件	最小值	典型值	最大值	单位
V_{BOD+}	6	滞环开启	-	1.715	1.745	V
	7		-	1.750	1.779	
	39		-	2.84	2.92	
	48		-	3.2	3.3	
V_{BOD-} 或 V_{BOD}	6	滞环开启或关闭	1.62	1.64	1.67	
	7		1.64	1.675	1.71	
	39		2.72	2.77	2.81	
	48		3.0	3.07	3.2	

b) BOD33不同级别电平

图 5-25　MCU 的掉电压检测电压要求（资料来源：Atmel）

　　基于上述的两个因素的考虑，笔者建议将模组供电电压要求放置成如图 5-26 所示的水平，这是综合考虑成本、使用环境和批量可实现性等折中的结果。

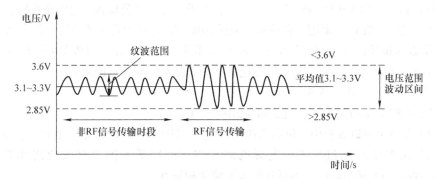

图 5-26 推荐的供电电压范围

现在我们对一个3.3V的Zigbee模组的供电电源进行实测，其结果如下图5-27所示。

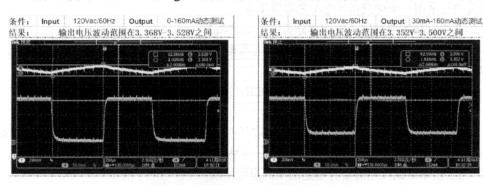

图 5-27 推荐的供电电压范围实测结果

所以当电源设计出来后，我们需要按如下步骤进行动态性能测试：

1）模拟负载动态测试是有效检验此电源的关键，一定要进行动态测试，因为MCU 模组的供电不是稳定持续的；

2）一般测试参数可以选择恒流模式，0~300mA，斜率 1~2A/μS，频率 1kHz 或更低，占空比 10% 或其他；

3）其纹波或是过冲，以及下冲均不能超过 MCU 模组的供电、保护范围；

4）最好在不同温度重复以上测试。

5.3 待机功耗测试的误区

无论是现在的适配器还是充电器，或是 LED 驱动电源，对待机功耗都提出了明确的要求，如欧盟的 ErP、美国的能源之星，以及美国加州能效标准等，这可以参考我们第 2 章关于能效标准部分的内容。

但现在一个很大的问题是，对于待机功耗的测量方法和设备，却是很多人忽略掉的问题。其实关于待机功耗的测量，是有严格的标准定义的，截止本书写作时，欧盟 ErP 最新标准即为 EN 50564—2011《电气和电子家用和办公设备 - 低功耗的测量》（或是 IEC 62301—2016《家用电器待机功耗的测量》），它详细定义了所适应的产品范围、测试仪器和条件，我们这里简单抽取一些要求进行介绍。详细的请参考原标准文件。对于测试的设备要求，主要是对供电电源和功率测量仪有一定的要求。

其中对供电电源要求如下：

1）电源电压和频率不能超过标准值的 +/−1%；

2）在整个测试过程中，供电电源输入电压 THD<2%，其谐波次数计算到 13 次；

3）在整个测试过程中，电源的波峰因子，即最大值与有效值之比必须在 1.34~1.49，即要求测试电源不存在较大的畸变和失真。

以上 3 点即要求我们需要用一个比较纯净的供电电源来进行测量，常见的墙面插座上提供的电源，由于是和许多负载接在一起，所以一般存在失真以及偏差，所以最精确的是采用一个交流稳压电源来提供供电。

其中对功率测试仪（或功率分析仪）要求如下：

1）具有谐波测量功能，用于检验电源电压质量，测量谐波次数需要大于等于 49 次；

2）仪器带宽：0Hz（直流），10~2000Hz，推荐带宽大于 2.5kHz；

3）功率测试仪的解析度要求；

4）功率测试仪要具有能够测量间隔时间的平均功率，或是能够用作电能累积的功能，这对于测量一些类似于 Burst mode 或是 IoT 类设备的待机功耗具有重要意义；

5）功率测试仪还需要有一定的不确定度要求。

所以综上看来，用来测试待机功耗的功率测量仪器要能够测量实时功率、有效值电压和电流、峰值电压和电流，且功率分辨率小于或是等于 1W，以及最小电流量程小于或是等于 10mA，还要能够具有连续定时间隔时间的采样能力。这样看来，一般功率测量设备并不能够满足如此高的要求，所以工程师们经常看到的一些 DEMO 报告中的待机功耗数据，以及效率数据时要留意下，其测量仪器是什么，而不要盲目相信规格书或是宣传资料上的数据。

5.4 电容替换的误区

电解电容具有多样化、大容量、高耐压、低成本的优势，因而成为电源中使用极为广泛的一种无源器件。但随着器件高频化、小体积、长寿命、高功率密度的要求，电解电容以及钽电容貌似在逐渐失去优势，不仅因为其大容量需要很大的体积空间，且波纹电流导致的自发热和温度较高等问题。所以在一些成本不太敏感的应用场合，取代电解电容的呼声也越来越高，如 TDK、AVX 等公司均开始策略性地将部分品类的产品中使用的电解电容甚至钽电容转向其替代器件，如 MLCC（片式多层陶瓷电容器）或是其他薄膜电容。不同功能场合时 MLCC 所需容量对比见表 5-4。

表 5-4　不同功能场合时 MLCC 所需容量对比（资料来源：TDK）

用途	MLCC 的容量标准
去耦	约等于钽 / 铝电解电容的容量 ×10%
	约等于导电性高分子电容的容量 ×50%
滤波	约等于钽 / 铝电解电容的容量 ×20%
	约等于导电性高分子电容的容量 ×50%
时间常数	约等于钽 / 铝电解电容的容量 ×100%
	约等于导电性高分子电容的容量 ×100%

由表 5-4 可以看到，在我们特别关心的滤波功能中，如采用 MLCC 的话，只需要铝电解电容容量的五分之一左右，这大大减小了电容的体积尺寸。当然实际上远远没有这么简单，后续我们会继续讨论到。

近年来，数 10~100μF 以上的大容量 MLCC 实现产品化，从而可用其更换钽电解电容与铝电解电容。MLCC 拥有高额定电压、优异的波纹抑制能力、长寿命及高可靠性等特点，广泛应用于民用设备和工业设备的各个领域中。不同电容的使用频率与容量范围如图 5-28 所示。

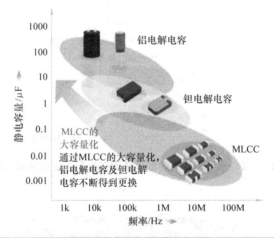

图 5-28　不同电容的使用频率与容量范围（资料来源：TDK）

电解电容拥有大容量的特点，但由于其 ESR 过高，因此波纹电流导致发热过大是其缺点。不同电容在同一频率下可容许的纹波电流大小如图 5-29 所示。

铝电解电容的寿命一般为 10 年左右，这是由于电解液干涸（蒸发）导致静电容量降低而引起的（容量流失）。电解液的消失量与温度有关，其基本符合被称为"阿伦尼乌斯定律"的化学反应速度理论。该定律表示，若使用温度上升 10℃ 则寿命会变为原来的二分之一，若下降 10℃ 则寿命会变为原来的两倍，此定律也称之为 10℃ /2 倍定律，这是现在许多工程师用于计算电解电容寿命的最直接的经验法则。因此，在波纹电流导致自发热较大的条件下进行使用时，寿命将会进一步缩短。而 MLCC 的寿命和温度范围，在相同条件下，要远远优于电解电容。当今水平不同电容的电压耐压等级如图 5-30 所示，MLCC 和电解电容寿命预估对比如图 5-31 所示。

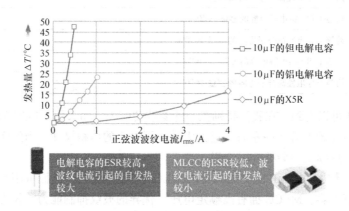

图 5-29   不同电容在同一频率下可容许的纹波电流大小（资料来源：TDK）

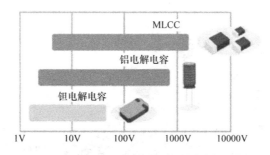

图 5-30   当今水平不同电容的电压耐压等级（资料来源：TDK）

图 5-31   MLCC 和电解电容寿命预估对比（资料来源：TDK）

同时，电解液的干涸也会使 ESR 上升。ESR 越小的电容器，能够将纹波电压抑制到更小。如下述图 5-32 所示，MLCC 的特点在于 ESR 极小，仅为数 mΩ 左右。因此，使用 MLCC 更换电解电容将能够发挥极佳的表现。不同电容的处理纹波能力（ESR 的纹波的关系）如图 5-32 所示。

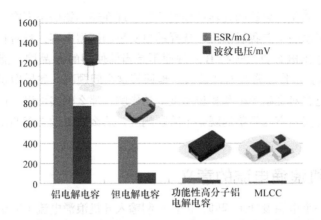

图 5-32　不同电容的处理纹波能力（ESR 的纹波的关系）（资料来源：TDK）

但高介电常数系列的 MLCC 存在温度变化与施加直流电压会使静电容量下降的弱点（温度特性、直流偏压特性）。电容器尺寸越小，静电容量的减少量则会越大。在选择容量时，也需要考虑直流偏压特性。同时，由于其拥有极低的 ESR，因此反而会造成异常环路问题，因此在更换时需要注意；另一个方面，大容量、大体积的 MLCC 容易在生产过程中受力而裂开，这也是 MLCC 的一个重大课题，同时由于天然的压电效应，MLCC 也可能会容易产生噪声。MLCC 的直流偏压特性如图 5-33 所示。

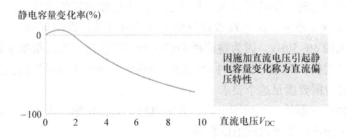

高介电常数系列的MLCC会因施加直流电压而发生容量降低，
因此，需要考虑直流偏压特性之后选择容量

图 5-33　MLCC 的直流偏压特性（资料来源：TDK）

综上，虽然 MLCC 代替电解电容看起来很美好，但也不是一步到位的，也需要考虑很多因素，至少直流偏压能力以及物料可选择性仍然是一个难点，后续的环路再次检查也是必不可少的关键动作。

援引安森美专家的话来结束这个话题：作为电源设计人员，我们的目标是构建出稳定的电源变换器，既能够提供精确调节的电压（或电流），而又对工作条件（输入源变化、环境温度变化、不同负载条件等）不敏感。除了这些实践要求，设计人员还必须确保其变换器在整个使用寿命期间都能保持稳定和正常运行。还必须考虑到正常的生产误差或因老化而导致的元器件性能下降。现在还不错的裕度在 5 年后会变得如何？如果我的买家朋友向我展示工厂选择的更实惠的新型电容，我对自己的选择有多大信心？如果输出电容更换选择 B 品牌而不是当前使用的 A 品牌，能够确认新一批100 万件适配器会工作正常吗？能够大胆地回答这个问题吗？如果做足了功课，并仔细研究了寄生电容对交越频率和相位裕度等的影响，那么确实可以。但是如果没有那样做，而只是在实验室内简单地观察了阶跃响应，那么需要做更多的工作来保证更换的合理性。

5.5 开机浪涌电流的意义

如果去问一个电源设计工程师，怎样抑制输入开机浪涌电流（inrush），他可能会给你说很多种方法，如加电阻、加电感、加软启动、继电器电路，或是其他办法。如果你继续追问，抑制输入浪涌电流的目的是什么？他也许会很快速地告诉你，防止交流前端元器件损坏，这包括熔断电阻、整流桥，或是共模或是差模电感等。

有一个参数称之为 I^2t，这个参数就是熔断器的熔断能力值 - 熔化热能，测定方法是给熔丝施加一个电流增量并测量熔化发生的时间，在约为 8ms 之内。进行这一测试步骤的目的是确保所产生的热能没有足够的时间从熔丝部件通过热传导跑掉，也就是说，全部热能（I^2t）都用于熔化。当熔化过程结束时，先出现电弧，紧接着熔丝就断开了。熔化热能（I^2t）对每种熔丝元件的设计不仅是个常量而且与温度及电压无关。而同时我们可以看到，整流桥以及二极管也有这个熔断额定值参数，而定义一般是以单相半正弦工频波输入，用阻性或是感性负载来标注的，即时间为 8~10ms，以对应工频电网输入的 60~50Hz。因为整流桥和熔断器串联使用，所以根据木桶原理，在浪涌电流来临的时候，I^2t 较小的器件承受的压力较大，如第 1 章计算得到的 I^2t 能量值，在这里整流桥也需要满足这个要求。

至于其他前端器件，如熔断电阻、差模电感、共模电感，由于是导线属性，只要线径合理即一般不需要考虑此值的影响。

回到更深层次的问题，开机浪涌电流是不是还有其他意义？答案：是。浪涌电流还有一个更为重要的意义，即在实际使用环节中对前端线路的影响，通俗地说，对已安装的微型断路器（Miniature Circuit Breaker，MCB）或空气开关的影响。这个影响甚至远比器件选型更为重要，试想一下，如果你的产品输入浪涌电流很大，开机上电时会将空气开关合闸，那整个供电会全部断掉，这是十分严重的事故，从实际应用角度来说是不可接受的。其实这个问题在照明应用场合暴露得比较多，这是因为照明设备的特殊性，一个空气开关连接着几十上百个灯具，同时上电的可能性很大，故浪涌电流叠加得到的数值十分可观，所以照明类设备上均给出了一个安装说明，即在某一个空气开关下能够安装此类照明设备的最大数量推荐值。

现在大家对于这个参数越来越重视的原因在于许多工程改造，从原来的荧光灯系统替换成 LED 照明灯具，这中间一般不会去动前端的布线，包括空气开关还有整个建筑物的电力走线，所以对于替换型场合，这即成为了一个盲区，因为工程改造方是不会去考虑这个参数，而市场上的灯，或是 LED 驱动并没有标明这个参数。在国内，不仅仅是一般的公司，哪怕国内知名的这些照明厂商都没有在产品规格书上给出提示，特别是对于工程照明或者说是商业照明应用来说，这是一种很不负责的做法，安装方一般不具备评估直接替换带来的影响的能力。

作为全球领导的照明品牌，昕诺飞（前飞利浦照明）在这方面还是保持着严谨和专业的态度，从荧光灯时代到现在的 LED 时代，我们都能在其产品规格书上找到关于浪涌电流和空气开关关联性设计的影子。

HF-P 118/136 TL-D Ⅲ 220~240V 50/60Hz，其通用型荧光灯电子镇流器，就明确标明了在 16A 和 B 型 MCB 上能接的照明设备的个数，其他的电子镇流器同样给出了相关参数，并辅以详细应用说明。昕诺飞电子镇流器对于 MCB 可接照明设备个数的说明如图 5-34 和图 5-35 所示。

而到了 LED 时代，其 LED 驱动电源上也给出了对应的相关参数和应用指导。其 Certa Drive 15W 0.4A 36V 230V 系列 LED 驱动电源，不仅给出了典型电压下的浪涌电流参数（电流值和持续时间），而且还给出了测试方法，MCB 能接的产品个数。可以看到，这里测试浪涌电流的方法为，测量电流上升到 50% I_{peak}，和电流下降到 50% I_{peak} 的时间区间。昕诺飞 LED 驱动电源中对浪涌电流和 MCB 的应用说明如图 5-36 所示。

HF-P 118/136 TL-D III 220～240V 50/60 Hz

TLD荧光灯专用的环保、超低能耗、高频电子镇流器

产品数据

基本信息	
应用代码	III
类型型号	IDC
灯具类型	TL-D
灯具数量	1 piece/unit
MCB 上的产品数量（16A 类型 B）（标称）	28
自动重新启动	Yes

基本信息

Order Code	Full Product Name	MCB 上的产品数量（16A 类型 B）（标称）	灯具数量	灯具类型	Order Code	Full Product Name	MCB 上的产品数量（16A 类型 B）（标称）	灯具数量	灯具类型
913713031566	HF-P 118/136 TL-D III 220-240V 50/60 Hz	28	1 piece/unit	TL-D	913713031866	HF-P 158 TL-D III 220-240V 50/60Hz IDC	28	1 piece/unit	TL-D/PL-L
913713031666	HF-P 218/236 TL-D III 220-240V 50/60 Hz	28	2 piece/unit	TL-D	913713031966	HF-P 258 TL-D III 220-240V 50/60Hz IDC	12	2 piece/unit	TL-D/PL-L

图 5-34 昕诺飞电子镇流器对于 MCB 可接设备个数的说明（一）

浪涌电流		
镇流器类型	每一个16A C类MCB上可接的最大数量镇流器	浪涌电流峰值脉冲宽度
HF-P X 149 TL5	28	20A/250μs
HF-P X 249 TL5	12	33A/310μs
HF-P X 154 TL5	28	20A/250μs
HF-P X 254 TL5	12	33A/310μs
HF-P X 180 TL5	12	33A/310μs
HF-P X 280 TL5	8	35A/370μs
HF-P Xt 136TL-D EII	28	18A/250μs
HF-P Xt 236TL-D EII	28	18A/250μs
HF-P Xt 158TL-D EII	28	18A/250μs
HF-P Xt 258TL-D EII	12	31A/350μs

断路器类型	与B-16A断路器相比可接的镇流器数量百分比(%)
B - 10 A	63
B - 16 A	100
C - 10 A	104
C - 16 A	170
L/I - 10 A	65
L/I - 16 A	108
G/U/II - 10 A	127
G/U/II - 16 A	212
K/III - 10 A	154
K/III - 16 A	254

图 5-35　昕诺飞电子镇流器对于 MCB 可接设备个数的说明（二）

浪涌电流

具体项目	数值	单位	测试条件
浪涌电流峰值 I_{peak}	4.6	A	输入电压230V
浪涌电流时间宽度 T_{width}	52	μs	输入电压230V,测量于50%I_{peak}
驱动个数/以16A的B类MCB为参考	≤60	pcs	

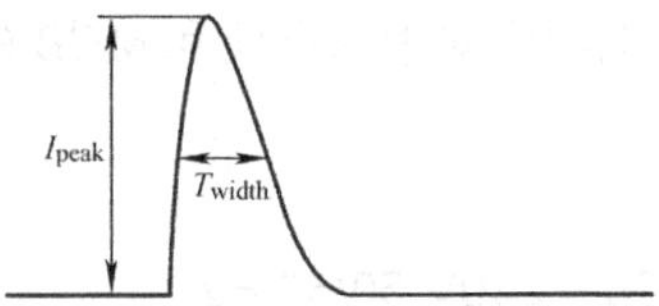

MCB	额定值	LED驱动电源相对个数
B	10A	63%
B	13A	81%
B	16A	100%
B	20A	125%
B	25A	156%
C	10A	104%
C	13A	135%
C	16A	170%
C	20A	208%
C	25A	260%

图 5-36　昕诺飞 LED 驱动电源中对浪涌电流和 MCB 的应用说明

　　就算如此，在面对实际应用场合时，还是存在很大的不确定性，但至少有一定的数据支持，可以为我们提供一定的指导，至少我们在工程操作中进行替换时，可以先看一下断路器的型号，然后再对照产品规格书，合理地进行安装。而回到电源设计者，我们也可以基于目前一些计算方法自己来对设计的产品进行评估，具体计算评估方法读者可以搜索或是咨询我们。

　　回到测试，浪涌电流一般数值较大，有时达百 A 级，一般不建议用交流变频电源或是稳压电源进行测试，因为功率受限，以及存在线路滤波，会导致测量不准，所以我们一般采用直流放电的形式进行测量，这样可以模拟线电压 90° 相位时的情况（即测到最大值），详见图 5-37 所示的 IEC 60969 第二版定义的浪涌电流测试线路图，实际的一种浪涌电流测试线路如图 5-38 所示，然而此电路中的参数仅作参考。

　　同时，笔者也建议直接用电流探头进行测试，而不是通过线路上串一个小电阻用电压探头来进行测试，这样可以减小测试误差和转换误差。但就算是采用电流探头进行测试，对于绝大多数照明公司，一般的电流探头在30~50A，带宽10~100MHz之间，这样很可能无法测量准确。如果测试出的电流大于电流探头量程，此测试结果不被认可，需要重新测量。可以采用将输入线用 N（推荐 2）根同样等长的线材并联，测试其中一根，然后总的开机浪涌电流需要乘以 N，为了减少误差，可以一根测试 5 次，再同样测试另一根 5 次，取平均值。

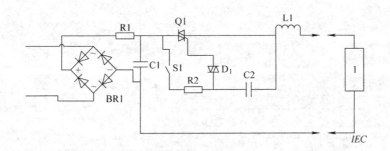

图 5-37　IEC 60969 第二版定义的浪涌电流测试电路

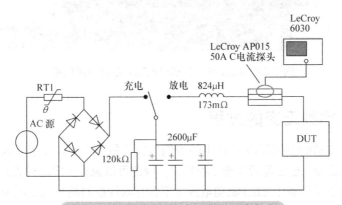

图 5-38　实际的一种浪涌电流测试电路

　　如第 1 章所说，目前快充设备由于集中在 65W 以下，受超小体积以及极致效率的影响，这个功率段无功率因数校正电路，同时又需要保证充电器等的动态性能等特殊要求，前级桥后的电解电容使用容值均在（1~1.5）μF/W 的水平，即 20W 的快充，电解电容的容值会有 30μF 左右，且前端不能放置过大的抑制浪涌电流的无源 / 有源器件，所以开机瞬间浪涌电流会过大，对于一些交流电源或是设备电流，如果没有较强的峰值电流输出能力的话，会出现过电流锁死的情况，直接接入电网时，对电网也不友好，这些情况我们在第 1 章也讨论过。

　　如下图 5-39 所示，这仅仅是一个 22W 的快充开机时的输入浪涌电流结果。

　　在 AC 220V 输入时，浪涌电流达到了 37A，这是一个很恐怖的数字。细看的话，我们已经发现了前端交流电源存在削顶拉低的情况。

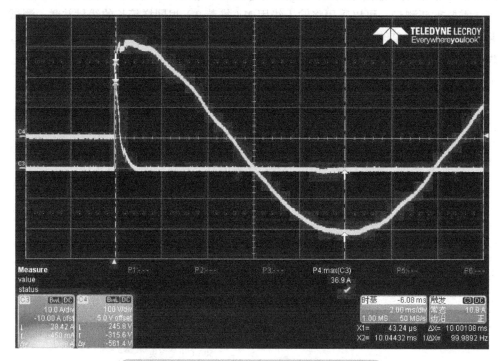

图 5-39   22W 快充开机时的输入浪涌电流结果

5.6 从零到无穷的过程

本书以第 1 章的单级反激 PFC 电路为例，在某制造工厂跟踪了一款 LED 电源的实际量产制造过程，这是笔者实地全程监测，因此可以说有一定的代表性。

一般的制造工厂对于 LED 驱动电源（不含有软件控制的通用照明用 LED 驱动电源）的研发到生产流程大致分成如下几个阶段：

1）产品需求定义。这一般是由工厂业务部或是市场部分析或是接到客户订单后进行分析，然后形成可以下达的订单需求。

2）研发定义。这一般由研发人员进行前期研发方案的选型论证，包括结构、电子等各部门一起评审需求的合理性，并反馈给业务部门。

3）样品试制及测试评审。这即意味着经历了研发评审，订单需求明确，可以进行原型样机的制作，并初步得到产品的性能表现，同时此时研发部门内部会对测试结果进行评审，决定是否需要调整研发设计参数，在此环节我们一般只是依据经验和理论选择参数，由于样品数量不多（视产品复杂度，一般为几个到几十个），看不到太多的由于器件参数差异导致的影响。

4）小批量试制及测试评审。经过原型样机的测试数据，如果全部或是大部分能够满足产品需求，可以进行小批量试制，此时样品数量一般为几十到几百个，这一步需要工厂所有的职能部门配合完成。小批量试产完成后，会需要进行进一步的产品性能验证，这其中包括可靠性测试等。

5）认证准备及量产生产线准备。如果小批量的产品能够满足客户订单需求，则接下来需要进行认证申请，同时工厂需要进行量产前的生产线准备。

6）量产进行，此时需要品质部进行全程监控，以保证产品大批量生产时仍符合产品初始规格要求。

7）机种后续维护（功能升级、成本降低等），如果不是一次性的订单，业界都会对产品进行更新换代，这也需要研发部门重新来评估整个过程。

当然以上完全是理想状态，实际工厂在生产过程中会面临各种各样的问题，如订单临时取消、客户需求变更、认证出现问题等，这可能会需要经过多次迭代过程。在整个过程中，第 1 步产品需求定义是最为重要的，一个清晰明了的产品需求对于后续产品研发生产至关重要，而且会大大地减少产品的无效工作量。而第 3 和第 4 步则是考验研发工程师的关键步骤，在一些小型公司，评审流程并不是很健全，需要工程师自己决定是否进入下一步的流程，所以工程师的经验和技术水平直接决定着产品的质量。

简单地来说，消费性电子电源产品的研发流程大同小异，基本上可以参考如下图 5-40 所示的流程图。

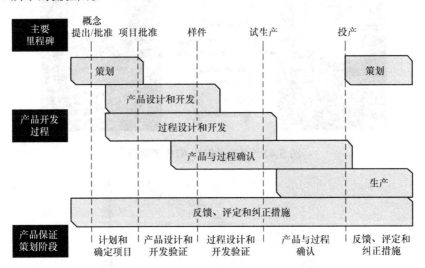

图 5-40　消费性电子电源产品一般研发流程

我们以一个实际 LED 驱动电源作为实际案例，对从小批量到量产的工厂制造数据进行分析。驱动电源规格为输出功率 54W，输入范围为 AC 100~277V，采用双面贴片和部分插件的工艺，整个过程中有三站进行电气数据监测，如下图 5-41 所示。

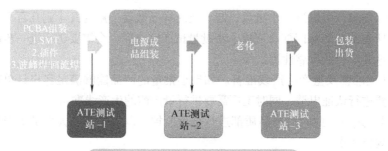

图 5-41　一般电源生产工厂关键步骤

在电源生产厂家的生产线上，ATE（自动化测试设备）是一大利器，它一般是组装成机柜的形式，由功率计、交流 / 直流电源、电子负载、万用表、示波器等设备组成，具有可编程、可远程控制、可以保存和调取数据等功能。这样可以对每个量产的电源进行数据记录和追溯，同时也方便进行统计分析。但是需要知道 ATE 测试虽然方便，但如果测试数据量过于庞大的话，会严重降低生产效率，各种类型的 ATE 测试台如图 5-42 所示，在本次量产中，工厂定义了如图 5-43 所示的测试参数，同时设置了参数的上下限。

图 5-42　各种类型的 ATE 测试台

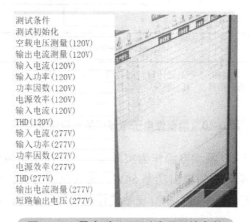

图 5-43　量产时 ATE 测试项目的参数

　　笔者分析了这个实际案例中整个产品量产过程的各工位生产情况，此批量产数量为 24000 个，各个工位的生产报表统计见表 5-5，各工位不良率分析如图 5-44 所示。

表 5-5　批量生产过程中的不良统计结果

统计数据	生产线工位	不良数	不良率
24000PCS	SMT	57	0.237500%
	成品组装	295	1.229167%
	老化 +OQC	40	0.166667%

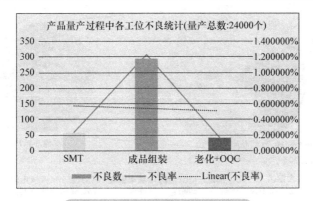

图 5-44　各工位不良率分析图例

　　这是基于产品已经完成生产的结果，可以看到在成品组装段，不良率高达 1.2%，这对于消费性电子产品来说，不良率过高，一般具有一定品质管制能力的工厂，其不良率一般控制在 0.5%（千分之五）以下。量产 SMT 工位不良统计分析如图 5-45 所示，所以在整个流程中，需要对成品组装段的品质要加强，当然这不是一朝一夕能完成的，需要工厂持续改进。

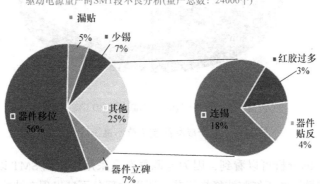

图 5-45　量产 SMT 工位不良统计分析

可以看到本电源产品中很大比例是由于器件移位造成不良，这是由于 SMT 贴片机的精度，以及 PCB 在器件布局时没有充分考虑到生产工艺导致，这需要在下一版的设计中改进，因为首批次订单面临着生产线的磨合，所以在第一次小批量试产过程中，出现问题是合理的，也不要过分焦虑，只要找到问题的根源点，就容易解决。量产成品组装工位不良统计分析如图 5-46 和图 5-47 所示。

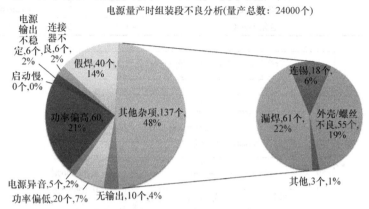

图 5-46　量产成品组装工位不良统计分析之一

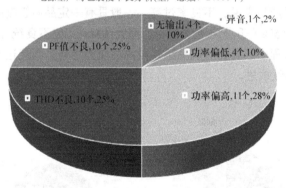

图 5-47　量产成品组装工位不良统计分析之二

从组装段的分析可以看到，因为电源复杂，采用了双面 SMT 以及插件等工序，回流焊的可靠性远高于红胶波峰焊工艺，所以大部分不良出现在波峰焊工艺上，如连锡、漏焊等，究其原因，一是 PCB 布局时没有认真考虑到各种工艺制程；另一种情况是工厂生产线的设备及操作流程，如波峰焊炉温曲线、焊料等。其他一部分是出现在电气性能上，如功率超上下限、没有输出等常见不良，这些经过与研发时的数据双向对照，主要问题存在于生产线的 ATE 仪器精度。

实际中，包装段的 ATE 测试是产品流入到客户的最后一道测试，所以在这里要尽可能地检出不良品。从此次量产的结果来看，仍有少量不良，全检共发现 40 个电源不良，主要是高压时的 PF 或 THD 不良，以及功率上下限问题，这仍然可以通过与研发实验室进行双向对照来判定最终是否是真的不良。而无输出的情况，分析发现最终还是连接器结构上松动导致。尽管如此，这些不良的情况仍然是指导工厂进一步改善升级的方向。

而真正进入量产后，工程师并非就可以高枕无忧，虽然后续生产线出现的问题可能会有工程部或是品质部负责处理，但是研发工程师需要特别关注如下两个方面：

1）器件的误差分布导致的产品规格偏移，LED 驱动电源是直接驱动 LED 灯珠的，也就是对光通量敏感，所以 LED 的输出电流的分布偏移是一个关键因素。这需要对 ATE 数据进行统计学分析，以求得量产产品的统计分布，并找到其主要影响因子，进行品质管控。此内容比较复杂，很难在本书中展开讨论，读者如果感兴趣，可以联系笔者进一步讨论。

2）物料代换准则。最近几年，全球电子相关元器件物料短缺，各大供应商涨价成风，而工厂却面临着涨价和缺料的双重风险，这样不得不逼得研发部门进行物料代换等工作。晶圆等的缺少，各类芯片如期交货也极为困难，哪怕是电阻、电容、MLCC 等也随之涨价缺货，所以在量产后再变更物料，特别是主器件场合时，需要多方评估再进行切入，不能因为采购困难、成本等因素在缺乏充分验证的情况下就直接导入。一般来说，至少需要从器件应力、温度、EMC 性能这几个短期因子来双向比对。而实际上，一般换料都是从高端厂商往低端厂家切换，所以长期的可靠性测试是至关重要的，但现实的情况，是很难进行下去的，这就会留下比较大的隐患。

5.7　失效分析的基本流程

失效分析是一门新兴的、发展中的学科，在提高产品质量、技术开发、改进、产品修复及仲裁失效事故等方面具有很强的实际意义，我们在本书的第 1 章也介绍过相关知识，现在重新定位到具体的行动指南。

失效可能发生在产品寿命周期的各个阶段，比如产品的研发设计、来料检验、加工组装、测试筛选、客户端使用等各个环节，通过分析工艺废次品、早期失效、试验失效、中试失效，以及现场失效的样品，确认失效模式，分析失效机理，明确失效原因，最终给出预防和改善措施，减少或避免失效的再次发生。

失效是指产品失去原有应当具备的安全性和适用性，失去了产品的原有使用价值。

失效分析是指产品失效后，通过对产品及其结构、使用和技术文件进行系统的研究，从而鉴别失效模式、确定失效机理和失效演变的过程。

失效模式是指由失效机理所引起的可观察到的物理或化学变化。

一般失效分析的程序有如下 5 点：

1）失效背景调查：了解产品失效现象、失效时所在的环境、失效阶段（设计调试、小试、中试、首投、中期失效等），失效的比例和失效的历史纪录数据，然而很多情况下这一步最难得到信息，会造成后续所有分析没有针对性，而无法得到真实原因的分析结果。

2）非破坏性分析：外观检查、电性能测试、芯片 X-Ray 等。

3）破坏性分析：拆解开封、剖面检查、探针检查、机械性能测试等。

4）使用条件分析：了解产品是否是因为使用不当造成的失效。

5）模拟验证：根据分析所得失效机理，设计出针对性的模拟实验，能否复现该失效或接近该失效。

所以在本部分内容中，基本上会从失效现象描述，根本原因分析，短期或是长期解决方法，改善跟踪（如果有的话）这几个步骤进行详细分析。

5.8 8D 报告的意义

8D 问题解决法，即以团队运作为导向，以事实为基础，避免个人主观意见之介入，使问题的解决能更具条理。8D 处理一般流程图如图 5-48 所示。

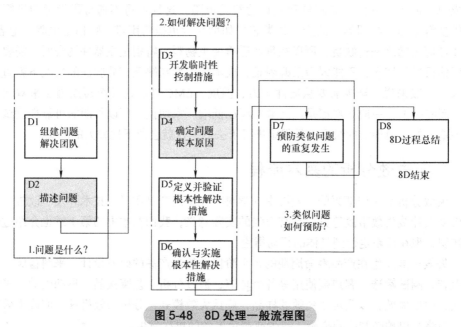

图 5-48　8D 处理一般流程图

因为这是很成熟的体系和步骤，我们只简单描述，如果读者对品质管理等相关内容感兴趣，可以和我们联系。

我们逐一剖析上图步骤。

D0：应急响应行动（立即采取行动来保护客户）。问题初步了解，鉴定是否有进行 8D 的必要性，毕竟进行 8D 需要进行团队的资源整合，会占用大量人力物力，若发生的问题比较浅显，则明显不需要进行 8D。

D1：成立相关问题处理小组，选择相关人员。小组成员应具有过程或产品知识、分配的时间、权威和需要的技能。所以成立小组需要考虑 4 点要素：

1）项目推动：即该 8D 项目的主导者是谁；

2）提供资源：过程中碰到需要外部或内部资源支持的情况下，谁去负责沟通，以便可迅速得到所需资源；

3）专业成员：根据问题点，选择该项目所需的专业人员，各司其职，互相配合；

4）成员数：根据项目难易程度，选择合适的成员数，一般控制在 4~10 人。

D2：问题描述，或者说客户 / 投诉描述。以客户的角度和观点详细地描述其所感受到的问题之现象，将所遭遇的问题以量化的方式，明确得出所涉及的人、事、时、为何、如何、多少，所采取的描述方法有很多，基本上都是为了表达清楚问题的现象。

D3：临时对策，隔离有问题和受影响的产品（内部 / 外部客户）直到永久纠正措施的实施。

执行临时的控制手段，保证在永久纠正措施实施前，将问题先隔离，防止继续生产不良品。临时措施的确定，应当考虑一整条生态链，供应商零件库存→供应商零件在途品→本公司内部零件 / 材料→生产制程→仓库库存→交付在途品→客户端的产品。一个简单的 8D 客诉示例如下：

1）客户端产品处理方案：建议客户继续销售，由业务与客户进行协商决定将出现的不良品进行及时补货处理。

2）库存品处理方案

① 查询 ERP 系统，客户库存产品有 1 批，数量为 9500 件，安排品质人员进行隔离；

② 查询 ERP 系统，相同产品库存数量为 20000 件（相同供应商其他批次），安排品质人员进行隔离。

3）在制品处理方案

① 在制品中抽取部分产品进行可靠性验证，开关冲击和延长老化至 48h，定期跟踪产品状态。当产品出现失效，分析不良的原因；

② 在制品中抽取部分产品进行寿命测试验证，定期跟踪产品状态。当产品出现失效，分析不良的原因。

D4：原因分析，根本原因分析和验证，以及解决问题的计划。罗列所有可能的原因，每项原因对应的结果要有客观依据，直到找出根本原因，这个过程需要多部分协作完成，并详细记录整个过程，是费时最长，最深入的一步，因为可能涉及多次迭代验证。

D5：长期对策，选定纠正行动措施的细节。针对根本原因来制定最佳措施，必要时还需要对该措施进行验证，最终确认该措施的有效性。

D6：永久性纠正措施的执行。应注意持续监控，以确定其根源已经消除，监控纠正措施的长期效果，必要的时候在此过程中继续完善。

D7：预防事故再次发生（包括其他受到影响的产品、制程，预防类似情况发生），效果确认及标准化。实事求是，以事实和数据为依据，对数据用统计工具处理后得出相应的结论，不应未做对比分析就判定效果。标准化就是把企业所积累的技术和经验，通过文件的方式进行规范，作为企业的技术储备，同时能提高企业开发产品的效率。

D8：结案。

值得注意的是，上述的步骤不一定必须完全按照顺序进行，有些问题可跳过某个步骤或有不同的顺序。

小结：失效分析的主要目的是找出失效的根本原因，经采取有效的改善措施，使该失效不再发生。8D 报告的分析思路就是对具体失效问题有一个周到的思考方法。要求它所确定的程序和步骤，既严密又不烦琐，既高效又无遗漏，保证分析的出发点是正确的，不会导致错误结论。因此，在失效分析的时候，需要时刻保持"怀疑"的态度进行，即怀疑一切可怀疑的事件，不放过任何一点可能性，并进行仔细验证，逐点排除，最终得出准确的分析结论。

5.9 典型失效案例解析

5.9.1　失效案例 1——雷击浪涌失效

电源雷击浪涌失效实例如图 5-49 所示。

图 5-49　电源雷击浪涌失效实例

浪涌是户外电源中最大的天敌，也是最不可控的一环，纵使我们对电源进行了多方位的测试，以及较高等级的浪涌测试，但仍然敌不过实际环境中的天然雷击浪涌。

失效情况：户外灌胶电源，输入熔断器、共模电感、浪涌保护电容和开关管全部失效。熔断器、共模电感断裂，电解电容漏液爆裂，主开关管短路。

这类失效分析没有特别的思路，只能在设计时充分考虑到应用环境，选择高等级规格的器件，并增加多级防护，如图 5-50 所示是面对复杂的电网环境时的理想防护体系。

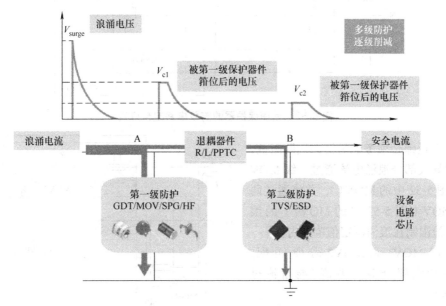

图 5-50　整体雷击浪涌防护体系

简单来看，对于前端防雷器件的使用，我们可以参考如图 5-51 所示方案。

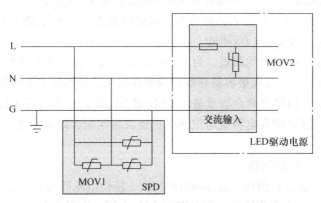

图 5-51　浪涌保护器的简单并联组合应用

雷击浪涌保护模块（SPD）和 LED 驱动电源中使用的 MOV 匹配协调也是重要的考虑因素。这些 MOV 必须合理匹配，以便在 LED 驱动电源中使用较小的 MOV，浪涌保护模块中使用较大的 MOV。如果驱动器的 MOV 电压额定值较低，它将首当其冲拦截瞬态过电压，因为它可能会首先工作，这可能导致灾难性故障失效。浪涌保护器的简单串联组合应用如图 5-52 所示。

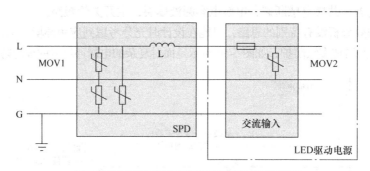

图 5-52   浪涌保护器的简单串联组合应用

工程师必须考虑足够的线路阻抗，以引导大部分浪涌电流通过一级 MOV（上图 5-52 中的 MOV1），并将通过两级 MOV（图 5-53 中的 MOV2）的浪涌电流限制在浪涌额定值范围内。

1）MOV1 和 MOV2 需要匹配，以便让大部分浪涌电流／能量流过 MOV1；

2）V_M（最大连续工作电压）的选择要满足：$V_{M(MOV1)} \leq V_{M(MOV2)}$；

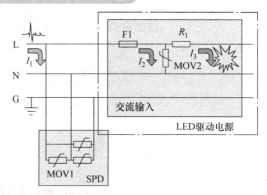

图 5-53   浪涌保护器的级联失效（来源：力特）

3）V_C（最大箝位电压）的选择要满足 $V_{C(MOV1)} \leq V_{C(MOV2)}$；

4）串联的电感 L，增加 L 的电感量会有更好的效果，因为 MOV1 可以吸收更多的能量，即 $V_{MOV1} = V_{MOV2} + L \times di/dt$。

我们经常碰到的一个问题是，为了避免雷击浪涌，选择了较高电压的 MOV，这样 MOV 的残压过高，反而更容易导致后端器件损坏。虽然雷击浪涌保护模块吸收了大部分浪涌能量，但仍有剩余能量进入 LED 驱动电源，造成内部元器件损坏。为了尽量减少损坏，LED 驱动电源应与浪涌保护模块相匹配，以减少进入 LED 驱动电源的能量。

残压或剩余电压的问题：

• 由 MOV1 决定；因此，选择响应时间快，箝位电压低的器件剩余电流的问题：

• 建议将 MOV2 作为比 MOV1 更高的箝位电压，以最大化 I_1 和最小化 I_2，从而使熔断器 F1 不会被剩余电流损坏；

• R_1 为一次侧电路的等效串联电阻，包括 NTC、EMI 滤波器、整流器、PFC、变压器、晶体管等，如有必要，尽量可能加大，以尽量减少一次侧电路中的 I_3 并降低元器件损坏的可能性；

所以良好的器件匹配能实现更好的保护功能，同时降低器件损坏的可能性，器件的合理化选择是工程师在设计初期就要认真考虑的部分。

5.9.2　失效案例 2——整流桥后薄膜电容失效

在单级反激 PFC 电路，或是带功率因数校正的其他电路中，整流桥后一般采用的是薄膜电容，但是这种电容目前在整个照明行业中受到了严重的忽视，所以经常会出现失效。单级 PFC 整流桥后薄膜电容失效实例如图 5-54 所示，单级 PFC 电源的前级电路如图 5-55 所示。

图 5-54　单级 PFC 整流桥后薄膜电容失效实例

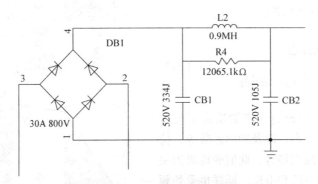

图 5-55　单级 PFC 电源的前级电路图

可见，CB1 和 CB2 正常形成了 PI 型滤波，这是一个成熟经典的应用，但实际上这个电容起到了几重作用，也是大家经常在设计时考虑的比较少的一个器件。

1）作为能量储存器件，特别在母线位于低电压时；

2）作为工频和后面电源高频解耦器件；

3）EMC 功能。

从材料上看，薄膜电容在源材料和工艺上可能存在潜在的不良，如图 5-56 所示是几个基本的与工艺相关的影响因素。

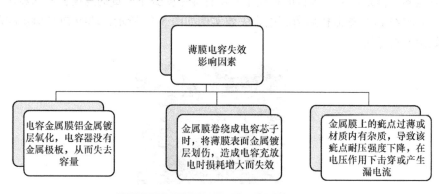

图 5-56　薄膜电容的几个常见失效情况

从电路设计应用中看，我们在《开关电源工程化设计与实战——从样机到量产》一书中详细分析过，现在我们针对这个特殊位置进行分析，它的应力涉及正常电流、电压和启动时的电流、电压，其中 $\mathrm{d}V/\mathrm{d}t$ 能力是一个很关键的参数，它与薄膜电容的体积、容量都有很大的关系。究其原因，其膜结构所致接触阻抗的存在，那么在较高的电压脉冲下会导致过热，从而损坏薄膜电容。假设 R_c 为阻抗，当有电流流过时，会产生热量，如公式（5-5）所示。

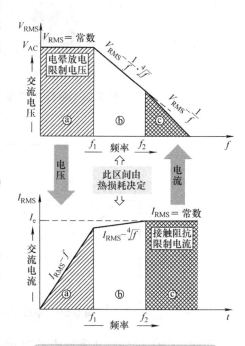

$$J = R_c \times \int_0^T i(t)^2 \mathrm{d}t$$
$$= R_c \times C^2 \times \int_0^T (\mathrm{d}V/\mathrm{d}t)^2 \mathrm{d}t \qquad (5\text{-}5)$$

可以看到，$\mathrm{d}V/\mathrm{d}t$ 这个参数决定了流过薄膜电容的电流大小，以及频率参数等，特别是在谐振电容应用场合，此值变得极为关键。而稳态时的电压和电流，同样也受到频率的限制，具体的通过图 5-57 所示，可以看到薄膜电容所能承受的电压和电流都受到频率的限制。细分看来：

图 5-57　薄膜电容交流负载能力

区间 a：受限于薄膜电容的物理尺寸、材质这些因素；

区间 b：受限于薄膜电容的功率损耗，即允许的自温升大小；

区间 c：受限于最大电流处理能力。

实测薄膜电容中的电流如图 5-58 所示。

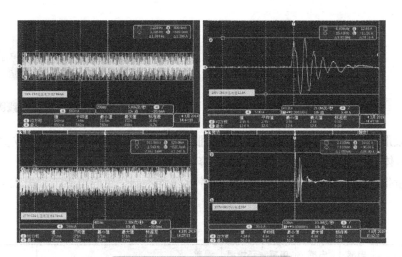

图 5-58　实测薄膜电容中的电流

在薄膜电容规格书上，一般会有如下的一个参数曲线供我们进行选择。其实图 5-59 所示的最大交流电压和频率的关系是基于正弦波的，而当波形非正弦时，需要考虑到波形折算系数。

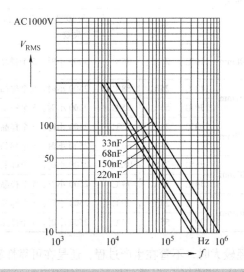

图 5-59　薄膜电容允许的最大交流电压和频率的关系

5.9.3　失效案例 3——色码以及工字电感失效

色码电感实物如图 5-60 所示，色码电感失效 X 射线图如图 5-61 所示。

图 5-60　色码电感实物

图 5-61　色码电感失效 X 射线图

失效形式：环氧树脂和漆包线的热膨胀系数不同。所以在热冲击（开 / 关）过程中，铁氧体磁心拐角处的导线应力较大，容易断裂。

批量生产跟踪发现，不同批次的失效率水平均不同。色码电感工程失效跟踪数据见表 5-6。

表 5-6　色码电感工程失效跟踪

机种型号	批次	电感规格	电感线径	电感 T_c	环境温度 T_a	温差 T_c-T_a	灯失效率	开关次数
球泡 1	第一批	0510：3.3nH	0.06mm	75℃	25℃	50℃	6000 小时，5 个样品均无失效	2400
				85℃	55℃	30℃	6000 小时，5 个样品均无失效	2400
	第二批	0510：3.3nH	0.06mm	115℃	25℃	90℃	在 1000~1500 小时，5 个样品 3 个失效	从第 300 个周期开始出现失效
				121℃	55℃	71℃	在 1000~4000 小时，5 个样品 3 个失效	从第 400 个周期开始出现失效
	第三批	0512：2.2nH	0.08mm	110℃	25℃	85℃	3000 小时，5 个样品均无失效	800
球泡 2	第一批	0512：3.3nH	0.07mm	113℃	25℃	88℃	2500 小时，5 个样品均无失效	1000
				130℃	55℃	75℃	2500 小时，5 个样品均无失效	1000
	第二批	0512：3.3nH	0.07mm	103℃	25℃	78℃	2500 小时，5 个样品均无失效	800
				121℃	55℃	66℃	2500 小时，5 个样品均无失效	800
球泡 3	第一批	0512：3.3nH	0.07mm	127℃	25℃	102℃	2500 小时，5 个样品均无失效	1000
				134℃	55℃	79℃	2500 小时，5 个样品均无失效	1000
	第二批	0512：3.3nH	0.07mm	121℃	25℃	96℃	2500 小时，5 个样品均无失效	/
				129℃	55℃	74℃	2500 小时，5 个样品均无失效	700

可以看到，当线径较大时，不管在生产过程，还是在可靠性测试中都会对失效情况有着关键性的影响。同时，我们也可以看到色码电感的温升对线的断裂有着关键影响。

所以一个基本原则是，对于这类电感，尽量选择线径较大的产品，同时保证良好散热，这样在安装、生产、包装、运输、使用等环境发生振动的情况下也会减少失效。同时，我们看到另一个例子，如工字电感的引脚挂线失效，其实例图如图 5-62 所示。

由于产品没有灌胶，以及生产工艺的原因，导致产品出现大量断裂，产品失效。这个根本原因比较容易找到，事后，进行多维度响应分析，发现可以在如图 5-63 所示的几个位置进行点胶加固处理。

图 5-62　工字电感失效实例

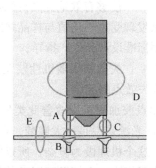

图 5-63　工字电感点胶加固处理可行性考虑

具体实现，有如下图 5-64 所示的几种方案。

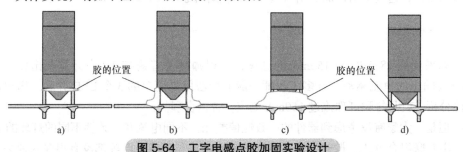

图 5-64　工字电感点胶加固实验设计

同样进行分组实验，对应的结果见下表 5-7。

表 5-7　工字电感点胶加固受力模拟实验设计结果

位置 1		位置 2		位置 3		位置 4	
推力 /N	失效情形	推力 /N	失效情形	推力 /N	失效情形	推力 /N	失效情形
40	引脚 B 脱落	60	引脚 A 脱落并断裂	64	D 处断裂	35	C 处断裂
32	B 处断裂	60	E 处断裂	62	D 处断裂	38	A 处断裂
34	B 处断裂	45	引脚 A 脱落并断裂	62	D 处断裂	40	引脚 A 脱落
38	B 处断裂	55	D 处断裂	64	E 处断裂	30	C 处断裂
38	B 处断裂	50	D 处断裂	58	D 处断裂	34	
28	引脚 A 脱落	58	D 处断裂	64	D 处断裂		
36	B 处断裂	54	引脚 A 脱落	65	E 处断裂		
32	引脚 A 脱落	62	D 处断裂	54	D 处断裂		
40	引脚 B 脱落并断裂	50	D 处断裂	60	D 处断裂		
24	A 处断裂	52	A 处断裂	62	D 处断裂		

从结果看到，通过受力模拟实验，我们可以得到以下几种方法：

方法 1：失效结果随机性较大，受力强度较小，且出现有不同的失效情况，仍然存在原来失效点的问题；

方法 2：受力强度大为增加，但出现多个失效点，仍然存在原来失效点的问题；

方法 3：能够有效地提高机械强度，原来的故障点 A 在实验中没复现，通过整个受力测试发现受力平均值与样品之间结果的差异性极小，故以此作为临时解决方法来满足通用标准设计和生产指导；

方法 4：失效结果随机性较大，受力强度较小，且出现有不同的失效情况，仍然存在原来失效点的问题。

纵然点胶加固可以改善此类失效，但作为 LED 照明产品的常识，胶中的化学成分对 LED 光源来说是一大噩梦，在各种复杂环境下胶的挥发与 LED 光源的化学和物理反应，这个机理极为复杂，所以照明产品中，对于增加固定胶一事十分慎重，我们不希望为了解决一个问题而引发其他新的问题。最终，此失效的解决仍然是从器件本身来解决，采用环氧树脂加固引脚与漆包线的接触，改用热缩套管包裹外围，对漆包线增加保护，这些都对产品的引脚起到了固定作用。

5.9.4　失效案例 4——LED 多路并联不均失效

如果使用 2835/0.5W/150mA 的灯珠，工程师都是普遍按 3V 去计算，比如一个 450mA 输出的恒流驱动，许多工程师一般的用法就是简单的 3 个 LED 并联。简单的理论分析，就是每颗灯珠流过 150mA 电流，合情合理。

但是，大家有没考虑到器件的一致性偏差呢？不同电流和一致性不同的灯珠的 V_F 值、串并联组合方式、散热方式、驱动的电流偏差和环境温度等都没有很深入地去考虑，以至于一些失效时有发生，延绵不绝。国内某品牌 0.5W 2835 封装 LED 灯珠的一份规格书节选见表 5-8，可以看出灯珠 V_F 值在额定电流 150mA 的情况下，V_F 值分为 5 个档位。

表 5-8　LED 规格参数

25℃时特性

项目	代码	符号	测试条件	电压值			单位
				最小值	最大值	典型值	
正向电压	档位 G2	V_F	$I_F=150\text{mA}$	2.9	3.0	—	V
	档位 H1			3.0	3.1	—	V
	档位 H2			3.1	3.2	—	V
	档位 I1			3.2	3.3	—	V
	档位 I2			3.3	3.4	—	V

不同的正向电流还对应不同的 V_F 值，如图 5-65 所示。

如此一来，按上面的例子，若串联灯珠数量为 60，并联灯珠数量为 3，用先串后并的方式，我们对三条串联的灯珠分别进行标号：

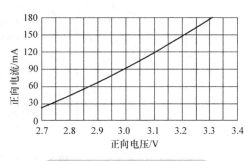

图 5-65　LED 伏安特性曲线

第一条，最低 V_F 值全部在这一条：
2.9V × 60=174V ；

第二条，中间电压 V_F 值在这一条：
3.1V × 60=186V ；

第三条，最高电压 V_F 值在这一条：
3.4V × 60=204V ；

可以看出，这三条串联的灯珠间最大的电压偏差有 30V，假设 LED 灯珠为纯阻性负载（把电压直接假设为电阻，即分别为 174Ω、186Ω 和 204Ω），再根据初中学过的物理知识，可以得到：

第一条流过的电流 I_1=161.4mA ；

第二条流过的电流 I_1=151mA ；

第三条流过的电流 I_1=137.6mA ；

最大和最小电流之间，相差了 23.8mA。

然后对照规格书中给出的 T_s=25℃情况下的最大极限参数，则可以明显看到在此情况下，最大使用电流已经在极限之上。该情况下应保持灯珠的温度尽可能得低，否则灯珠就有很大的损坏概率。LED 规格参数—极限电气参数见表 5-9。

表 5-9　LED 规格参数—极限电气参数

T_s=25℃最大极限参数值

参数	符号	额定值	单位
功耗	P_d	544	mW
正向电流	I_F	160	mA
峰值电流	I_{FP}	300	mA
反向电压	V_R	5	V
静电	ESD	2000	V
操作温度	T_{opr}	−40~+100	℃
存储温度	T_{stg}	−40~+100	℃
结温	T_j	125	℃

所以，不建议在极限值附近使用灯珠，此种情况，可以改用四条并联，即可有效避免电流不均导致的超限使用。

在实际应用的时候，大家不妨回想一下，是用先串后并还是先并后串呢？为什么？可以根据以上的例子进行仿真，仿真设计如图 5-66 所示。

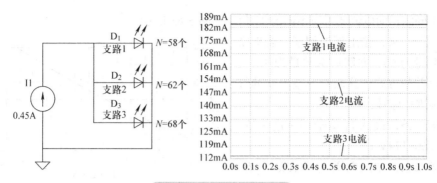

图 5-66 LED 并联仿真

将 D_1、D_2 和 D_3 的串联灯珠电压分别对应 174V、186V 和 204V，图 5-66 的右图为仿真结果。D_1、D_2 和 D_3 分别对应的电流为 183mA、152mA 和 113mA，最大电流已经超出规格书极限值，此时不论灯珠温度如何，随时都可能失效。LED 并联仿真结果如图 5-67 所示。

从仿真结果可以看到，如果是两串之间相差了 30V，那么电流的偏差是非常大的，这还不包括 PCB 的影响，如果在 PCB 布板的时候不注意，那这个电流偏差会更大，甚至用肉眼都能看出明显的亮度不一样。

光标 1		I(D1)	
水平:	587.395ms	垂直:	183.854mA

光标 1		I(D2)	
水平:	587.395ms	垂直:	152.764mA

光标 1		I(D3)	
水平:	587.395ms	垂直:	113.382mA

光标 1		I(D3)	
水平:	587.395ms	垂直:	113.382mA

图 5-67 LED 并联仿真结果

在实际应用的时候，选用同一个 V_F 值的灯珠是可以大幅改善这种分流不均的情况，但对于厂家来说不太现实，其成本会有一定的上升；另外，串联数量较多的情况下，Layout 上会有不少难度，造成很多新的走线电阻被引入，从而增加电流不均的可能，我们来看一个实际失效案例，PCB 版图如图 5-68 所示。

图 5-68 LED 多路并联失效实例 PCB 版图

其原理图如图 5-69 所示，如果串联的灯珠数量越多，PCB 越长，走线越大，线阻越大，导致越靠后的灯珠亮度越暗。

改善方案：将负极走线放在右侧即可以大为降低失效。LED 多路并联改善 PCB 版图如图 5-70 所示。

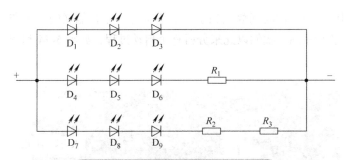

图 5-69　LED 多路并联等效电路图

图 5-70　LED 多路并联改善 PCB 版图

同时，如果对 LED 灯珠进行分 BIN 处理，即严格筛选每一串灯珠所用的 LED 正向电压，这在 LED 照明兴起的初期，大家都花费了很大的精力去做这个工作，但随着 LED 照明产品的价格急剧下降，市场迅速扩大，到今天为止，很少看到有生产厂家来进行分 BIN 处理，因此 LED 多路并联的问题也凸显了出来。

5.9.5　失效案例 5——电源开机启动时间不合规

LED 照明从一开始出现到现在，即开即亮被宣称成为一大特色，与传统的荧光灯时代相比，不需要预热等启动要求，基本上能实现一上电即能看到光的输出。所以关于 LED 照明的各大标准都对启动时间进行了规定，如美国能源之星 [<（0.75-1）s]、美国加州 T24（<0.5s）、欧洲 ErP（<0.5s）都对启动时间进行了详细规定，但目前因为联网智能化照明的普及，这个时间也成为一个问题点。

为了帮助制造商能够定量评价此要求，其中能源之星特意出台了一个标准规范：灯泡和灯具启动时间要求，具体可以由图 5-71、图 5-72 来解释，其中对于固态照明来说，为接通市电至光持续输出（持续输出有两个概念，一个是稳定输出；另一个是持续增加）的时间间隔。这里需要指出，因为测光的输出需要专门的设备，所以目前绝大多数工厂都是采用直接测 LED 上的电流来间接观察启动时间。不符合能源之星要求的启动时间示例如图 5-73 所示。

考虑到功耗和待机能效，在电源设计时采用了较大的启动电阻值，这样在低压时的启动会更缓慢，同时与 LED 并联的电容的充电速度也影响到了 LED 的亮度开启。同时智能联网照明由于加入了软件，从一个简单的灯变成了一个复杂的联网系统，这样整个启动时序会变得更为复杂，涉及系统初始化配置、参数调取等，因此能源之星也将智能联网照明产品的时间放宽到了 1s，下面是一个智能联网照明产品的电路构架图和具体的启动时序图，我们以此来分析整个启动过程，如图 5-74 和图 5-75 所示。

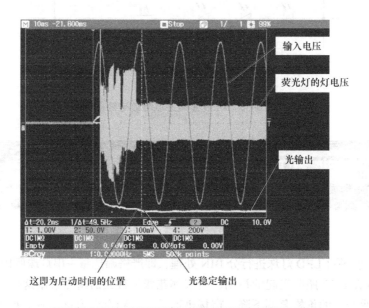

图 5-71　能源之星关于荧光灯启动时间的测试方法

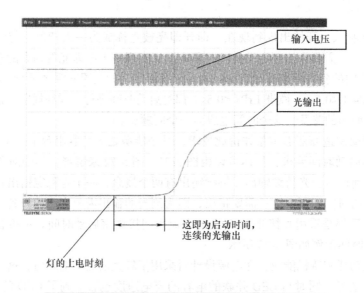

图 5-72　能源之星关于固态照明启动时间的测试方法

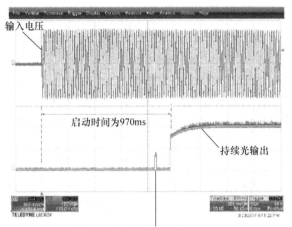

输入电压

启动时间为970ms

持续光输出

此处不能算作启动时间点，因为这只
是一个脉冲输出，而非连续光输出

图 5-73 不符合能源之星要求的启动时间示例

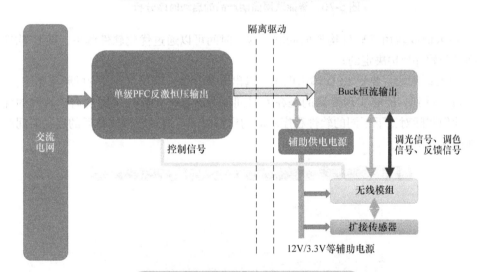

图 5-74 智能联网照明产品电路构架图

1）整个时序如下：

t_1 时间段：交流电上电，主开关管因 PWM 暂时为低电平而不动作；

t_2 时间段：辅助电源开始工作，得到 3.3V，无线模组 MCU 初始化（涉及资源配置、状态检测、参数调用等）；

t_3 时间段：开启 PWM 输出，主开关管动作，输出电解电容充电，从而 LED 电流缓慢上升；

2）t_1 时间段主要由电源硬件本身决定，上电建立时间很短，辅助电源从交流上电到 3.3V/5V/12V 建立的时间为几十 ms；

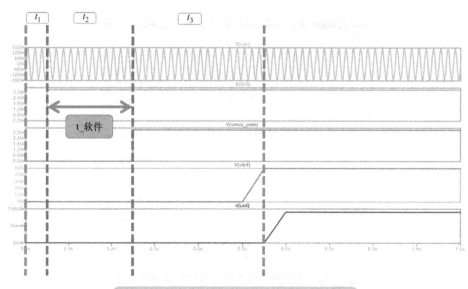

图 5-75 智能联网照明产品的启动时序分析

3）t_2 时间段由于软件构架的问题，这个时间可以通过优化软件解决，即 t_ 软件时间是受软件架构决定的；

4）t_3 时间段主要受 LED 输出电压、输出电解容量，以及主开关管的频率影响。

可以看到，能够实现微调的是在 t_2 时间段，通过优化软件来实现启动时间的优化，我们实际对比下不同的软件程序对应的启动时间。通过软件优化后的启动时间改善如图 5-76 所示。

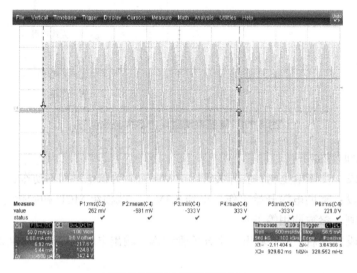

a）启动时间(光标之间时间差为2.1s)

图 5-76 通过软件优化后的启动时间得到改善（光标之间时间差为从 2.1s 减少到 395ms）

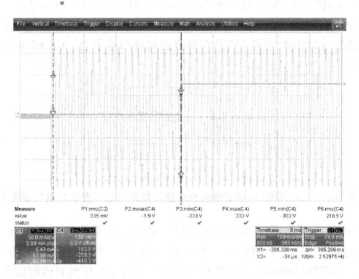

b) 改善后(光标之间时间差为395ms)

图 5-76　通过软件优化后的启动时间得到改善（光标之间时间差为从 2.1s 减少到 395ms）（续）

5.9.6　失效案例 6——0~10V 调光隔离相关问题

5.9.6.1　隔离带来的安规问题

美国保险商实验室（UL）在 2017 年 9 月 8 日发出提醒，指出 UL 8750《LED 照明产品安全标准》的附录 SF 更新生效期（强制执行日）为 2020 年 5 月 1 日。2020 年 4 月 28 日，UL 发布 ANSI/UL 8750（第 2 版）的修订版本，对"附录 SF——LED 设备的有线控制电路"进行修订，受全球疫情的影响，将原本的生效时间延迟了。

LED 电源中的有线控制线路主要用于调节电源的输出功率、传输控制数据等，包括 DALI 控制、0~10V 调光、PWM 调光、温度保护、状态监测控制、传感等应用，以此实现灯具的手动或自动输出调节（包括光和其他照明特性）。目前北美灯具中最常见的有线控制线路是 0~10V 调光接口，受设计习惯和成本因素的影响，市面上大部分 0~10V 调光接口都只与一次侧电路隔离，而与二次侧电路通常是共地的，甚至也有的直接采用非隔离电源，这样一次侧、二次侧、调光接口均不隔离。ANSI/UL 8750 附录 SF 要求 LED 电源的有线控制电路应与其他电路可靠隔离，即与一次侧和二次侧电路都要隔离，以保证其在照明系统中被正确和安全的应用。关于此处的详细安规标准要求，请参考最新 UL 8750 标准的原文。

本次修订扩大了附录 SF 的豁免条款，在满足某些条件时，控制电路可以免除上述隔离要求。例如，驱动器的控制端口只是与 LED 灯板上的热敏电阻连接，并且在没有延伸到灯具外部时，控制电路就不需要隔离，但应满足相关的警告语标识和说明书要求。为了设计的统一化，对于单纯的驱动电源厂家，目前越来越多的是采用完全隔离架构（即一次侧隔离，二次侧与调光接口隔离，调光接口与二次侧隔离），这样不受灯具厂商的设计因素影响，产品更具有通用性和竞争力。UL 8750 中的有线控制电路隔离示意图如图 5-77 所示。

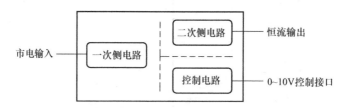

图 5-77　UL 8750 中的有线控制电路隔离示意图（虚线为电气隔离）

同时，UL 给出了不同位置的隔离的耐压要求，具体要求见表 5-10。可以看到，当二次侧输出电压过高（如峰值电压为 70V）的时候，电气耐压要求增强，其中，V 即为测试两点中测量得到的最大交流有效值电压（这个电压的具体测试方法请参考本书第 4 章的内容）。

表 5-10　不同位置的隔离的耐压要求（来源：UL）

耐压测试的测试电压，V_{ac}	电路位置
2V+1000	一次侧电路和可接触的导电部件之间
	峰值电压大于 70V 的二次侧电路和可接触的不导电部件之间
	变压器的一次绕组和二次绕组之间，用于隔离需要隔离的电路
	不同电位下工作的 PCB 走线或其他部件之间
500V	峰值电压不超过 70V 的二次侧电路和可接触的不导电部件之间

由于大家对测试点电压这个概念的认识比较模糊，我们来看下昕诺飞（原飞利浦照明）的 LED 驱动电源的隔离和耐压情况。针对输出不同的设计，有不同的隔离设计方案，如图 5-78 所示。

可以看到，不同的产品类型，输出电压是高压或是低压，电源是否是 2 类电源，都会影响到整体耐压的选择，目前来看，最严格的是，除了一、二次侧对外壳的耐压外，一次侧对二次侧、二次侧对 0~10V 调光控制端口、一次侧对 0~10V 调光控制端口、0~10V 调光控制端口对外壳均是采用 2.5kV 的绝缘电压。如果读者有兴趣，可以进一步登录昕诺飞官网查看更多产品的绝缘性能要求。通过光电耦合器隔离 0~10V 接口但同时存在跨线问题如图 5-79 所示。

我们来看一个实例，如图 5-80 所示，调光控制信号通过光电耦合器传递到功率侧，但光电耦合器下面存在 PCB 走线，如图 5-79 所示，这样的话实际上降低了对这个绝缘距离的要求，如果输出电压超过安全电压的话，此设计不符合安规的要求。

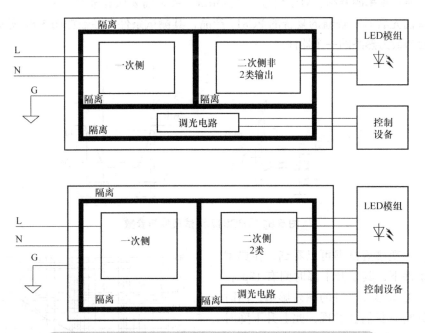

图 5-78　昕诺飞 0~10V 调光 LED 驱动电源的不同隔离形式

图 5-79　通过光电耦合器隔离 0~10V
接口但同时存在跨线问题

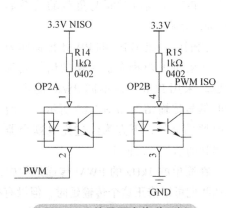

图 5-80　信号隔离传递示例

5.9.6.2　隔离信号传输问题

由于隔离要求的存在，信号的传递变得复杂起来，隔离信号的传递方式多种多样，最简单的是通过 Y 电容进行耦合传递，但 Y 电容受容量、安全等限制，当控制端的频率发生变化时，性能也会受到影响。常规的非线性光电耦合器在这里成为了低成本的首选（如图 5-80 所示的电路情况），但是数据的传递，现在的照明系统中的控制信号频率一般在 500Hz~20kHz，传统的光电耦合器在低频时还是能够满足基本的性能，但随着频率的升高，对于信号失真的情况，我们需要认真考虑。

　　我们先看看最普通的夏普的 PC817 产品，其测试条件与参数如图 5-81 所示，这是工程师最为熟悉的一个器件。

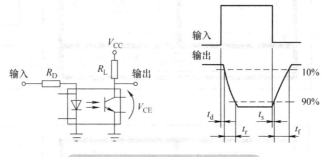

图 5-81　PC817 测试条件与参数

　　详细观察规格书可以看到，在典型工作条件下，其上升下降时间有 18μs，这还不考虑器件本身的偏差影响，同时研究其响应我们会发现，此上升下降时间还与负载阻抗和工作电流有较大的关联性。PC817 响应时间与负载的关系如图 5-82 所示。

　　我们以一组 1kHz 的 PWM 传递作为实测来看纯光电耦合器传递的信号失真问题。采用 PC817 在不同 PWM 的占空比时信号传输结果如图 5-83 所示，上面的是原始信号，下方为经过光电耦合器后得到的信号（反向）。

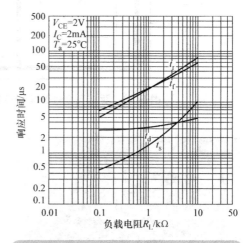

图 5-82　PC817 响应时间与负载的关系

　　在简单的 1kHz 的 PWM 传递过程中，偏差有 5%，这对于精准控制是不可行的，纵然我们可以修正这个传输延时，但没有办法保证批量的准确度。

　　在这里，笔者给出一个经验法则：

　　1）最常规使用的光电耦合器 PC817，它是一个非线性光电耦合器，上升下降时间过长，已经不适合此类 PWM 传输或是串口数据传递，如 PWM=2kHz，周期为 $T=1/2kHz=500μs$，考虑到 1% 的占空比，即 $T_{on}=5μs$，此信号将会淹没在光电耦合器的上升或下降时间中，用于 PWM 传输会导致严重失真；

　　2）一般而言，为稳定性考虑，器件的上升/下降沿时间＜最低调光占空比的 5%，即对于 2kHz 的 PWM 调光频率（1% 调光深度），其光电耦合器的上升/下降时间＜ 5μs×5%=25ns；

　　3）此上升下降时间越短越好。

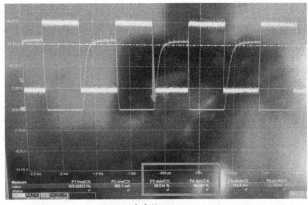

a) 占空比50%

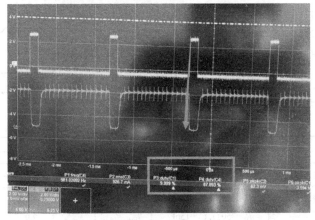

b) 占空比10%

图 5-83　采用 PC817 在不同 PWM 的占空比时信号传输结果

　　既然存在这个要求,我们把目光转向高速数字型光电耦合器,可以看到其上升下降时间为 ns 级,实测性能优异,在 1~20kHz 均能实现无损传输,如 VISHAY(威世)的 6N137 等。可看到,由于为高速数字电路设计,所以延时时间现在变为了 ns 级,这样完全满足了我们的常规要求,同样我们在 PC817 的电路中将其替换成高速光电耦合器后进行了实测,结果发现没有出现失真。高速光电耦合器测试条件与参数如图 5-84 所示,采用高速光电耦合器在不同 PWM 占空比时信号传输结果如图 5-85 所示。

　　大家知道,光电耦合器是一个逆输出,即信号传递过去还需要进行电平翻转,这不是通过软件实现,就是通过硬件实现,高速光电耦合器的体积和温度范围均不占优势,这在 LED 驱动电源中是一个严酷的挑战,所以我们可以再往前一步,选择数字隔离器来进行信号传递。数字隔离器在工业和汽车中广泛应用,通信速率远高于光电耦合器,且可靠性更为优异,能在更宽的温度范围内使用,只需要简单的供电即可以实现无损传输功能,而且随着国产化进程的加快,此类器件的成本已经接近甚至低于高速光电耦合器的成本。随着这几年新技术的推广,在照明产品通信的隔离中已经看到大量电容隔离的数字隔离器的使用,不同耦合隔离传输方式如图 5-86 所示,从其电路图 5-87 看到,只需要一次侧和二次侧供电正确,即能实现高速 PWM 的无损传输,这可以大为减少设计以及 PCB 空间。而且数字隔离器也同样具有完善的认证,不会因为器件本身失效而造成安全问题。

6N137, VO2601, VO2611, VO2630, VO2631, VO4661

Vishay Semiconductors

高速光电耦合器,单/双通道,传输速率为10MBd

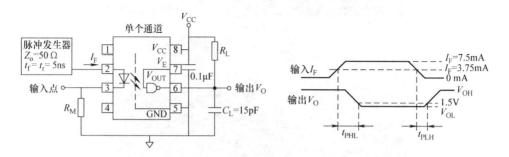

开关特性						
参数	测试条件	符号	最小值	典型值	最大值	单位
高输出电平的传播延迟时间	$R_L=350\,\Omega$, $C_L=15\mathrm{pF}$	t_{PLH}	20	48	75	ns
		t_{PLH}	–	–	100	ns
低输出电平的传播延迟时间	$R_L=350\,\Omega$, $C_L=15\mathrm{pF}$	t_{PHL}	25	50	75	ns
		t_{PHL}	–	–	100	ns
脉冲宽度失真	$R_L=350\,\Omega$, $C_L=15\mathrm{pF}$	$\lvert t_{PHL}-t_{PLH}\rvert$	–	2.9	35	ns
传播延迟差	$R_L=350\,\Omega$, $C_L=15\mathrm{pF}$	t_{PSK}	–	8	40	ns
输出上升时间(10%~90%)	$R_L=350\,\Omega$, $C_L=15\mathrm{pF}$	t_r	–	23	–	ns
输出下降时间(90%~10%)	$R_L=350\,\Omega$, $C_L=15\mathrm{pF}$	t_f	–	7	–	ns

图 5-84　高速光电耦合器测试条件与参数

5.9.7　失效案例 7——恶劣应用环境下高压打火失效

目前的市场为了追求产品的性价比,一般的灯具中使用非隔离电源是比较常见的现象,例如 Buck 或者 Boost+Buck。失效产品如图 5-88 所示。

在本书的第 4 章中有关于绝缘与距离的关系的内容,但实际上我们需要考虑到加工工艺和应用环境。

此失效是在进行高温、高湿测试的时候发生的,正极到负极一整条回路的 PCB 铜皮走线全部被烧毁,PCB 被烧穿,烧穿的位置为输出电解电容两引脚之间。

失效机理:输出电解电容两端爬电距离小,水汽覆盖两引脚之间改变了二者之间的电气特性,形成高阻态负载,缓慢发热导致 PCB 碳化,碳化后电路持续导通,相关电流回路烧毁,最终线路断开而出现失效。

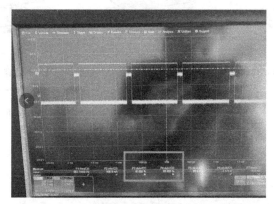

a) 占空比10%

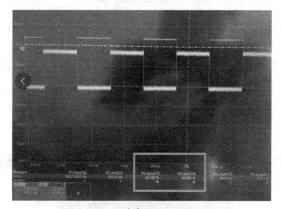

b) 占空比50%

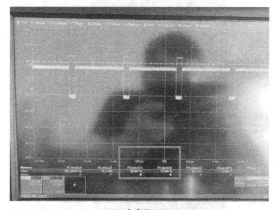

c) 占空比90%

图 5-85　采用高速光电耦合器在不同 PWM 占空比时信号传输结果

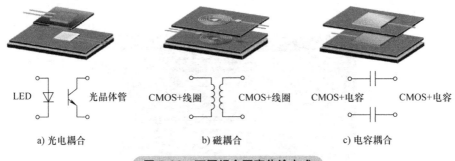

a) 光电耦合   b) 磁耦合   c) 电容耦合

图 5-86   不同耦合隔离传输方式

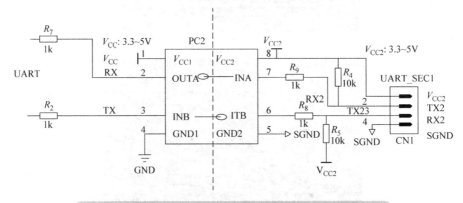

图 5-87   用数字隔离器可以简单便捷地实现隔离高速传输

图 5-88   高温、高湿环境测试打火失效实例

5.9.8 失效案例 8——感性容性混合负载的情况

失效情况：该项目包含一个 24V 可正反转的直流电机和一个 24V 通过 PWM 可调节亮度的灯具，在使用时发现，24V 系统由功率足够的适配器进行供电。在未接入电机的情况下，灯具在通过 PWM 调节亮度的任意亮度下都正常，无抖动现象。在接入电机后，无论是否控制电机转动，灯具在最低亮度的情况下均有抖动的现象，其抖动肉眼可见，用示波器也能发现其电流异常，实测波形如图 5-89 所示。

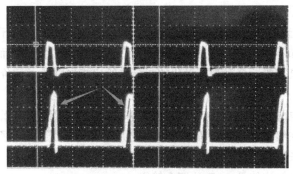

图 5-89 灯具输出电流抖动异常波形

由于灯具部分只包含灯珠和限流电阻，所以首先考虑的失效原因应该是在控制部分和供电部分。

首先确认供电部分，改用直流电源直接给系统供电。此状态下同时开启电机和灯具，调节灯具亮度，在最低亮度的情况下，仍有可见的抖动，排除由于供电系统导致异常的可能。

进一步确认，正反转直流电机的控制原理图如图 5-90 所示。在接入电机的时候，由于供电系统有一定的高频纹波，所以会通过 MOSFET 的结电容造成微小的漏电，即有一部分电流流入灯具，在灯具输出小电流的时候影响到光的输出，具体表现为光的抖动。

所以可以明确失效的原因在于控制部分。

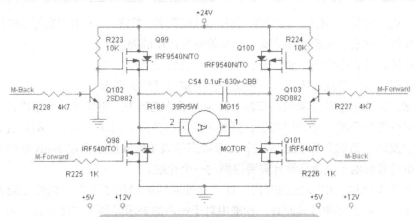

图 5-90 正反转直流电机的控制原理图

5.9.9 失效案例 9——照明产品中的噪声问题

LED 照明产品中，噪声一直是一个广泛受到关注的问题，从最开始的镇流器荧光灯时代，到现在的 LED 照明时代，噪声问题在照明产品中一直作为一个管控标准，虽然它不如 EMC 等性能要求那么众所周知，但实际上一直存在。

在本小节中，主要分析下面两种情况下导致的噪声问题，至于其他电源中的噪声问题，请参考笔者的另一本书《开关电源工程化设计与实战——从样机到量产》，其中我们提到了电源中噪声的主要机理和普适性解决方法。

1）调光器的兼容性导致的问题，人的耳朵阈值响应不同，对于音频范围内的噪声，不同人的感知不一样，这样的话，有时有些人觉得可以接受，而另一部分人则觉得无法接受，所以需要一个客观可量化的指标来给出指导并给予评价。

2）智能照明产品，用在非智能调光系统之中。最古老的照明，即使用电感镇流器的时代，由于电感镇流器铁心工作在 50~60Hz，铁心硅钢片的工作频率必然会导致音频噪声，同时在组装和安装过程中与灯具的共振也会产生噪声，所以人们定义了一系列的噪声等级来进行量化评估，见表 5-11，按音频分贝进行分类，可以划为 A~F 几个等级，我们最为关注的是 A~D 这四个等级。

表 5-11　镇流器噪声等级分类

镇流器噪声等级	平均声音分贝数 /dB
A	20~24
B	25~30
C	31~36
D	37~42
E	13~48
F	>49

- A 级，电视台、电台、图书馆、接待室或阅览室、教堂、学校自习室等环境的要求
- B 级，住宅、安静的办公室、学校教室等环境的要求
- C 级，综合办公区、商住楼、库房等环境的要求
- D 级，生产场地、零售店、嘈杂的办公室等环境的要求

后来，随着电感镇流器退出市场，高频电子镇流器进入市场并成为主流，这样在设计上可以选择系统工作频率高于音频噪声范围的产品。因此，如果仔细观察电子镇流器，会发现上面均会标明这是一个 A 级噪声等级（即噪声水平在 24dB 以内）的产品，这也是目前电子镇流器设计需要遵循的一个标准。

来到固态照明、LED 照明时代，这个标准同样被沿用了下来，仍然以能源之星的标准来看，对于灯和灯具而言，标准中对于噪声的要求经历了许多变化，历次版本

的要求均有所不同，在此不再详细说明，读者如果感兴趣，请与笔者联系。目前能源之星标准的要求，可以简单理解为在 1m 或更近的距离内，灯或灯具产生的噪声小于24dB。但随着产品的多样化，如调光、多灯工作、不同亮度的情况，产品在市场上面临的终端客诉失效问题也越来越多。在实际产品生产和管控中，能源之星这样的 1m或 1m 之内的模糊定义在一些严格要求的场合下变得意义不大，有的企业已将此标准提高到 30cm 距离内灯或灯具产生的噪声小于 20dB，以满足如台灯、高端应用场合等近距离情况的噪声要求。

常见失效情况：噪声过大，且在不同调光状态时噪声有不同影响，如图 5-91~图 5-93 所示。

图 5-91　晶闸管调光驱动电源实例

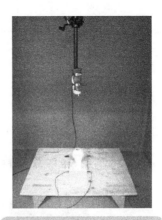

图 5-92　噪声测试环境实例

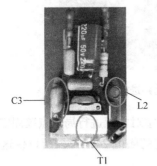

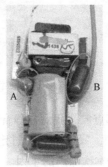

图 5-93　可能产生噪声的位置

拆解分析，同时对照原理图分析，薄膜电容、变压器、工字电感、MLCC、PCB本身均能产生噪声，所以我们需要按照分而治之的原则来进行处理。因为噪声是一种能量传递，所以减少能量源的产生，中断传递路径等均是有效的手段，LED 照明产品中，我们一般采用如下方法：

1）整体灌胶；

2）电感或是电容局部点胶；

3）对电感、电容的引脚进行 K 脚整形处理，使其不直接接触 PCB ；

4）保证噪声源远离外壳。

噪声作为调光产品不兼容的一种原因，在此案例中也极为突出，可以看到，接调光器的时候，由于驱动电路与调光器的内部发生振荡，过高的尖峰电流会在驱动和调光器本都会产生噪声。接入晶闸管产生的尖峰电流可能产生噪声示例如图 5-94 所示，对电感进行局部点胶固定如图 5-95 所示，对电感进行全部灌胶固定如图 5-96 所示。

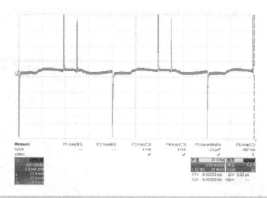

图 5-94　接入晶闸管产生的尖峰电流可能产生噪声

图 5-95　对电感进行局部点胶固定

对电感进行局部点胶，我们在静音室对电感进行局部点胶固定后测得的噪声水平见表 5-12，可以看到，噪声值远超过定的阈值 24dBA ，所以仅这个操作完全没有意义，也说明电感不是本次噪声的主因。

通常，PI 型滤波器采用的薄膜电容是 CL21X 系列小型金属化聚乙酯膜电容器，而从产品的工艺结构等知识，我们知道金属化聚丙烯薄膜（CBB21L）是一个很好的替代品，因为聚丙烯更柔软，介电强度较高。因此同等容量下，满足 EMC 和功率要求，CBB21L 体积更小，如图 5-97 所示。更换驱动电源中的薄膜电容后的噪声结果见表 5-13，更换后，同时进行点胶固定，测得的噪声水平见表 5-14。可发现，有较大的提高，但中间隐藏了一个问题，即一致性不太好。更换驱动电源中的薄膜电容及容值，同时电感全部点胶固定实物图如图 5-98 所示。

表 5-12　对电感进行局部点胶固定后的噪声结果

改善方法		背景噪声水平 /dBA				19.89
		1	2	3	4	最大值
对电感进行局部点胶	1#	33.92	34.19	35.17	32.39	35.17
	2#	33.17	30.51	33.97	33.98	33.98
	3#	37.43	38.1	35.42	36.99	38.1
	4#	36.13	39.73	36.88	37.26	39.73
	5#	33.48	36.51	39.37	41.43	41.43

图 5-96　对电感进行全部灌胶固定

图 5-97　照明电子中常用的两种薄膜电容

表 5-13　更换驱动电源中的薄膜电容后的噪声结果

解决方案		背景噪声 /dBA				20.13	改善效果
		1	2	3	4	最大值	
全面灌胶，且更换薄膜电容材质	1#	23.97	24.82	25.53	23.99	25.53	9.64
	2#	26.87	26.85	28.89	26.59	28.89	5.09
	3#	28.64	27.56	28.83	27.43	28.83	9.27
	4#	23.29	23.59	24.68	25.56	24.68	15.05
	5#	29.95	29.52	31.99	30.24	31.99	9.44

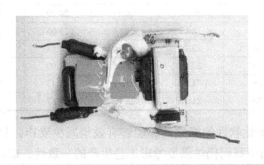

图 5-98　更换驱动电源中的薄膜电容及容值，同时电感全部点胶固定

表 5-14　更换驱动电源中的薄膜电容及容值并点胶固定后的噪声结果

解决方案		背景噪声 /dBA				19.9
		1	2	3	4	最大值
电感点胶固定，薄膜电容型号改为 CBB21L，电容部分点胶固定，电容从 100nF 减少到 82nF	1#	24.51	23.53	24.61	23.91	24.61
	2#	26.48	26.41	26.41	26.28	26.48
	3#	25.59	26.56	26.6	25.39	26.6
	4#	20.95	20.95	20.89	20.9	20.95
	5#	26.09	26.52	28.32	28.38	28.38
	6#	28.22	29.11	28.41	28.4	29.11
	7#	24.66	25.09	26.33	27.1	27.1
	8#	24.38	25.01	26.08	26.47	26.47
	9#	24.71	23.94	23.8	25.1	25.1
	10#	25.01	25.88	25.99	26.1	26.1

　　为了防止能量传递，我们可以采取软化措施，选用柔性材料作为缓冲垫，这样可以减缓驱动器件的机械振动传递到外壳。对于这种操作，无疑会增加成本和工艺复杂度。在 LED 驱动电源和外壳之间增加缓冲垫如图 5-99 所示，增加缓冲垫后噪声结果见表 5-15。

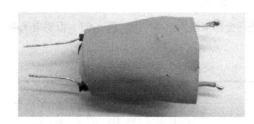

图 5-99　在 LED 驱动电源和外壳之间增加缓冲垫

表 5-15　LED 驱动电源和外壳之间增加缓冲垫后噪声结果

解决方案		背景噪声 /dBA				19.9
		1	2	3	4	最大值
电感部分点胶固定，薄膜电容替换为 CBB21L，电容部分点胶固定，在驱动与外壳之间增加缓冲垫片	1#	22.49	23.57	23.71	23.35	23.71
	2#	20.42	20.39	20.89	20.61	20.89
	3#	22.67	23.54	23.06	23.42	23.54
	4#	23.24	23.76	22.54	23.06	23.76
	5#	22.62	22.46	22.90	22.97	22.97
	6#	21.87	21.97	21.43	21.41	21.97
	7#	21.10	20.92	20.87	20.76	21.1

　　可以看到，增加此软性绝缘垫片，能够有效地减少噪声，且能够有较高的一致性，考虑到实际应用中我们仍然需要考虑工艺生产的一致性，以及由于软性绝缘材料的导入产生的散热问题。

　　另一种情况是，智能照明虽逐渐普及，但由于调光器的存在，变更供电线路不太现实，所以仍然有很多情况需要将智能调光的产品接到原来的调光系统中，考虑到智能产品的特殊性，如待机功耗、功率因数要求等，不可能像传统的切相调光的驱动电源那样设计，这样带来的结果就是接到调光系统中后会产生严重的不兼容现象，噪声以及闪烁是最大的问题，所以这对于产品的规划或是在应用说明时，需要特别注意。

5.9.10　失效案例 10——高压线性恒流电路方案应用问题

　　对于小功率 LED 灯，越来越多的线性恒流方案日渐盛行，其优点是不需要高频开关储能器件，省掉了磁性器件，这样天然地减少了 EMI 问题，同时可以将产品做得超薄，造型多样化，并实现全自动化 SMD 生产，将 LED 驱动电源放到铝基极上，即俗称的 DoB（Driver-on-Board）设计。DoB 驱动的 LED 灯如图 5-100 所示。

　　可以看到，整体驱动或者说灯上，没有 EMS 防护器件，也就是说电网端的任意波动都会直接传导到灯上面。

图 5-100　DoB 驱动的 LED 灯

　　失效情况 1：容易出现灯不亮失效，因为有些场合是利用调压器供电的形式，调压器自身的漏感和寄生参数与多个容性负载的 LED 灯产生振荡，导致输入电压畸变，因为灯电压固定，所以在线性电路中产生过高的电压差，进而在 LED 和驱动电源中产生大的尖峰电流，系统容易出现过热和过功率，从而导致失效。调压器对 DoB 驱动的 LED 灯的影响如图 5-101 所示。

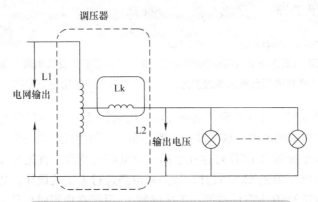

图 5-101　调压器对 DoB 驱动的 LED 灯的影响

　　失效情况 2：容易出现间歇性的闪动，这是一种电流波动的情况，与第 1 章所说的频闪有实质性区别。从图 5-102 可以看到电网出现异常时，由于线性拓扑的特性，导致输出电流跟随在变化。电网环境异常模拟结果如图 5-103 所示。

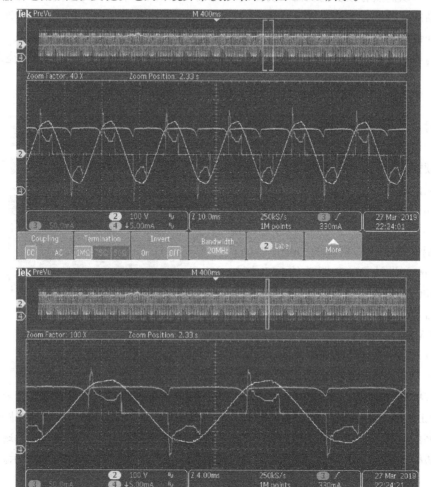

图 5-102   LED 输出电流存在掉沟的现象，正弦波形为交流电网电压波形，梯形波形为输入电流波形，平稳的波形为灯输出电流波形

所以，在设计时，合理地模拟电网环境（电网污染）是有必要的，如下图 5-104 所示是几种可以模拟的波形，这些波形一般存在于大的感性负载场合，如风扇、压缩机、电梯、新风系统等和 LED 灯存在于同一个电网的情况。首先在设计上考虑，如采用隔离电源供电，加强 EMC 设计，或是对电路进行去干扰设计，如果设计上不能充分考虑（如线性 DoB 方案的空间、工艺限制），只能在应用时尽量避免使用调压器供电，并和大的感性负载分开供电。

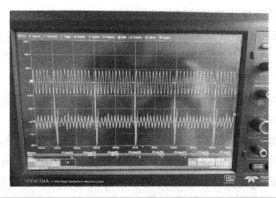

图 5-103　电网环境异常模拟，上面为电网电压波形，下面为 LED 灯中电流波形

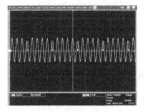 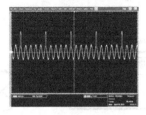 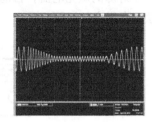

a) 电网频率和电压抖动　　　　　b) 电网毛刺　　　　　　c) 市电电网跌落

图 5-104　各种电网的模拟波形

5.9.11　失效案例 11——LED 灯的微亮与"鬼火"问题

随着 LED 灯现在全面进入日常用户的生活中，很多人发现装上 LED 灯后，由于 LED 灯珠对电压和电流相当敏感，使用过程中会因为各种复杂原因造成感应发光，即使关断灯后还是会有微光/亮，甚至微闪，影响用户的使用体验，有时也被大家称之为"鬼火"。

在综合布线、设计和使用过程中，我们逐渐知道这种现象一般都是以下几种原因造成的：

1）不规范的布线，主开关接在了零线上，这是比较常见的一种原因，电工接线时开关控制了零线，或者电箱进线时零线、火线接反。开关控制的是零线，火线依然和灯具连接着，就会发出微光，或是零线上产生了电位，和真正的地有了电位差，这也会产生类似的问题，对应的方法是重新布线，但这实际上在很多已安好的场合是行不通的；

2）开关带指示灯，开关里面带指示灯，关灯后会有轻微电流流过，这可以将电流旁路掉，在灯或是负载上并联一个电阻或是电阻与电容的支路旁路掉这个漏电流，但这是不安全的方案；

3）如果灯具使用的是智能电子开关，例如红外、声控、智能无线开关等，也会出现关灯后发微光的现象，后续针对此情况会进行详细分析；

4）非隔离驱动电路，电网与负载由于寄生参数导致微光/亮，如 LED 灯板（铝基板或是玻纤板）与灯具外壳之间的电容寄生效应，这取决于灯的设计，所以有可能在一个区域内，有些灯具会微亮而有些却不会出现；

5）非隔离驱动的智能照明产品在待机时会出现微亮现象，这种情况混合了产品设计和应用场合，但解决思路类似。

针对现在的智能开关，特别是现在流行的单火线开关，其接线情况如图 5-105 所示。关灯后，电子开关自身电路需要待机仍有一定的维持电流，由于智能开关和灯是串联结构，微弱交流电通过灯具驱动内部，内部的电容充放电导致 LED 灯的电压会积累上升，即会导致灯珠微亮的情况，理想情况下，应该保证智能开关的待机工作电流小于灯珠的微亮电流，目前来说，由于各厂家的设计能力各有千秋，所以仍然没有办法避免微亮的问题。

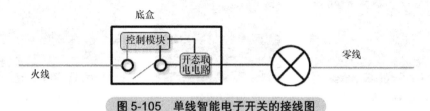

图 5-105　单线智能电子开关的接线图

因为这个微亮、微闪现象是一个普遍现象，最直接的想法是，不管何种情况下，只需要开关断开，将所有的供电回路断开，现在有很多商家在卖一种所谓的灯具保护神器，宣称能够防微亮暗光、防浪涌电流、防感应电流、防雷击频闪等功能，如图 5-106 所示。我们先不管这些所谓的功能，单纯从原理上解析，其内部结构不外乎里面两个核心器件（继电器），用于断开火零二线，复杂点是通过 Buck 提供继电器的 12V 供电，缺相或是关 L 或是关 N 均不会导致继电器吸合，简单的阻容供电，或是直接采用交流继电器作为切换，这些在售卖的所谓的灯具保护神器内部电路原理如图 5-107 所示。

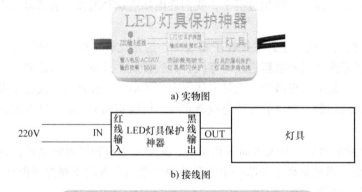

图 5-106　目前在售卖的所谓的灯具保护神器

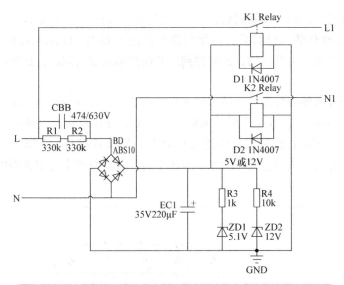

图 5-107　网上在售卖的所谓的灯具保护神器内部电路原理

5.9.12　失效案例 12——系统中金属基板共模浪涌的处理

电源中共模噪声处理方式一般有如下常规思路：

1）接地的处理方式

• 优先采用星型接地；

• 辅助绕组的地和信号地，分别走线接到 IC 的地；

• IC 的地、电流检测的地、整流桥的地、MOSFET 散热器的地，以及 Y1 电容的地（如果存在的话），分别走线连接到母线电容的负端。

2）Y 电容的处理

• 减小 Y 电容的容值，包括一次侧到大地，以及跨接在一次侧和二次侧之间的容值，有利于减小浪涌电流的影响；

• 增加地线走线长度，保持一次侧和二次侧的地的走线距离；

• 保持 L/N 线对一次侧地线的走线距离；

• 在 Y 电容的管脚处添加磁珠也可以减小浪涌电流；

• Y 电容的接地点最好靠近桥式整流器；

• Y 电容不要放在小信号地线上。

3）变压器结构的处理

• 增强型绝缘耐压等级；

• 辅助绕组可以置于变压器的最外层以提高性能；

• 增加屏蔽绕组也有一定的效果。

对于这些普适性的方法，本书不做过多的分析，我们仅分析 LED 照明灯具中一种常见的失效情况，即金属基散热板（包含铝基板、铜基板、铁基板，目前最多的是铝基板）的 LED 灯装入灯具后，特别是金属散热的 DoB（Driver-on-Board，LED 驱动电源放到铝基极上）等结构，经常碰到的共模浪涌失效的问题，这是一种高共模电压干扰。

对于应用金属外壳灯具室外照明的典型应用场合，LED 模块的环境中有一个寄生电容进入 LED 电路。输入（Ⅰ类）或输入（Ⅱ类）LED 模块的浪涌路径通过驱动器连接到电源线。如果在这种灯具中使用 LED 灯，则该灯将与（金属）外壳产生很强的耦合。LED 灯板上的寄生充电如图 5-108 所示，LED 灯板上的浪涌寄生充电效应如图 5-109 所示。

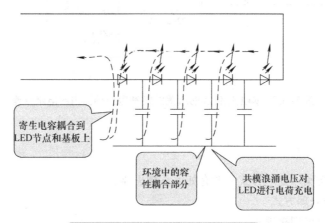

图 5-108　LED 灯板上的寄生充电

在每个设计中，浪涌电荷的累积都会影响 LED 模块。任何类型的浪涌（对于一部分）都会通过寄生电容找到通向环境的路径。通过电源的浪涌将通过驱动器传输到 LED 灯板，然后传输到环境中，LED 灯板周围电场的快速变化将在 LED 灯珠串中注入（浪涌）电荷，这些电荷必须（最终）通过驱动器转向电源。

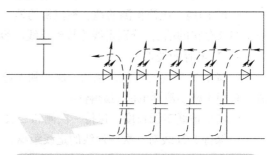

图 5-109　LED 灯板上的浪涌寄生充电效应

以下是这种浪涌造成的损坏风险的潜在因素如下：

• 注入 LED 灯珠中的浪涌电荷量；

• LED 灯珠串联的数量以及 LED 本身的抗浪涌冲击能力；

• LED 可承受超过最大工作电流 5 倍的正向电流峰值（μs 范围内），反向击穿会导致性能恶化或失效。反向击穿通常发生在 20~50V（V_F=3V）的反向电压范围内。

因此，DoB 灯珠和电源的设计必须考虑两个基本要素：①累积正向电流必须保持在可接受的范围内;②LED 灯串内的电压累积必须保持在远低于反向击穿电压的水平。这两个因素都会要求 LED 灯珠的电压必须满足一定的范围。

现在我们来看一些基本事实:

- 在金属基板上,基板到带电(LED)结点的寄生电容为 5~50pF;
- 传导浪涌电压可高达几 kV,因此每个结点的电荷(电流)注入约为 10~100mA(金属 LED 基板,Ⅰ类灯具系统);
- 在开放的室外环境中,由于附近的雷击,每个结点的注入电流可高达 ~10mA/结点(Ⅱ类灯具系统);

如果浪涌能量足以造成损坏,则要将 LED 灯珠分成若干段子串电路,且满足以下基本设计要求;

- $U_{反向电压} \leq U_{击穿电压}$;取 $U_{reverse\_max}$ 在 10~12V 范围内(对大多数 LED 灯有效);
- $I_f \leq 5$ 倍的最大工作电流,并使得峰值电流在 1~2 倍工作电流范围内;
- 通常反向电压占主导地位,LED 子串的 LED 灯珠数量可达 4 个;

我们来看一个实际例子(见图 5-110),其灯珠在 PCB 上的排列已经过特殊考虑。此 LED 灯板实测,可以通过 4kV 的共模浪涌而不损坏。

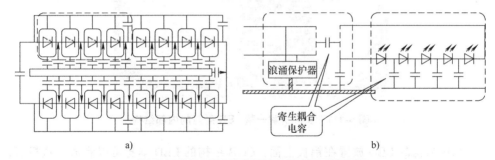

图 5-110　LED 灯板上的浪涌寄生电容效应

5.9.13　失效案例 13——LED 灯与灯具的耐压测试失效

在大功率 LED 灯中,考虑到散热,外壳仍然是选用金属材质辅以散热,系统设计需要考虑热性能、安全性、材料和成本,一般会采用隔离式驱动电源。隔离式驱动电源通过磁隔离将输出与输入隔离,同时为了满足 EMI(RE&CE)要求,一般会加入 Y 电容,这种 Y 电容通常能在短时间内(通常 1min 内)承受 4kV 以上的交流电压。此 Y 电容的值一般为 100pF~4.7nF。但实际上,灯或是灯具在 Hi-pot 这个层面的测试中经常失效。主要弱点在于 LED 灯珠的 PCB 或 LED 灯珠板与金属外壳之间的隔离绝缘方式。但如果只做驱动电源的高压测试,通常 5kV 甚至 6kV 相对于驱动都是容易通过的。因此,本小节对驱动与灯的组合进行了分析研究,以期真正理解驱动和灯隔离后,为什么还会发生故障,并给出一般的解决方案。该方案也可应用于 LED 灯珠板与金属外壳之间有隔离绝缘的非隔离驱动电源中,以了解 Hi-pot 测试条件下电路的真实电气路径。

如图 5-111 所示为一个典型的 LED 射灯的结构，其灯珠采用 CoB 结构，隔离电源的外壳为金属材质。

图 5-111　实际拆解一款 LED 射灯的内部结构

COB 结构的 LED 放置在铝板上面，COB 结构的 LED 本身可以看成一块极板，铝板身和 LED 正对的部分也是一块极板，根据平板电容器原理，两块正对的且有一定距离的极板可以形成电容，实测寄生电容的容量为 100pF。AC 4kV 耐压测试等效原理图如图 5-112 和图 5-114 所示。AC 4kV 耐压测试等效的失效原理图如图 5-113 所示。

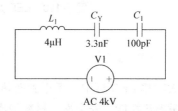

图 5-112　AC 4kV 耐压测试等效原理图一

$$V_{C1} = V_{in}\frac{C_{CY}}{C_{C1}+C_{CY}} = \frac{4kV \times 3.3nF}{0.1nF+3.3nF} \approx 4kV \times 0.97 = 3.88kV$$

$$V_{CY} = V_{in}\frac{C_{C1}}{C_{C1}+C_{CY}} = \frac{4kV \times 0.1nF}{0.1nF+3.3nF} \approx 0.03 \times 4kV = 0.12kV$$

（5-6）

基于以上理论模型，我们可以看到，AC 4kV 高压实际上是施加到两个电容上的，考虑到电容的容抗 $Z_{cap}=1/j\omega C$，Y 电容电压仅为 $0.03 \times 4kV$，而加在金属外壳寄生电容

上的电压为 $0.97 \times 4\text{kV}$，所以可以忽略掉 Y 电容中的分压，实际设计中，LED 灯基本上不能满足这个爬电距离条件，C_1 会被高压击穿，一旦 C_1 击穿，寄生电感与 Y 电容会产生谐振，形成更高的电压从而击穿 Y 电容，最终出现耐压失效。

$$V_{CY} = 4\text{kV}$$
$$V_{C1} = 0 \tag{5-7}$$

简单地，让高压全施加在 Y 电容中，这样 C_1 被寄生电容短路，即输出与外壳直接相连，这实际上不太现实，虽然是隔离驱动，但输出电压并不都是人体安全电压，所以实际上还是需要一定的绝缘。

$$V_C = V_{in}\frac{C_{CY}}{C_{CY}+C_{C1}} = \frac{4\text{kV} \times 1\text{nF}}{1\text{nF}+3.4\text{nF}} \approx 4\text{kV} \times 0.23 = 0.92\text{kV}$$
$$V_{CY} = V_{in}\frac{C_{C1C2}}{C_{CY}+C_{C1C2}} = \frac{4\text{kV} \times 3.4\text{nF}}{1\text{nF}+3.4\text{nF}} \approx 0.77 \times 4\text{kV} = 3.08\text{kV} \tag{5-8}$$

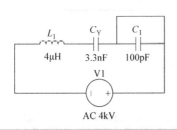

图 5-113　AC 4kV 耐压测试等效的
失效原理图

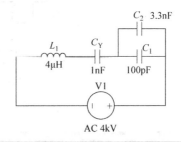

图 5-114　AC 4kV 耐压测试等效
原理图二

通过观察 Y 电容和寄生电容上的电压分压公式，我们可以合理地选择 C_2 并联在 C_1 上，这样既平衡了 EMC，又满足了耐压的要求。这样唯一需要做的就是检查漏电流是否符合安全认证，因为增加了一条从驱动到灯金属外壳的电流流通路径。

5.9.14　失效案例 14——智能照明中调色和调光斩波 MOSFET 失效

随着人因照明等概念的流行，调色和调功率 / 光（以下将调功率称为调光通量或是调光）变成了一种极为常见的照明形式。目前调节色温和功率普遍采用如下三种方式：

主流方案 1：采用专用封装芯片，该芯片内部互补，软件更为简单，为目前小功率球泡灯调色和调光常用方案，20W 以内可用。该控制芯片通过调节输入的 PWM 信号占空比来调整两路 LED 光源的发光比例，从而达到调色和调光的目的。两路 LED 输出电流互补，在调色和调光过程中总电流不变。这种在小功率 LED 灯中用得较多。芯片控制的双路调色和调光原理图、时序图及波形图如图 5-115 所示。

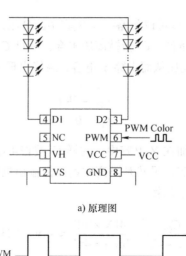

a) 原理图

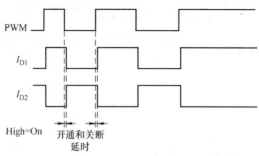

b) PWM调色和调光时序图

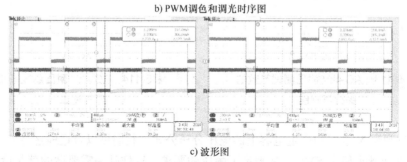

c) 波形图

图 5-115 芯片控制的双路调色和调光原理图、时序图及波形图

主流方案 2：双路 DC-DC 控制方案，其调色和调光原理图及波形图如图 5-116 所示，该方案保护齐全，功率可扩展，同时可实现最低调光范围和最佳调光深度，软件可独立配置，这是成本最高的一种方案，且涉及 DC-DC 的电感等功率器件，体积也较大。

主流方案 3：双 MOSFET 切换方案，MOSFET 作为调光和调色使用，占空比通过硬件互补或是软件拆分，不受功率所限，前级电路可恒压和恒流输出，这是目前大功率照明灯具中使用较广泛的一种方案，如智能面板灯等，因为这种应用下 MOSFET 上通过了全部的功率，切换频率一般在 500Hz~20kHz，但现实中由于驱动和灯的分开设计，此种构架中存在着一个致命的失效问题是：MOSFET 会因为输出短路而导致 EOS 失效，典型情况一般为过电流失效。

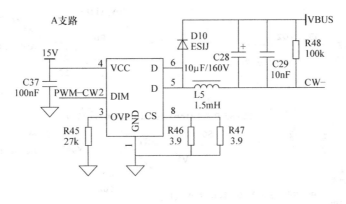

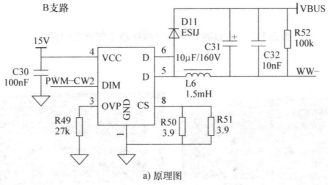

a) 原理图

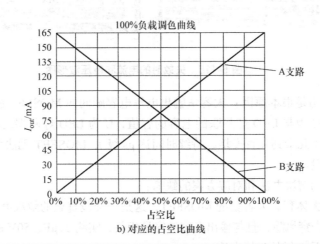

b) 对应的占空比曲线

图 5-116 双路 DC-DC 控制的调色和调光原理图及对应的占空比曲线

失效现象：斩波调光时，LED 灯珠短路烧毁调光 MOSFET，这种情况导致的失效率接近 100%。失效时的电流流通路径如图 5-117 所示，失效时的电流和电压波形如图 5-118 所示。

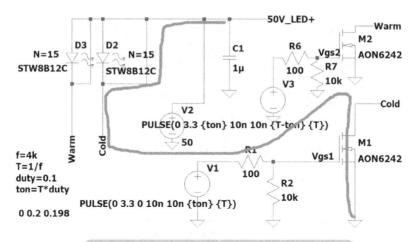

图 5-117　失效时的电流流通路径（仿真电路图）

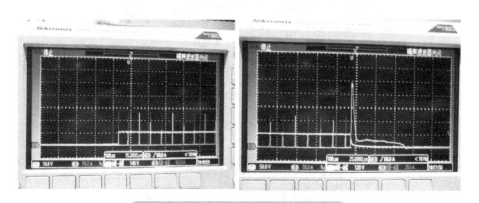

图 5-118　失效时的电流和电压波形图

　　电路结构是根本原因：大容量输出电解电容瞬间向 MOSFET 放电，放电能量即为 $0.5CU^2$（C 为与 LED 灯并联的电容的容值，U 为 LED 灯两端的电压），产生极大的尖峰电流（几十到几百安培，持续时间达 μs 级），MOSFET 无法承受这样大的电流而导致其烧毁。

　　最直观的解决办法和对应方案的缺陷：

　　• 选用大体积、大容量的 MOSFET，这是一种最直观的解决办法，但体积过大，仍然会存在击穿风险，且与输出电容的容量相关，实测 22μF、50V 的电解电容的存在即可能导致百 A 级的尖峰电流；

　　• 在支路上串入电阻 /PTC 进行限流，这在大电流情况下正常损耗过大，不可取。

　　所以目前实际应用中仍然没有完美的解决办法，在这里笔者试图找到一个大概率可行的方案。以一条支路为例（两条支路类似）分析如下，MOSFET 斩波调光（这里假设斩波调光频率为 4kHz）仿真电路图及仿真结果如图 5-119 所示。

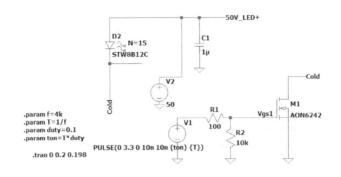

a) 仿真电路图

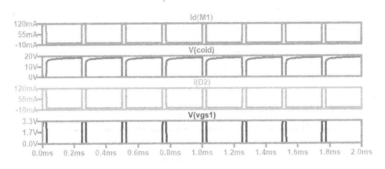

b) 仿真结果

图 5-119　MOSFET 斩波调光仿真电路图及仿真结果

模拟 D2 支路（LED 灯珠串）短路故障，MOSFET 斩波调光电路失效模拟仿真电路图及仿真结果如图 5-120 所示。

可以看到 MOSFET 上的电流高达百 A 级（实际电源中，此值可能会稍有差异），对于这个问题，有如下几种解决方案：

解决方案 1：串电阻或是 PTC，通过仿真可以看到使用该方案后电流从百 A 级降到了 MOSFET 可接受的水平，电阻越大对电流减少益处越大，但损耗相对也越大，不可取。MOSFET 斩波调光电路失效解决方案 1 仿真电路图及仿真结果如图 5-121 所示。

解决方案 2：串电感，同样是利用电感对瞬间电流的抑制能力，但带来的问题是电感过小能力不足，电感过大对常态时的电流有影响，同时电感的存在产生的反向电动势加在 MOSFET 的漏极，导致过电压击穿。MOSFET 斩波调光电路失效解决方案 2 仿真电路图及仿真结果如图 5-122 所示。

解决方案 3：加入过电流保护（OCP）电路，当 LED 短路时，关断 MOSFET。Vgs1 的电路必须平衡 cold（即 LED-）端的常态电压和 LED 短路时的电压（接近于电源空载时的电压）。平衡 R3 和 R4 的电阻，以保证 Vgs1 在异常时电压低于 MOSFET 的开启阈值。MOSFET 斩波调光电路失效解决方案 3 仿真电路图及仿真结果如图 5-123 所示。

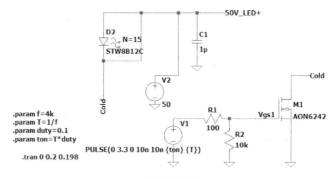

a) 仿真电路图

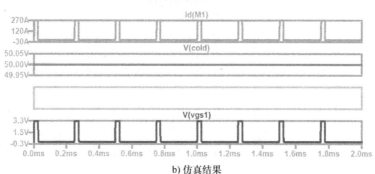

b) 仿真结果

图 5-120　MOSFET 斩波调光电路失效模拟仿真电路图及仿真结果

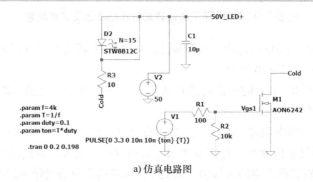

a) 仿真电路图

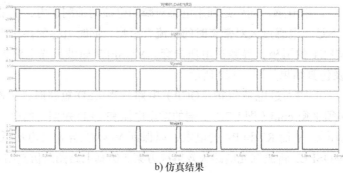

b) 仿真结果

图 5-121　MOSFET 斩波调光电路失效解决方案 1 仿真电路图及仿真结果

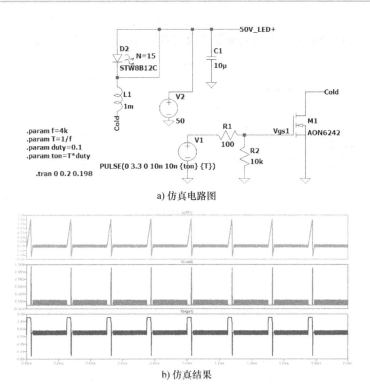

a) 仿真电路图

b) 仿真结果

图 5-122 MOSFET 斩波调光电路失效解决方案 2 仿真电路图及仿真结果

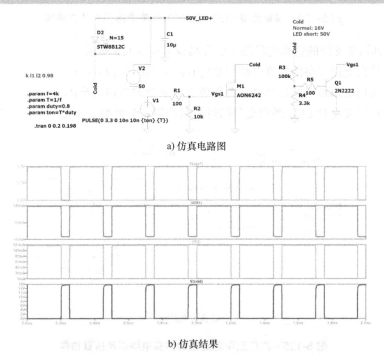

a) 仿真电路图

b) 仿真结果

图 5-123 MOSFET 斩波调光电路失效解决方案 3 仿真电路图及仿真结果

模拟负载 LED 短路时的仿真电路图及仿真结果如下图 5-124 所示。

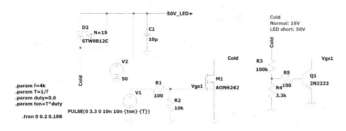

a) 仿真电路图

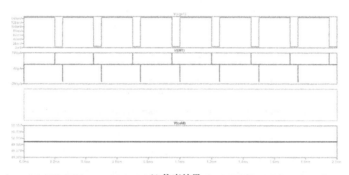

b) 仿真结果

图 5-124 模拟负载 LED 短路时的仿真电路图及仿真结果

推广到两条支路的仿真电路图和仿真结果如图 5-125 所示。
LED 冷白支路短路的仿真电路图和仿真结果如图 5-126 所示。
LED 暖白支路短路的仿真电路图和仿真结果如图 5-127 所示。
LED 冷白支路和 LED 暖白支路同时短路的仿真结果如图 5-128 所示。

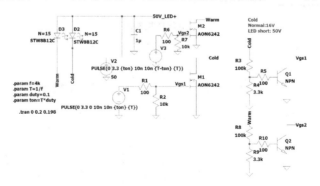

a) 仿真电路图

图 5-125 推广到两条支路的仿真电路图及仿真结果

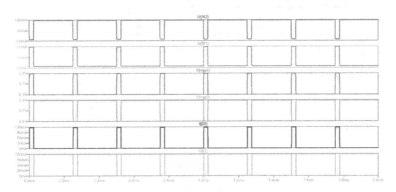

b) 仿真结果

图 5-125 推广到两条支路的仿真电路图及仿真结果（续）

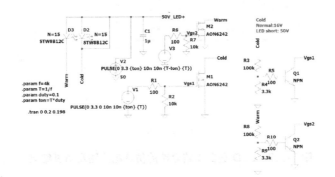

a) 仿真电路图

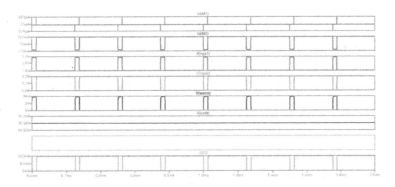

b) 仿真结果

图 5-126 LED 冷白支路短路的仿真电路图及仿真结果

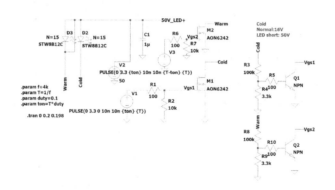

a) 仿真电路图

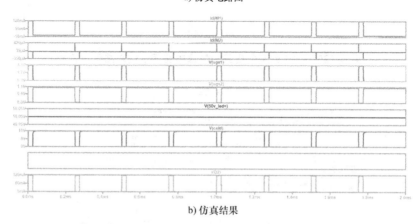

b) 仿真结果

图 5-127　LED 暖白支路短路的仿真电路图及仿真结果

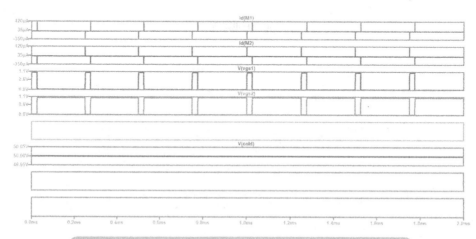

图 5-128　LED 冷白支路和 LED 暖白支路同时短路的仿真结果

可以看到，MOSFET 在短路时峰值电流急剧减小到可接受的水平，如果知道正常工作时具体的 LED- 端的电压，电阻可以换成稳压管（需要注意稳压管的工作状态），同时 Q1/Q2 两个晶体管可以选用 SOT363 的二合一封装以提高一致性并减小体积（见图 5-129）。使用二合一封装晶体管的仿真电路图及仿真结果如图 5-130 所示。

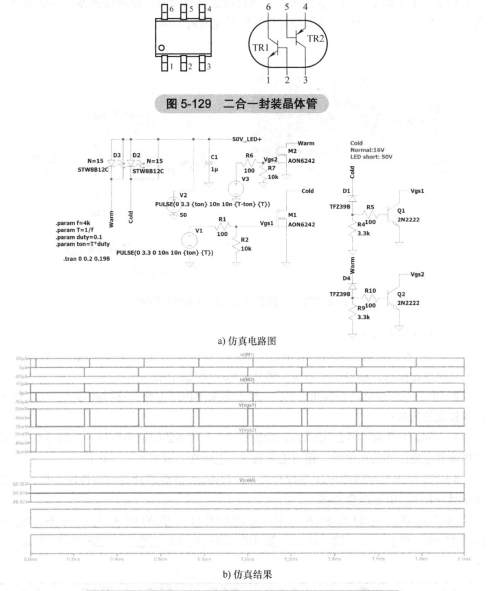

图 5-129　二合一封装晶体管

a) 仿真电路图

b) 仿真结果

图 5-130　使用二合一封装晶体管的仿真电路图及仿真结果

5.9.15　失效案例 15——智能照明中重启或频繁闪烁问题

失效现象：灯在调光低端时不断重启并闪烁，电源结构为 Flyback+Buck，PWM 智能调光驱动电源经常出现故障，且发生在不同时间段和地点，随机性比较大。我们画出电路架构如图 5-131 所示，可以看到单级 PFC 隔离反激变换器作为主功率级，给后级 Buck 降压功率级提供前级电压。目前来看反激控制 IC（V_{CC}）的供电电源电压在低功率水平下低于 $V_{th(UVLO)}$ 最大值，当这种情况发生时，反激变换器这一级出现重启，无线模组也被迫重启，这将导致灯可能反复重启闪烁。

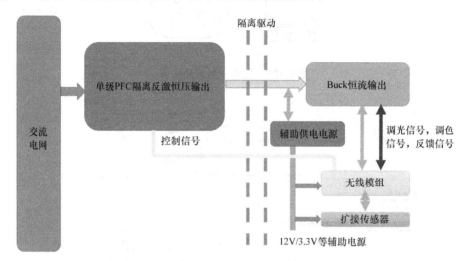

图 5-131　智能联网照明产品电路架构图

根本原因分析如下：

1）由于考虑到低待机功耗要求，Flyback 前级芯片一般为变频模式，在轻载时会进入频率返走模式，即轻载时频率会降低以减少开关损耗；

2）由于考虑待机功耗要求，V_{CC} 一般不会采用稳压电路，这样就导了了 V_{CC} 波动范围较宽的风险；

3）Flyback 前级芯片的 UVLO（欠电压锁定）功能的阈值电压有一定的分布范围，这样随着主变压器的离散性，很可能导致 V_{CC} 电压在轻载时发生变化；

4）V_{CC} 电压与主输出电压是耦合关系，Flyback 前级芯片的动态性能不佳，负载变化时导致 V_{CC} 电压也会漂移。

基于这些，我们来看下芯片 V_{CC} 的 UVLO 功能的阈值电压分布，它为 11.2~13.2V，见表 5-16。同时从原厂拿到了芯片的统计分布数据，如图 5-132 所示。

表 5-16　芯片 V_{CC} 的 UVLO 功能的阈值电压分布

符号	参数	条件	最小值	典型值	最大值	单位
电源引脚电压 V_{CC}						
$V_{th(UVLO)}$	欠压锁定阈值电压		11.2	12.2	13.2	V

同时实测一组功率—频率—V_{CC} 的曲线如图 5-133 所示，可以看到轻载调光时，频率降低，V_{CC} 电压也跟着降低，可以看到在较低负载时 V_{CC} 会触发 UVLO 功能，这样即会导致芯片重启。

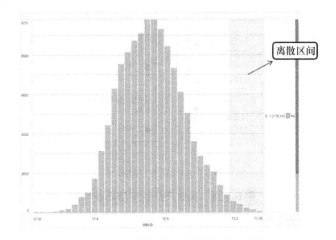

图 5-132　芯片 V_{CC} 的 UVLO 参数分布

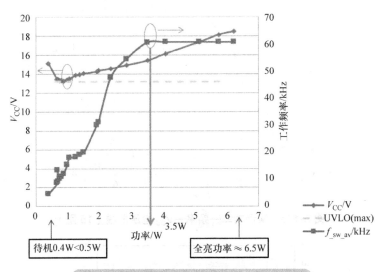

图 5-133　实测功率—频率—V_{CC} 电压曲线

　　解决方案及思路：对于智能联网照明产品，有时单一的硬件方法或是软件方法不好解决时，一般我们会联合硬件方法和软件方法一起解决，我们先看硬件方法的思路。

　　1）增加一级稳压 V_{CC}，但前面提及到，损耗会受到影响。

　　2）最直接的想法是让 V_{CC} 在各种工作条件下均高于 UVLO 功能的阈值电压，即改变变压器辅助绕组的圈数，现在辅助绕组电压为 15 匝，我们先增加几圈看看结果，因为过多的增加圈数还会造成损耗增加。失效产品的变压器结构如图 5-134 所示。

　　将辅助绕组增加到 16、17、18 匝的对应结果分别如图 5-135、图 5-136、图 5-137 所示。

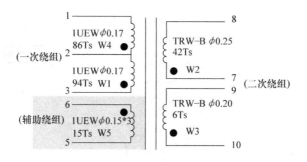

● START ▭ TUBE

图 5-134 失效产品的变压器结构

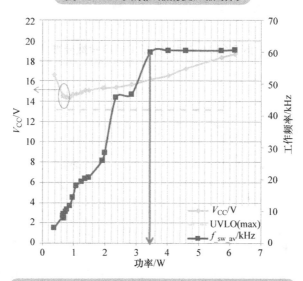

图 5-135 实测功率—频率—V_{CC} 电压曲线（16 匝）

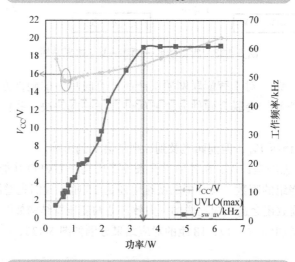

图 5-136 实测功率—频率—V_{CC} 电压曲线（17 匝）

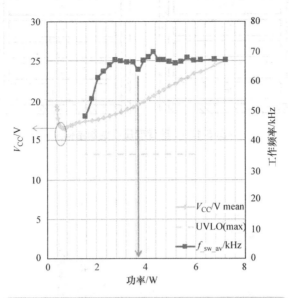

图 5-137　实测功率—频率—V_{CC} 电压曲线（18 匝）

可以看到辅助绕组增加到 16、17、18 匝均能避免 V_{CC} 在全功率范围内掉入 UVLO 功能的电压区间，但仔细观察，当取 18 匝时，V_{CC} 会升高到 25V 以上，这样会触发到过电压保护（OVP）功能，从这个简单的实验来看，17 匝是一个比较好的值。我们接下来进行批量性产品验证，取约 50 个产品进行验证，将对实测数据进行统计分析，如图 5-138 所示，可以看到辅助绕组增加 1~2 匝，V_{CC} 会相应增加 1~2V，这即为在最低功率点时的裕量。同时，由于输出 LED 电压

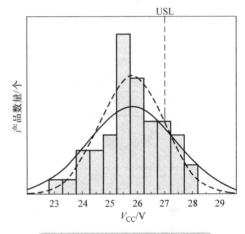

图 5-138　V_{CC} 电压的统计分布

也存在较大的偏差，我们可以看到，在 17 匝时会有较高的概率触发 OVP 功能，这样在开机时会更明显，即闪烁一下再正常启动。

改变变压器耦合结构，我们将绕组重新排列并改为 18 匝，这种新的绕组排列方式导致了更好的结果，我们看到，V_{CC} 电压和频率的变化更为平滑，只要 V_{CC} 不超过 OVP 功能阈值电压水平的话，就能保证在低端负载时不会触发 ULVO 功能。改变变压器绕制结构如图 5-139 所示。实测功率—频率—V_{CC} 电压曲线如图 5-140 所示。

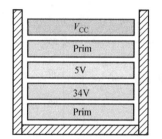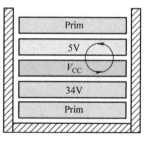

图 5-139 改变变压器绕制结构

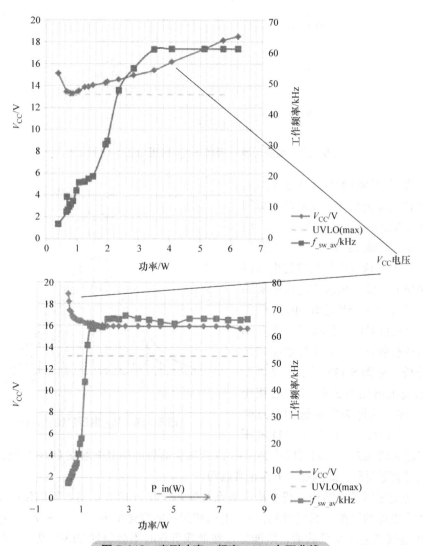

图 5-140 实测功率—频率—V_{CC} 电压曲线

再来看软件方面能否进行优化。

1）软件试图通过比较 RAM 内存中的模式来检测意外的复位重启，如果 RAM 内存中的模式与复位前相同，则软件恢复到最后一次的灯光设置；

2）当检测到复位重启时，开关尝试通过保持 Buck 接通而增加负载，以降低亮度水平下的负载，将功率拉高跳出重启 V_{CC} 电压。

从我们的分析过程中看到，对于智能照明产品出现的问题需要一个系统级的考虑，本例为这类产品的失效分析提供了一种分析流程和一些方法。

5.9.16　失效案例 16——电子产品外壳融化失效

在本书的第 4 章中，我们详细分析了安规中的一些细节，这其中就包括保护电路的必要性和合规性，其中提到热、着火、触电是几个至为关键的项目。

人体裸露的皮肤接触到灼热的物体表面时，会产生疼痛的反应，严重的会导致灼伤。基本绝缘、附加绝缘或加强绝缘的热损坏会产生电击危险，所以在设计产品时，其外壳的选择变得很重要，这也是研发工程师需要注意的。当然，很多人以为这纯粹是结构工程师的事情，但其实这与电子工程师关系也很大，因为电子器件与外壳的近距离接触，器件温度传导到外壳，这些都要认真考虑。

在日常生活中，我们接触到的电子产品，还是因为设计缺陷，无意或是故意的导致出现产品失效。在本节中我们来分析一些常见的因为外壳融化、烧毁导致的失效案例。这在一些常规产品质量抽查中可以看到，如由于温度实验项目不合格，可能引起充电器外壳逐渐变软和融化、机械强度下降、绝缘变差等。

一般的由电能引起的热能，主要有以下几种：

• 电引起的着火是由于电能转换成热能，此时，热能使可燃材料发热，随后引燃并燃烧；

• 电能在电阻或电弧内转换成热能；

• 可燃材料发热而发生化学反应并分解出气体，气体被引燃或自燃。

5.9.16.1　充电器外壳融化

在本书的第 4 章，我们分析了最新的一些安规标准，如 IEC 62368—1：2014《音频、视频、信息和通信技术设备 第 1 部分：安全要求》这种未来大统一的标准，它定义了伤害能量的等级，同时也提到了标准 CQC 1626—2020《开关电源 - 性能 第 1 部分：通用要求及试验方法》，如前所说，业界对此标准的出台给予厚望，回顾历史，我国的开关电源认证历程已经走过两个阶段，一是 1984~2002 年的长城认证；二是 2002 年至今的 CCC，而如今 CQC 的实施意味着开关电源认证进入第三个阶段，也就是 CCC 与 CQC 双认证。这个标准代表着中国电源认证的最高水平，CQC 认证的诞生标志着中国拥有了自己的电源评级规范，认证等级分为 A 级、AA 级、AAA 级三个档次，涵盖 0~5000W 各个功率段的电源。

　　同样在本书第 4 章中提及，由于线绕式熔断电阻器本身较强的抗浪涌和耐冲击等性能，目前在小功率充电器以及其他家电类消费性电子电器中得到广泛应用，在 CQC 这个标准中有一项对熔断电阻器的应用有明确要求（见图 5-141）。这表明除了常规的温升测试和异常故障测试外，这份标准中增加了这个半短路测试，最恶劣情况为这个熔断电阻器后面电路接近短路，这样的话熔断电阻器基本直接跨接在输入 L-N 之间，在这种情况下，CQC 要求外壳不能变形或是变形区域不能过大。手机充电器外壳融化实例如图 5-142 所示。

4.2.2　熔断电阻器半短路

使用熔断电阻器的开关电源应符合表1要求。

表1　熔断电阻器半短路

项目	等级	
	1级	2级、3级
熔断电阻器半短路	熔断电阻器熔断，外壳未变形	熔断电阻器熔断，外壳最大形变区域直径不得超过10 mm

图 5-141　CQC 标准对熔断电阻器的要求

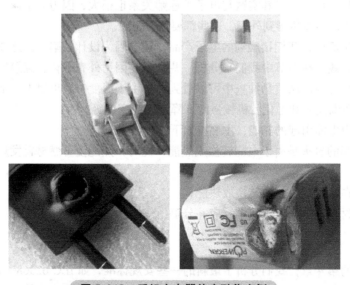

图 5-142　手机充电器外壳融化实例

　　为解决常规线绕式熔断电阻器在半短路时的着火隐患问题。赛尔特（SETsafe|SETfuse）在 2010 年全球首创了小型化的热保护型熔断电阻器（TRXF），之后陆续开发出了多款热保护型熔断电阻器，该产品创新性地将温度保险丝（TCO）内置于线绕式熔断电阻器（RXF）之中，并形成串联连接。该产品不仅具有与普通线绕式熔断电阻器相同的小尺寸特性和大故障电流保护功能，还可以有效地解决普通线绕式熔断电阻器在小故障电流下所产生的异常持续高温的安全隐患，是一款小型化的集过温、过电流和过电压保护的多功能的保护元器件。可以看到两者的内部结构区别如图 5-143 所示。

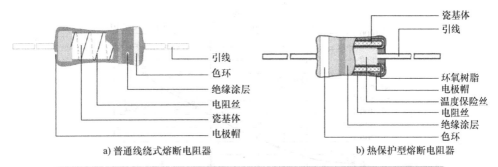

a) 普通线绕式熔断电阻器　　　　　b) 热保护型熔断电阻器

图 5-143　普通线绕式熔断电阻器和热保护型熔断电阻器的内部结构差异

考虑到目前快充充电器类产品对效率的极致要求，电源前端过多的阻性器件会直接降低效率，我们以常规的 45W 快充为例，稍微算下输入电流的大小，铭牌标称参数：100-240V~50/60Hz 1.5Amax，考虑到充电线路在 100V 的功率因数为 0.55，45W/0.55/100V=0.82A，假设我们选用 3Ω 的熔断电阻器，损耗为 2W，仅此一项就会损失效率 4.5%，对应的熔断电阻器本身至少需要 3~5W 的额定功率，这样此熔断电阻器的体积也十分庞大，所以在快充充电器等以效率、功率密度为首要追求的产品中，基本上不会采用这类器件。

但现实中还是有大量常规产品（功率 ≤ 20W）以可靠性和稳定性作为主要目标，我们以 5W 充电器为例，进行 CQC 的半短路测试（实际上是通过可变电阻器调整输入电流大小，模拟不同半短路的通过电流情况），其电路图如图 5-144 所示。热保护型熔断电阻器有效地确保了充电器在出现半短路情况时能够及时地切断电路，避免了持续高温的安全风险。半短路测试时普通线绕式熔断电阻器表面温度与流过的电流以及温度曲线如图 5-145 所示，半短路测试时热保护型熔断电阻器表面温度与流过的电流以及温度曲线如图 5-146 所示，实际情况的结果如图 5-147 所示，其结果表明热保护型熔断电阻器能够避免外壳融化。

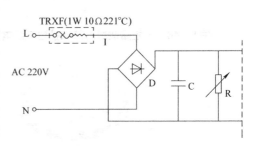

图 5-144　半短路实际测试电路图

为了模拟极限情况，我们再进行直接短路测试，可见热保护型熔断电阻器在直接短路时不会产生爆破音和火花，而这些我们前面讲解过，爆破音和火花现象是安规测试中的大忌。对两种熔断电阻器进行直接短路测试对比，如图 5-148 所示。

综合前面第 1 章和第 4 章的内容，我们将开关电源中前端方案做一个总结对比，这是一个多维度的对比参照，涉及安全、电气性能、成本等的考虑，为小家电、照明电器等消费性和工业类的电源设计提供了宝贵的经验总结。各类前端输入保护方案综合对比见表 5-17。

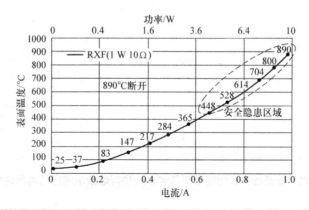

图 5-145 半短路测试时普通线绕式熔断电阻器表面温度与流过的电流以及温度曲线

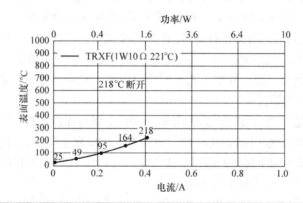

图 5-146 半短路测试时热保护型熔断电阻器表面温度与流过的电流以及温度曲线

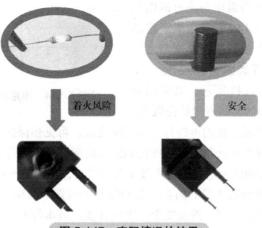

图 5-147 实际情况的结果

产品类型	AC 264V短路测试前	AC 264V短路测试后	测试现象
1W 10Ω RXF	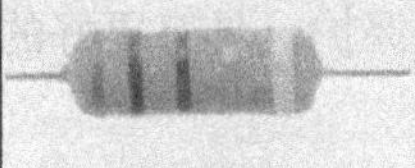		明显的爆破音和火花
1W 10Ω 221℃ TRXF			无明显的爆破音和火花

图 5-148　对两种熔断电阻器进行直接短路测试对比

表 5-17　各类前端输入保护方案综合对比

保护器件	短路保护	半短路保护、小故障电流保护	雷击浪涌保护	开机浪涌电流冲击保护
电流保险丝 / 熔断器	一般	一般	差	差
	短路抗爆性能力一般	自身无着火风险，但后端器件有着火风险	内阻小，雷击浪涌能力较差，电流保险丝的 I^2t 特性总体较高，但无限流分压作用，对后端元器件不利，对后端元器件的耐电流冲击特性要求提升	
电流保险丝 + 热敏电阻 NTC	较好	一般	一般	一般
	短路抗爆性能力较好	自身无着火风险，但后端器件有着火风险	冷态浪涌抑制能力较好，但快速开关性能丧失，热态下此能力变差	冷态开机浪涌电流抑制能力较好，但快速开关性能退化，热态下此能力变差
电流保险丝 + 热敏电阻 NTC+ 压敏电阻 MOV	较好	一般	优异	一般
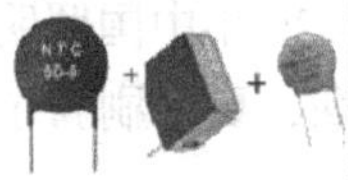	短路抗爆性能力较好	自身无着火风险，但后端器件有着火风险	由于 MOV 的加入，冷态和热态下性能一致，均有较高的抗雷击浪涌能力	冷态开机浪涌电流抑制能力较好，但快速开关性能退化，热态下此能力变差
线绕熔断电阻器	一般	差	好	好
	短路抗爆性一般，但如第四章所述，加入热缩套管能改善，但不推荐	存在着火风险	冷态和热态下性能一致，均有较高的抗雷击浪涌能力，一般能到 2kV 差模浪涌电压水平	冷态和热态开机浪涌电流抑制能力较好
热保护型熔断电阻器	好	优异	好	好
	短路抗爆性能力好	无着火风险	冷态和热态下性能一致，均有较高的抗雷击浪涌能力，一般能到 2kV 差模浪涌电压水平	冷态和热态开机浪涌电流抑制能力较好

可以看到，对于功率 ≤ 20W 的充电器，较电流保险丝方案、电流保险丝配套 NTC 方案、电流保险丝配套 NTC 和 MOV 方案，以及线绕式熔断电阻器方案，使用热保护型熔断电阻器（TRXF）方案进行过电流保护，具有更好的安全性和可靠性。

5.9.16.2　LED 照明产品外壳融化

照明产品是一个特殊的产品类别，目前基本上集中在中国制造，而许多照明工厂正在努力从制造向智造转型，全球的照明制造在中国，照明事业看中国，这是笔者说得最多的一句话，从上游 LED 灯珠，到整个产业链所有原材料、器件，以及最后组装，中国扮演着极为关键的作用。近十年中国照明出口数据如图 5-149 所示。

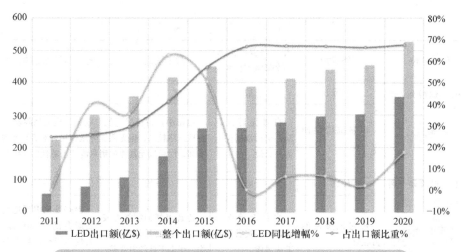

图 5-149　近十年中国照明行业出口数据（来源：中国照明协会）

从中国照明协会发布的数据来看，哪怕在最近的 2020 年，面对全球市场的严重冲击和异常复杂的国际形势，在国家出台了一系列超常规稳外贸促创新的政策措施和广大照明出口企业砥砺前行的共同努力下，与整个外贸大形势一样，2020 年中国照明行业出口逆势增长，出口总额首次突破 500 亿美元，不仅远远超过预期，更是刷新了历史纪录。

在大量的 LED 照明产品的应用中，由于产品迭代加快，面对市场的竞争（不管是良性的还是恶性的），生产厂家不得不想办法降低成本，如减少外壳的防火阻燃等级，甚至用二手材料来制作或者减少电路中的保护电路，减少冗余设计电路等，但是无奈照明产品的应用环境不确定，且应用数量巨大，所以出现的失效现象也是千奇百怪。图 5-150 是多种 LED 灯由于驱动失效或是异常工作时导致外壳融化现象实例。

由于篇幅限制，我们不可能对各种失效情况逐一进行分析，故笔者选择了一个生产数量较大的产品，即晶闸管调光产品，由于这类产品的特殊性，如为了满足兼容性和调光性能，在简单便宜的设计方案中，需要在电源中增加大量的无源电路来满足这些要求，所以你会看到在晶闸管调光产品的电路中，在主功率前端存在大量的功率电阻的使用，这类产品绝大多数是塑料外壳，这么多功率电阻的应用，不可避免地会与外壳发生直接接触，这样在正常状态以及异常故障状态（包括失效、不兼容等情况），这些电阻无疑是一个定时炸弹，一个晶闸管调光驱动电源的实物图如图 5-151，一种电路方案原理图如图 5-152 所示。

图 5-150　LED 灯由于驱动失效或是异常工作时导致外壳融化现象实例

图 5-151　晶闸管调光驱动电源实物图

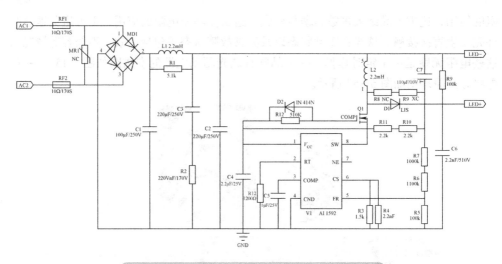

图 5-152　晶闸管调光驱动电源典型电路原理图

可以看到，L/N 中的电阻的作用，我们在上面已经反复提及，而整流桥后的电阻和电容作为兼容性而存在，一般的晶闸管由于在与 LED 灯工作时存在较高的尖峰电流和较强的振荡，在这些阻性器件上会产生损耗和过热，而在异常发生时，比如存在不兼容的调光器，或是 LED 驱动中存在失效，这种振荡会变得更加明显。晶闸管调光驱动电源工作时的正常电压、电流波形和异常电压、电流波形分别如图 5-153 和图 5-154 所示。

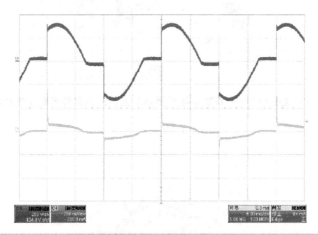

图 5-153　晶闸管调光驱动电源工作时的正常电压和电流波形

通过上面我们对前级电路的分析，我们知道对付过热，最有效的手段是切断回路，这其中首推温度熔丝，所以我们在许多照明产品中会看到温度熔丝的身影，如图 5-155 是几个实际的实现方式，但这样工艺会变得较为复杂，而且如果真正出现失效情况是不可逆的，虽然失效后整个产品也跟着报废了，但至少从安全层面上来看是一个有效的保护手段。因此在照明应用中会出现异常过热、接触不良打火过热、半失效过程中的持续大电流等应用场合，温度熔丝广泛地被采用。此器件的注意事项是需要精确匹配其正常工作温度阈值范围与产品正常工作和临界失效的温度范围，以及器件本身的死区温度范围，生产时同样要注意成型方式和焊接温度，需要严格遵循产品规格书进行操作。

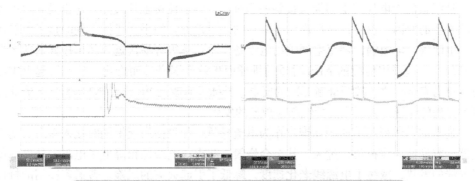

图 5-154　晶闸管调光驱动电源工作时的异常电压和电流波形

图 5-155　温度熔丝的应用实例

其中，关于过温保护电路设计在照明产品的应用，笔者在申请的全球专利WO2016000885（美国专利号US20170138580，中国专利号CN201590000772）中进行了描述，并将这种设计应用推广到了整个照明行业，促进了 LED 照明行业的良性发展。

5.9.16.3　多功能插线板外壳融化

居家或者办公环境所有的电器产品基上都需要一个转接电能的小电器，这就是插线板 / 排插（GB 2099.7—2015《家用和类似用途插头插座第 2-7 部分：延长线插座的特殊要求》中的标准叫法为延长线插座，但实际上还有许多其他叫法，如插座、插线板、电插板、接线板、拖线板、转接板等，在本书中不做区分），而现在这个小小的插线板的功能变得越来越丰富，如超大功率、超长距离、带 USB 充电功能、智能无线连接控制功能、过功率保护功能、防雷保护功能、防水保护功能、漏电保护功能、火零地线检测功能等。现行居家生活和办公应用中，一分多位的转接插线板变得极为流行。根据调查数据，国内因为插线板、开关、断路器短路等引起的火灾几乎占了这些年火灾总数的 30%，因此插线板的可靠性设计、安全设计不容忽视。

部分插线板生产厂家为了降低成本，对于插线板的外壳采用的是不具备阻燃特性的材料，其实真正的要求是塑料材质在 750℃下接触外火 3s 后，材料可自行熄火。

插线板的导电片与电器插头接触面积过小，容易使接触片过热，这也是导致火灾事故发生的原因，也是许多厂商偷工减料的一个地方。如果在排插上同时接了电热水壶、电暖气、电饭锅，甚至空调等用电设备，总功率很容易接近或超出排插的功率设计峰值。一些采用传统的 ABS 材质的排插面板就会因高温而融化，从而引起火灾或更严重的安全事故。按照最新标准的要求，排插只有改用 PP 或者 PC 等材质才能通过更为严格的认证，从根本上杜绝起火现象的发生。

还有的插线板用劣质的细铜丝作为电流导体，如果插线板上同时接入多个大功率电器，容易使插线板负荷过大，甚至会烧毁、起火。电线加粗降低了电阻，从而降低了导线的发热，减缓了电源线老化速度，降低了引起火灾的风险。普通家庭用的排插都是 1~5m 线、额定电流为 10A 的标准，额定功率一般都在 2500W 左右。如果用电设备超过了插线板的最大荷载量，就容易产生电路熔断或是过热现象，所以会出现过功率、过电流、过温度等保护型排插。插线板过热融化实例如图 5-156 所示。

图 5-156　插线板过热融化实例

我们以一个实例产品来进行分析，这种多功能的产品是如何设计和考虑的，作为此类产品的国内知名品牌，我们以公牛（BULL）GN-H306U 型号的防雷击/抗电涌，6 位插孔，带 USB 输出，额定功率 2500W（250V 10A），3m 线长为例来分析，我们先看图 5-157 所示的宣传资料内容。

厂家的宣传和我们买到的实物总是类似于卖家秀和买家秀。我们实际来看看这个产品，并给予拆解分析（见图 5-158），此处我们只侧重其保护电路设计的分析，而 USB 充电部分和常规的 USB 充电器类似，不予赘述。

我们看到，这里用到一个特殊器件：TFMOV，也就是热保护型压敏电阻，其构成原理如图 5-159 所示，是利用温度保险丝受热熔断的特性，在压敏电阻电气性能衰退的过程中，如漏电流增加，或是压敏电压下降时（如第 1 章所描述的那样），内置的温度保险丝断开，即形成开路失效，这是可接受的安全失效。相比之前用到的熔断器后并联 MOV 的保护方式，这种方式更有优势，厚实的外壳能承受更高的冲击能量，热保护元件与 MOV 紧贴，更准确地反映了 MOV 上的温度，使保护更精确，面板上长条形的保护指示灯用来指示保护器件的状态。

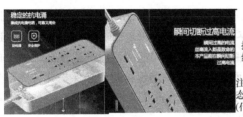
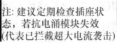

抗电涌失效预警
红色警示灯闪烁

注: 建议定期检查插座状
态, 若抗电涌模块失效
(代表已拦截超大电流袭击)

图 5-157　插线板宣传方案（资料来源：公牛）

图 5-158　插线板拆解图片（资料来源：充电头网的拆解报告）

 ＝ ＋ ＋ 热设计

安全失效的　　　泄放电流　　　　热保护　　　　热设计
压敏电阻　　　　钳制电压

图 5-159　TFMOV 构成原理（资料来源：赛尔特）

从图 5-158 上可以看到，交流火线先进入这个热保护型压敏电阻的热保护元件，通过热保护元件到插座内部的火线，MOV 并联在火线和零线之间用来限制高压浪涌，高压浪涌出现时，MOV 会将高压浪涌限制在可以接受的范围，保护连接在插座上的用电设备的安全；当 MOV 寿命即将终结而产生异常发热现象时，热保护元件受热熔断，切断电路，保护插座不会因 MOV 失效而引起熔壳、起火等安全隐患。TFMOV 能有效阻止 MOV 本身的恶化，如图 5-160 所示。

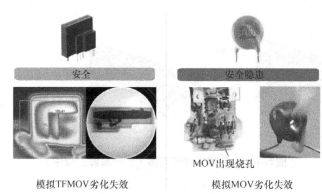

图 5-160   TFMOV 能有效阻止 MOV 本身的恶化（资料来源：赛尔特）

同时，TFMOV 产品不仅仅适应于插线板类产品中，其优异的多重保护功能使其现在广泛应用于消费性电子产品和工业类相关产品之中。

5.10 小结

纵然笔者从多个角度来分析产品从研发到大规模化生产的过程，但因为不同的设计考虑、不同的制造工艺、不同的使用场景，消费性电子产品的电源设计千差万别，同时针对消费性电子产品电源的设计存在许多理论性指导，但端到端的产品全寿命周期的工程化，特别是在生产制造、智能化制造、客户服务等方面，深层次下的面向制造的设计（Design for Manufacturability，DFM）、失效模式与影响分析（Failure Mode and Effects Analysis，FMEA）、品质管控等与制造和维护极为相关的内容的书籍十分欠缺，本章内容从笔者从业经验出发，对产品从研发到寿命终结这整个过程的注意点、误区、分析方法进行了讲解，这是一个极为广泛的主题，仅靠本章或本书内容不足以覆盖，如果读者需要更深层次的了解和学习，欢迎与笔者交流探讨。

5.11 参考文献

[1] 孙灯亮 . 示波器探头技术 [J]. 国外电子测量技术 . 2011（7）：4-12.

[2] 惠亮亮，张子麒 . 探讨数字示波器在实践中的安全应用 [J]. 内蒙古科技与经济 . 2020（9）：84-85.

[3] 张伟，张泰峰，鲁伟，等 . 基于 MOSFET 适用于母线开关的浪涌抑制电路 [J]. 电源技

术 . 2015（10）: 2222-2224.

[4] 姜东升，邱羽玲 . 基于 MOSFET 器件的开机浪涌电流抑制电路设计 [J]. 电源技术 . 2019，43（7）: 1216-1218.

[5] 林广丁 . 铝电解电容在 LED 常规线路中的应用 [J]. 中国照明电器 . 2020（1）: 1-6.

[6] 刘俊灵，付星，孙浩巍，等 . 含变阻结构的线性光耦隔离 MOSFET/IGBT 高速驱动 [J]. 通信电源技术 . 2018，35（1）: 6-8.

[7] 黄敏超，张廷凤 . 寄生电容与户外 LED 灯具的雷击失效 [J]. 安全与电磁兼容 . 2017（1）: 69-71.

[8] 许其峰 . 保险丝插座连接器温升设计及测试 [J]. 机电元件 . 2018（1）: 10-12.

请扫描添加微信公众号: Aladdin 阿拉丁，获取本书中的彩色插图、仿真文档、计算文档、参考文献等内容。谢谢!